FiNALEonline.de

FiNALEonline.de ist die digitale Ergänzung zu deinem Arbeitsbuch. Hier findest du eine Vielzahl an Angeboten, die dich zusätzlich bei deiner Prüfungsvorbereitung in Mathematik unterstützen!

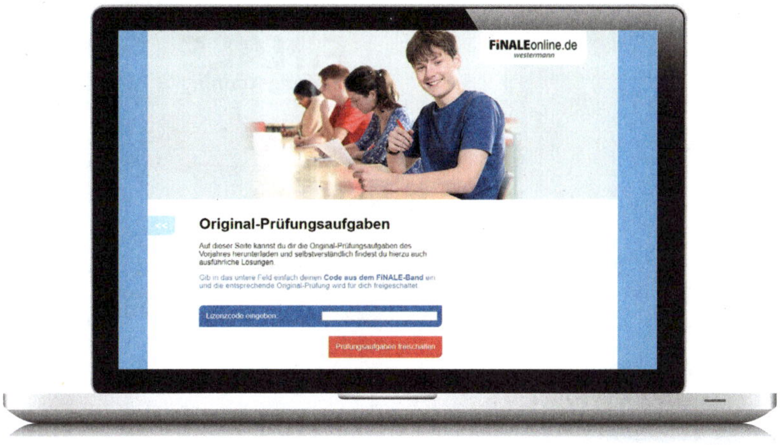

Das Plus für deine Prüfungsvorbereitung:

- → über 50 Lernvideos mit Schritt-für-Schritt-Erklärungen
- → Original-Prüfungsaufgaben mit Lösungen (bitte Code von S. 4 eingeben)
- → Tipps zur Prüfungsvorbereitung, die das Lernen erleichtern

Online-Grundlagentraining

Du hast noch Lücken aus den vorherigen Schuljahren? Kein Problem! Das Online-Grundlagentraining auf FiNALEonline.de hilft dir dabei, wichtigen Lernstoff nachzuarbeiten und zu wiederholen.
Und so funktioniert es:

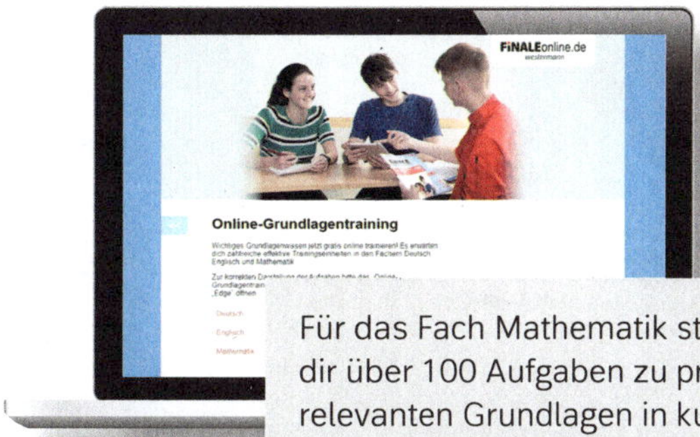

Für das Fach Mathematik stehen dir über 100 Aufgaben zu prüfungsrelevanten Grundlagen in kurzen Trainingseinheiten zur Verfügung.

Unser Tipp für Lehrerinnen und Lehrer:
Nutzen Sie unsere vielfältigen Arbeitsblätter auch für Ihren Unterricht.

Für Lehrerinnen und Lehrer:
Die Lehrerhandreichung für den optimalen Einsatz der Arbeitsbücher im Unterricht zum kostenlosen Download!

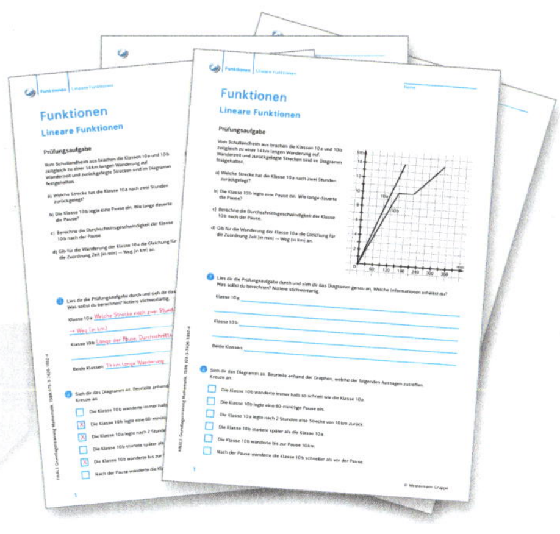

Du übst lieber auf Papier? Dann klicke auf „PDF" und drucke dir die gewünschte Trainingseinheit einfach aus.

FiNALE Grundlagentraining Mathematik

Das FiNALE Grundlagentraining ist die ideale Ergänzung zu diesem Arbeitsbuch. Es bietet eine große Auswahl an Materialien, mit deren Hilfe du prüfungsrelevantes Grundlagenwissen auffrischen und aktiv trainieren kannst.

Folgende Inhalte werden in diesem Band behandelt:

- Arithmetik/Algebra, Funktionen, Geometrie, Stochastik
- die wichtigsten Begriffe und Symbole
- Größen, Umrechnungen und Zehnerpotenzen

Mit Formelsammlung und anschaulichen Lösungen

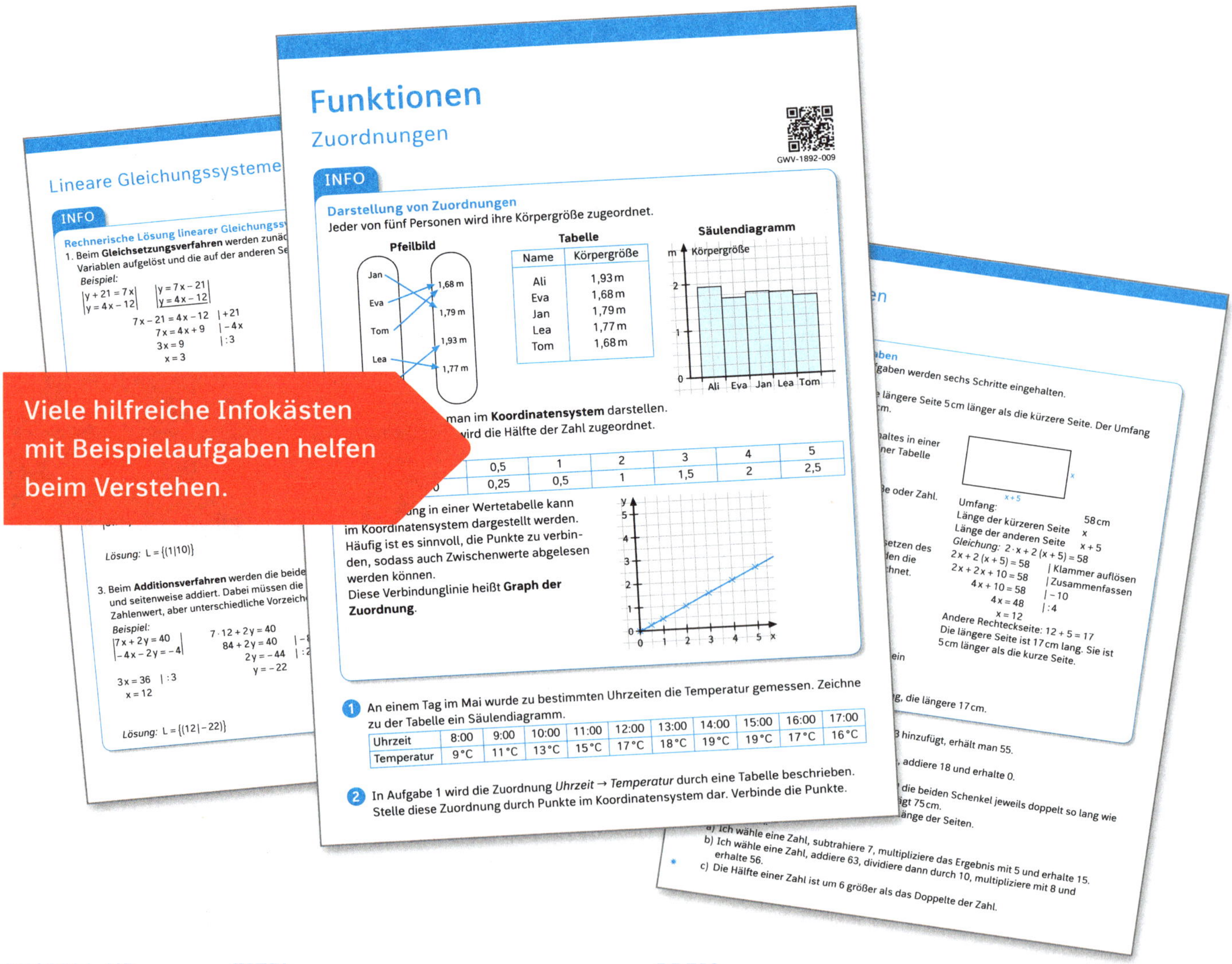

BESTELL-NR.	TITEL	PREIS
978-3-7426-1892-4	FiNALE Grundlagentraining Mathematik	13,95 €

FiNALE Grundlagentraining gibt es auch für die Fächer Deutsch und Englisch.

westermann

FiNALE Prüfungstraining

Berlin und Brandenburg

Mittlerer Schulabschluss / Erweiterte Berufsbildungsreife 2024

Mathematik

Bernhard Humpert
Dr. Martina Lenze
Dr. Bernd Liebau
Ursula Schmidt
Peter Welzel

FiNALEonline.de

Liebe Schülerin, lieber Schüler,

sobald die Original-Prüfungsaufgaben zur Veröffentlichung freigegeben sind, können sie unter **www.finaleonline.de** zusammen mit ausführlichen Lösungen kostenlos heruntergeladen werden. Gib dazu einfach diesen Code ein:

MA2t6Vd

Einfach mal reinschauen: www.finaleonline.de

Bildquellennachweis
Arbeitsbuch:
|Alamy Stock Photo (RMB), Abingdon/Oxfordshire: Muller, Moritz 50.1; PA Images 50.2. |Imago, Berlin: Hettrich, Arnulf 79.3. |Leiss, Prof. Dr. Dominik, Lüneburg: 53.2. |Lenze, Dr. Martina, Berlin: 46.1, 59.1, 61.1, 67.2, 89.1, 89.1. |Liebau, Dr. Bernd, Leipzig: 79.2. |Microsoft Deutschland GmbH, München: 9.1, 20.1, 20.2, 20.3, 42.1, 53.1, 78.1, 78.2, 78.3, 78.4, 82.1. |Peter Wirtz Fotografie, Dormagen: Titel. |Picture-Alliance GmbH, Frankfurt a.M.: dpa 49.1, 49.2, 67.1; Godong 79.1; Hoermann, Frank/Simon, Sven 17.1. |Schmidt, Ursula, Kamen: 86.1. |stock.adobe.com, Dublin: Stockwerk-Fotodesign 97.1.

Lösungsheft:
|Griese, Dietmar, Laatzen: 50.1, 50.2. |Microsoft Deutschland GmbH, München: 11.1.

Druck A1 / Jahr 2023
Alle Drucke der Serie A sind im Unterricht parallel verwendbar.

Redaktion: Dr. Heike Bütow
Kontakt: finale@westermanngruppe.de
Layout: LIO Design GmbH, Braunschweig
Umschlaggestaltung: Gingco.Net, Braunschweig
Umschlagfoto: Peter Wirtz, Dormagen
Zeichnungen: Peter Langner; Illustrationen: Carla Miller
Druck und Bindung: Westermann Druck GmbH, Georg-Westermann-Allee 66, 38104 Braunschweig

ISBN 978-3-07-172488-4

Vorwort – So arbeitest du mit FiNALE

Liebe Schülerin, lieber Schüler!

Dieses **FiNALE**-Arbeitsbuch mit dem beiliegenden Lösungsheft hilft dir, dich selbstständig auf die zentrale Prüfung am Ende des Schuljahres 2023/24 vorzubereiten. Für den Erwerb der eBBR müssen grundlegende Aufgaben sicher gelöst werden, für den Erwerb des MSA zusätzlich noch anspruchsvollere (Teil-)Aufgaben. Diese Aufgaben sind in diesem Arbeitsbuch – wie auch in den zentralen Prüfungen – durch ein Sternchen ★ gekennzeichnet. Das Arbeitsbuch besteht aus drei Teilen.

- TEIL A – BASISAUFGABEN
- TEIL B – KOMPLEXE AUFGABEN
- TEIL C – PRÜFUNGSAUFGABEN

TEIL A – BASISAUFGABEN

Im **Eingangstest** kannst du testen, wie gut dein Grundwissen schon ist.

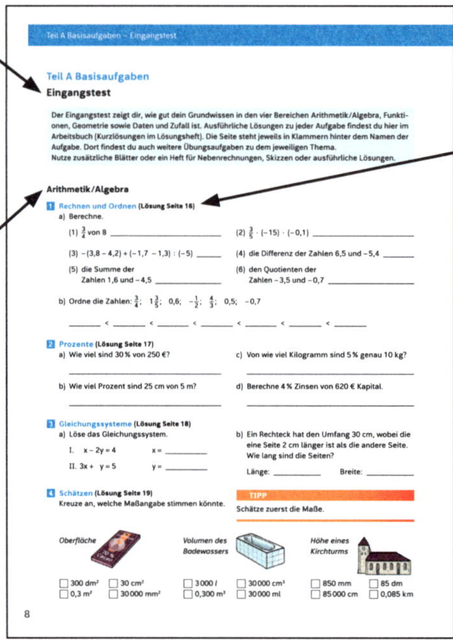

Jede Aufgabe hat eine Überschrift. Dahinter steht, wo du hier im Arbeitsbuch die **Lösung** zu dieser Aufgabe und weitere **Übungsaufgaben** findest.

Die Aufgaben sind thematisch sortiert:
- Arithmetik/Algebra
- Funktionen
- Geometrie
- Daten und Zufall

Die **Selbsteinschätzung** hilft dir herauszufinden, wo du noch besonders üben musst.

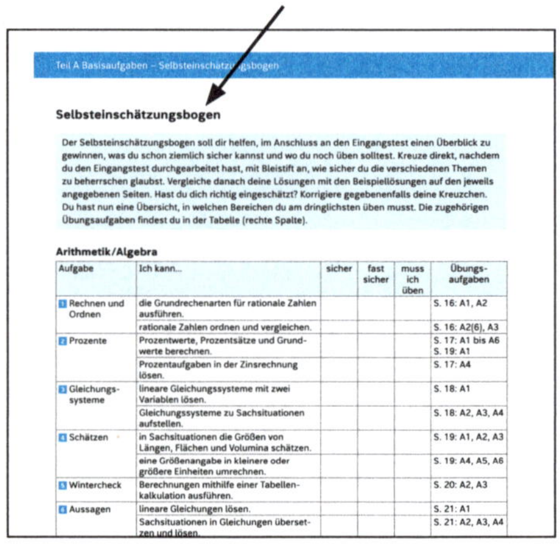

Der Link neben den Lösungen der Aufgaben aus dem Eingangstest führt zu einem **Video.** In dem Video wird dir die Lösung noch einmal Schritt für Schritt erklärt.

Die weiteren **Übungsaufgaben** sind ebenfalls thematisch sortiert.

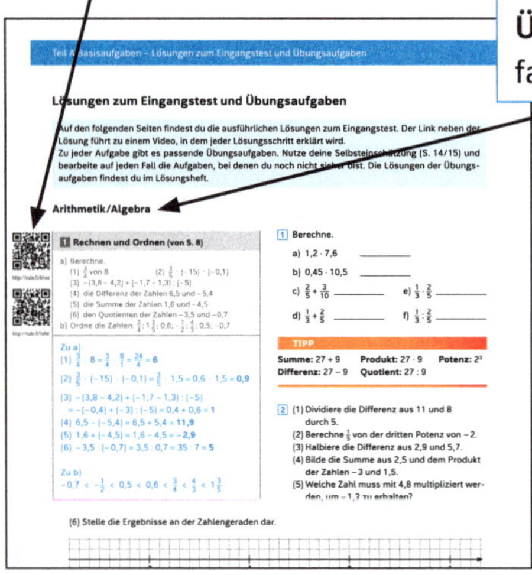

Der **Abschlusstest** soll dir zeigen, wie viel du bereits im Vergleich zum Eingangstest gelernt hast.
Die Aufgaben sind hier nicht nach Themen sortiert.

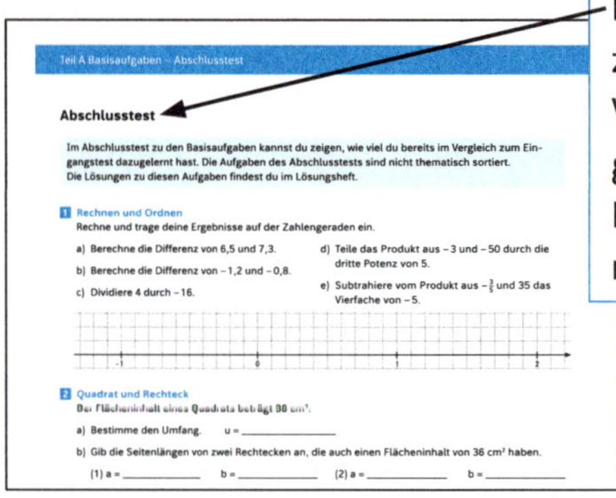

TEIL B – KOMPLEXE AUFGABEN

Die **komplexen Aufgaben** sind ein besonderes Training. Die Aufgaben sind, wie in der Prüfung, nicht thematisch sortiert.

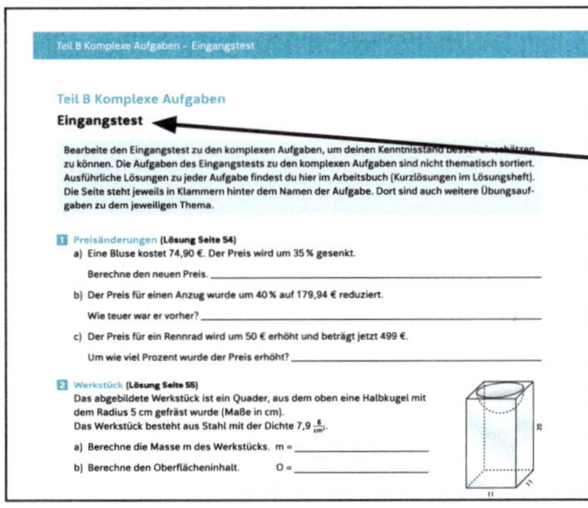

Der Teil B ist ähnlich wie der Teil A aufgebaut. Es gibt einen **Eingangstest** und zu jeder Aufgabe weitere **Übungen.**

Der **Abschlusstest** zeigt dir am Ende von Teil B, wie gut du auf die Prüfung vorbereitet bist.

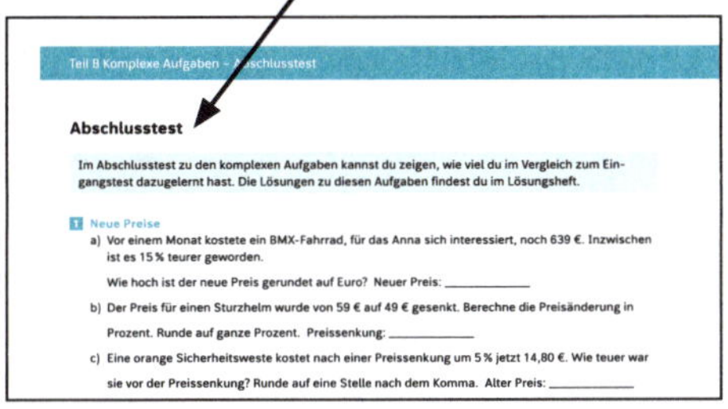

Der Link neben den Lösungen der Aufgaben aus dem Eingangstest führt wieder zu einem **Video.**

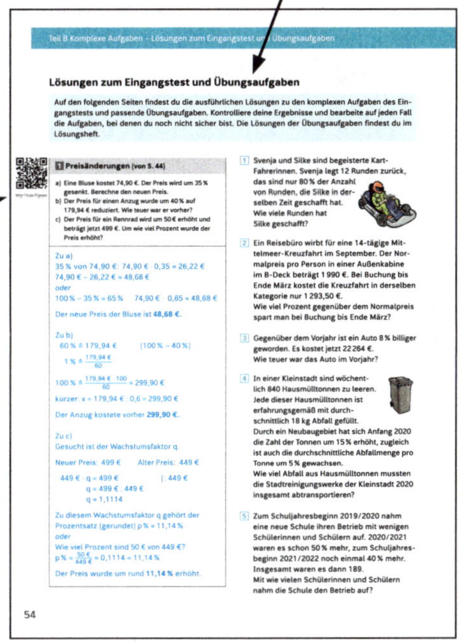

TEIL C – PRÜFUNGSAUFGABEN

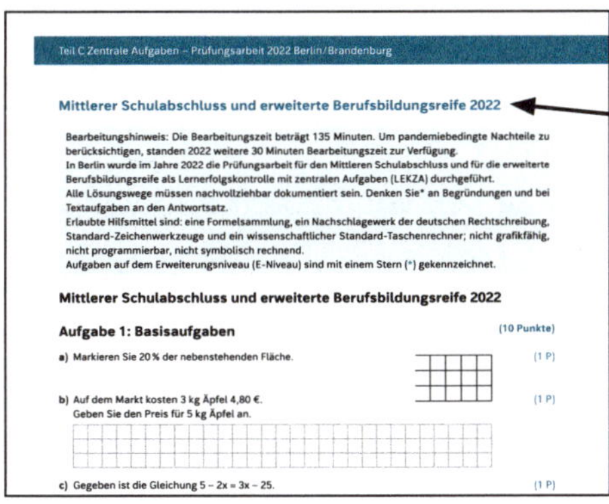

Hier sind **Original-Prüfungsarbeiten** aus den letzten Jahren abgedruckt. Mindestens eine dieser Arbeiten solltest du unter Prüfungsbedingungen bearbeiten, in der vorgeschriebenen Zeit und nur mit den zugelassenen Hilfsmitteln.

Eine **Formelsammlung**, die auch bei der Abschlussprüfung zugelassen ist, findest du im **Lösungsheft.**
Unter www.finaleonline.de ist ein **Übungstagebuch,** mit dem du deine Prüfungsvorbereitung gut organisieren kannst. Nutze dafür auch den Code von Seite 4.

Wir wünschen dir viel Erfolg bei deiner Abschlussprüfung!
Dein **FiNALE**-Team

TIPP

Hast du noch Lücken aus den vorherigen Schuljahren? Dann empfehlen wir dir das „**FiNALE** Grundlagentraining Mathematik“ (ISBN 978-3-7426-1892-4).

Es bietet prüfungsrelevantes Grundlagenwissen zum Nachschlagen und Üben. Ergänzend dazu findest du unter *www.finaleonline.de/grundlagentraining* ein kostenloses Online-Training bestehend aus interaktiven Übungsaufgaben und Arbeitsblättern zum Ausdrucken.

Teil A Basisaufgaben

Eingangstest

Der Eingangstest zeigt dir, wie gut dein Grundwissen in den vier Bereichen Arithmetik/Algebra, Funktionen, Geometrie sowie Daten und Zufall ist. Ausführliche Lösungen zu jeder Aufgabe findest du hier im Arbeitsbuch (Kurzlösungen im Lösungsheft). Die Seite steht jeweils in Klammern hinter dem Namen der Aufgabe. Dort findest du auch weitere Übungsaufgaben zu dem jeweiligen Thema.
Nutze zusätzliche Blätter oder ein Heft für Nebenrechnungen, Skizzen oder ausführliche Lösungen.

Arithmetik/Algebra

1 Rechnen und Ordnen **(Lösung Seite 16)**

a) Berechne.

(1) $\frac{3}{4}$ von 8 ______________

(2) $\frac{3}{5} \cdot (-15) \cdot (-0{,}1)$ ______________

(3) $-(3{,}8 - 4{,}2) + (-1{,}7 - 1{,}3) : (-5)$ ______

(4) die Differenz der Zahlen 6,5 und −5,4 ______

(5) die Summe der Zahlen 1,6 und −4,5 ______________

(6) den Quotienten der Zahlen −3,5 und −0,7 ______________

b) Ordne die Zahlen: $\frac{3}{4}$; $1\frac{3}{5}$; 0,6; $-\frac{1}{2}$; $\frac{4}{3}$; 0,5; −0,7

______ < ______ < ______ < ______ < ______ < ______ < ______

2 Prozente **(Lösung Seite 17)**

a) Wie viel sind 30 % von 250 €?

____

b) Wie viel Prozent sind 25 cm von 5 m?

____

c) Von wie viel Kilogramm sind 5 % genau 10 kg?

____

d) Berechne 4 % Zinsen von 620 € Kapital.

____

3 Gleichungssysteme **(Lösung Seite 18)**

a) Löse das Gleichungssystem.

I. $x - 2y = 4$ $x =$ ______

II. $3x + y = 5$ $y =$ ______

b) Ein Rechteck hat den Umfang 30 cm, wobei die eine Seite 2 cm länger ist als die andere Seite. Wie lang sind die Seiten?

Länge: ______ Breite: ______

4 Schätzen **(Lösung Seite 19)**

Kreuze an, welche Maßangabe stimmen könnte.

TIPP
Schätze zuerst die Maße.

Oberfläche

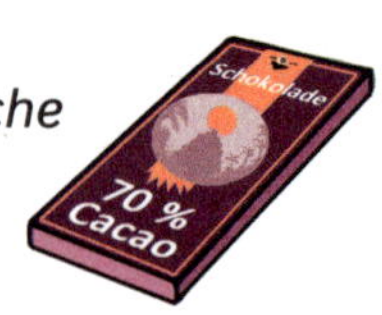

☐ 300 dm² ☐ 30 cm²
☐ 0,3 m² ☐ 30 000 mm²

Volumen des Badewassers

☐ 3 000 *l* ☐ 30 000 cm³
☐ 0,300 m³ ☐ 30 000 ml

Höhe eines Kirchturms

☐ 850 mm ☐ 85 dm
☐ 85 000 cm ☐ 0,085 km

5 Wintercheck (Lösung Seite 20)

Frau König lässt ihr Auto in der Werkstatt auf den Winter vorbereiten. Für Materialien und Arbeitsleistungen erstellt die Werkstatt die Rechnung mithilfe einer Tabellenkalkulation.

	A	B	C	D
1	**Artikelbezeichnung**	**Menge**	**Einzelpreis**	**Gesamtpreis**
2				
3	Reifen 195/65 R WinterGrip	4	70,92 €	283,68 €
4	Glühlampen	2	2,03 €	4,06 €
5	Motoröl (in Liter)	1,5		24,75 €
6				
7	Winterräder montieren			18,91 €
8	Wintercheck durchführen			16,72 €
9				
10	Zwischensumme			348,12 €
11	Mehrwertsteuer (in %)	19		66,14 €
12				
13	**Rechnungsbetrag**			414,26 €

a) In welcher Zelle findest du den Einzelpreis für einen Reifen? ____________________

b) Gib an, wie teuer 1 Liter Motoröl (ohne MwSt.) ist. ____________________

c) Gib eine Formel für die Zelle D10 an. ____________________

d) Welche Formeln könnten in D11 stehen? Kreuze alle richtigen an.

☐ = D10 * 0,19 ☐ = D10 / B11*100 ☐ = D10*B11/100 ☐ = 348,12 € / B11

6 Aussagen (Lösung Seite 21)

a) Welche der folgenden Sachtexte passen zu der Gleichung x + (x – 4) = 60? Kreuze an.

1	Vera ist vier Jahre jünger als Max. Zusammen sind sie 60 Jahre alt.	☐ Ja	☐ Nein
2	Eine Lostrommel enthält viermal so viele Nieten wie Gewinnlose. Insgesamt sind 60 Lose in der Trommel.	☐ Ja	☐ Nein
3	Familie Maier legt auf ihrer zweitägigen Radtour insgesamt 60 km zurück. Am zweiten Tag fahren sie 4 km weniger als am ersten Tag.	☐ Ja	☐ Nein
4	Ein 60 m² großer Saal wird mit Parkett ausgelegt. Länge und Breite des Raumes unterscheiden sich um 4 Meter.	☐ Ja	☐ Nein

b) Löse die Gleichung x + (x – 4) = 60. ____________________

Funktionen

7 Zuordnungen (Lösung Seite 22)

In welchen Graphen erkennst du proportionale (p) oder antiproportionale (a) Zuordnungen? Wo liegt keines von beiden (k) vor? Kreuze jeweils p, a oder k an.

a)	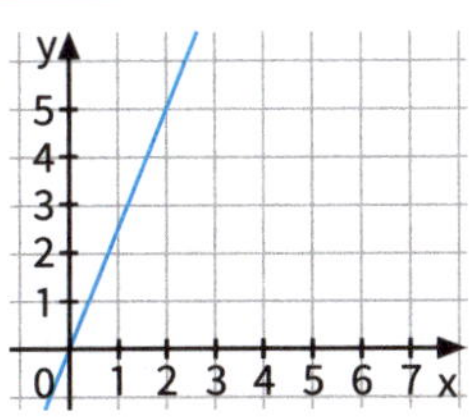	☐ p ☐ a ☐ k	b)	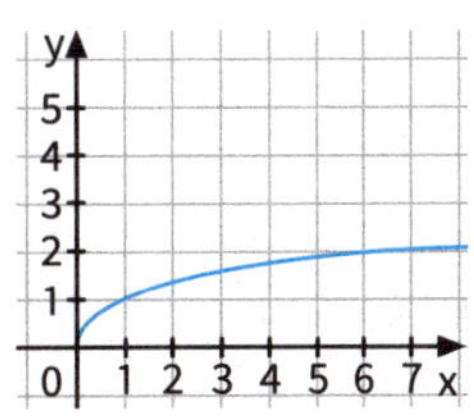	☐ p ☐ a ☐ k
c)	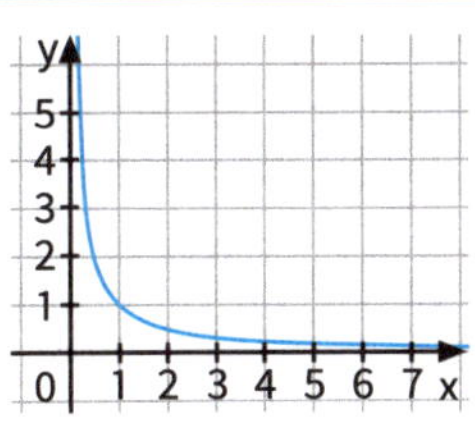	☐ p ☐ a ☐ k	d)	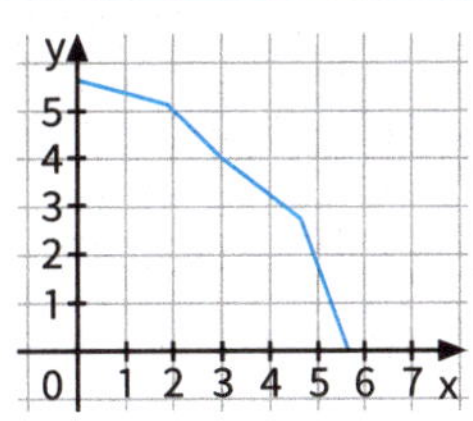	☐ p ☐ a ☐ k

8 Gleichungen und Graphen (Lösung Seite 23)

Ordne den Graphen (g_1, g_2, …g_6) die zugehörige Funktionsgleichung zu. Zwei Gleichungen passen zu keinem Graphen.

	$y = -0{,}5x^2$		$y = -2x^2$
	$y = x - 2$		$y = 2x^2$
	$y = -x - 2$		$y = -x + 2$
	$y = x^2 + 2x + 2$		$y = 0{,}5x^2$

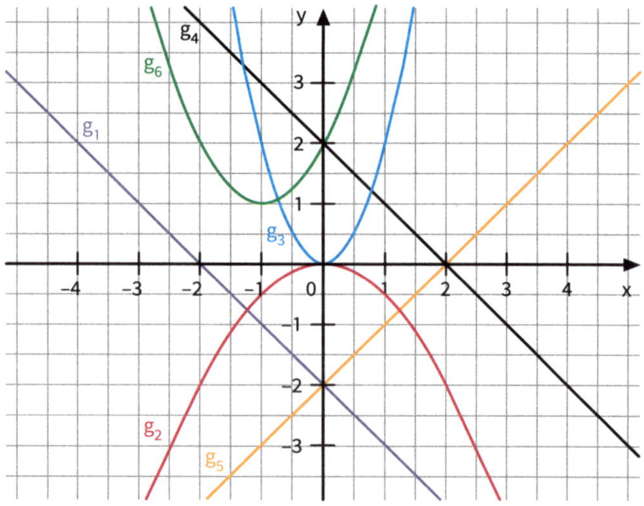

★ 9 Parabeln in verschiedenen Darstellungen (Lösung Seite 24)

Eine Parabel hat den Scheitelpunkt S(3|–15) und ist gegenüber der Normalparabel um den Faktor a = 2 gestreckt.
Gib die Scheitelpunktform der Parabel an und wandle diese in die allgemeine Form um.

f(x) = ______________ f(x) = ______________

10 Lineare Funktion – Füllmenge (Lösung Seite 25)

Die im Koordinatensystem dargestellte Funktion stellt den Zusammenhang zwischen der Füllmenge in einem Bewässerungstank und der Zeit dar.

a) Wie viel Liter Wasser sind am Anfang im Tank?

Am Anfang sind __________ im Tank.

b) Bestimme, um wie viel Liter pro Minute die Wassermenge abnimmt.

____

c) Gib die Funktionsgleichung an. ______________

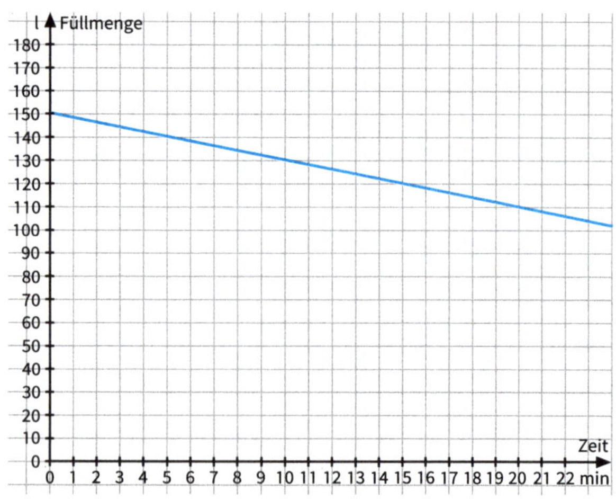

★ 11 Exponentielles Wachstum (Lösung Seite 26)

Eine Stadt hat 42 000 Einwohner. Es wird damit gerechnet, dass die Einwohnerzahl in den nächsten fünf Jahren jährlich um 2 % zunimmt. Berechne, wie viele Einwohner die Stadt in fünf Jahren voraussichtlich haben wird.

Geometrie

12 Rechteck (Lösung Seite 27)

Ein Rechteck ist 8 cm lang und hat einen Umfang von 30 cm. Wie groß ist sein Flächeninhalt A?

A = ______________________________

13 Dreieck im Koordinatensystem (Lösung Seite 28)

a) Gib die Koordinaten der Punkte P(|), Q(|), R(|) an.

b) Welchen Flächeninhalt hat das Dreieck PQR?

A = ______________________________

c) Trage den Punkt S(4|4) in das Koordinatensystem ein. Wie heißt die Figur PQRS?

____

d) Bestimme den Flächeninhalt der Figur PQRS.

A = ______________________________

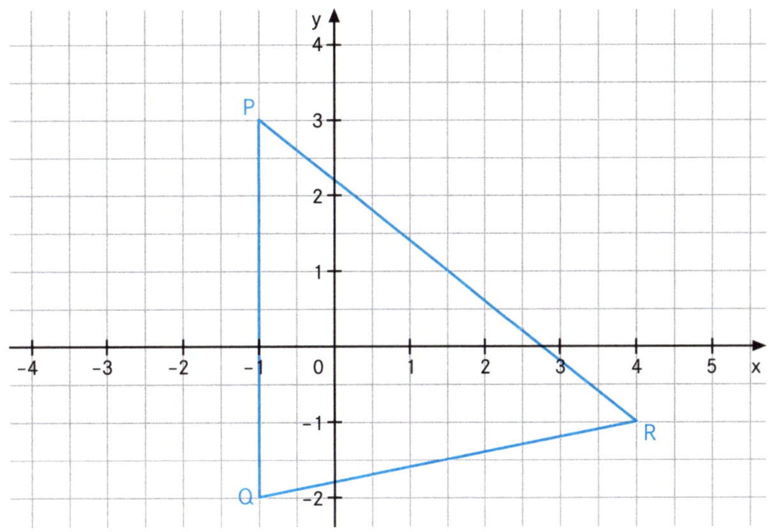

14 Umzug (Lösung Seite 29)

Für den Transport von 90 Umzugskartons sucht Familie Meyer bei einer Leihfirma ein geeignetes Fahrzeug. Ein Karton hat folgende Abmessungen (in mm): 600 x 330 x 340. Es stehen Transporter mit einem Ladevolumen von 5,8 m^3 und 9,5 m^3 zur Auswahl. Welchen Transporter würdest du empfehlen? Begründe rechnerisch.

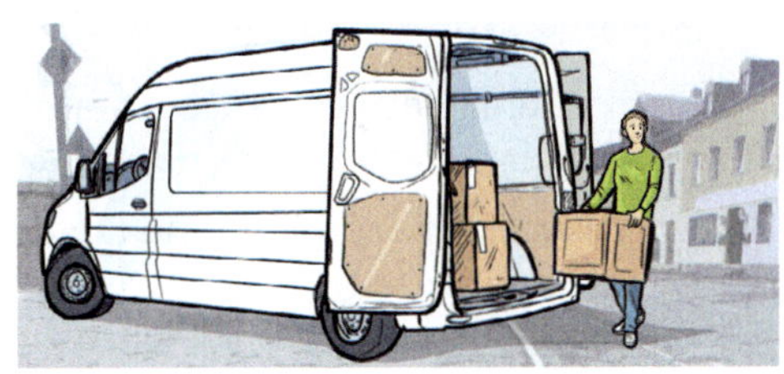

15 Zylinder (Lösung Seite 30)

a) Skizziere das Netz eines Zylinders.

b) Ein Zylinder hat eine Grundfläche mit dem Radius 14 cm und ist 8 cm hoch. Bestimme den Oberflächeninhalt des Zylinders gerundet auf ganze cm^2.

Oberflächeninhalt: ______________________________

16 **Buchstaben-Design** **(Lösung Seite 31)**

Emil entwirft neue Schriftarten für den Computer. Er beginnt mit dem Buchstaben A (siehe Abbildung rechts). Den noch fehlenden Querstrich möchte er so einzeichnen, dass er

- $\frac{1}{3}$ der unteren Breite des Buchstabens als Länge hat und
- parallel zur Grundlinie verläuft.

Berechne, wo Emil den Querstrich einzeichnen muss.
Zeichne den Buchstaben auf ein extra Blatt. Zeichne den Querstrich ein und überprüfe an der Zeichnung deine Berechnung.

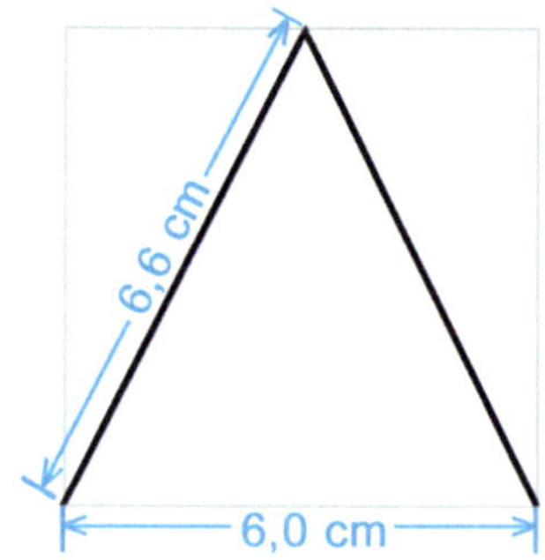

17 **Drachen** **(Lösung Seite 32)**

Sven hat einen Drachen gebaut. Die beiden kürzeren Seiten a und b sind jeweils 25 cm lang und schließen einen rechten Winkel ein. Die Längen der beiden Diagonalen e und f verhalten sich wie 2 : 3.

a) Berechne die Längen der beiden Diagonalen. ______

b) Rund um den Drachen wurde eine Schnur gespannt.
Wie lang ist sie? ______

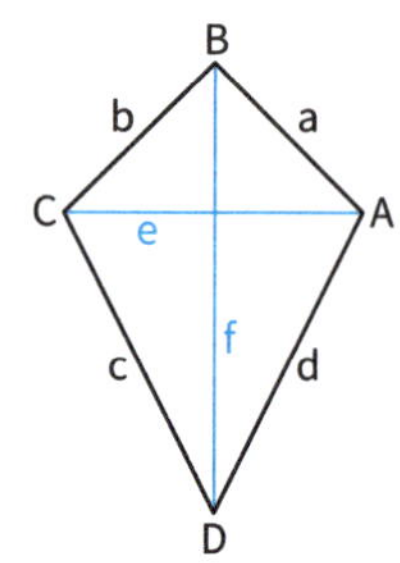

18 **Winkel** **(Lösung Seite 33)**

In der Abbildung sind die Geraden g und h parallel.

a) Bestimme, ohne zu messen, die Größe der Winkel β, γ, δ und ε. Begründe.

β = ______ γ = ______ δ = ______ ε = ______

b) In einem Geometrieprogramm wird die Gerade f so gedreht, dass α = 105° groß ist. Wie verändern sich dadurch die Größen von β, γ, δ und ε? Überprüfe deine Lösung durch eine Zeichnung.

β = ______ γ = ______ δ = ______ ε = ______

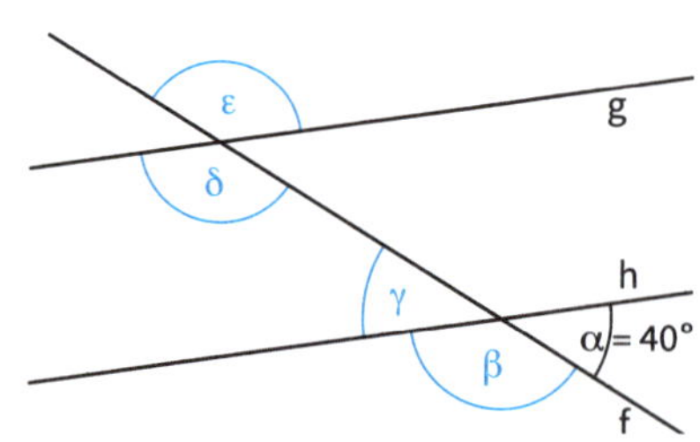

Daten und Zufall

19 **Tablet** **(Lösung Seite 34)**

Im Internet wird ein Tablet zu folgenden Preisen angeboten.

a) Gib den Median (Zentralwert), die Spannweite und das arithmetische Mittel der Preise an.

______

Median: ______ Spannweite: ______ arithmetisches Mittel: ______

b) Berücksichtigt man noch ein sechstes Angebot, beträgt das arithmetische Mittel nur noch 264 €. Wie teuer ist das Tablet aus diesem Angebot?

20 Nutzflächen in Deutschland (**Lösung Seite 35**)

In dem Diagramm rechts wird dargestellt, wie die Flächen in Deutschland genutzt werden.

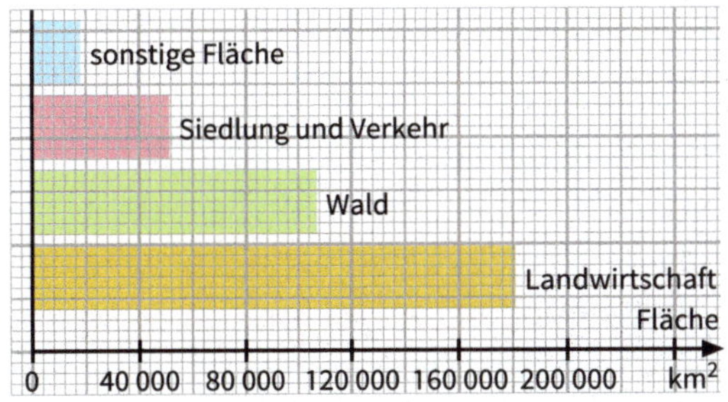

a) Wie viel Quadratkilometer entsprechen 1 mm?

1 mm ≙ ________________ km²

b) (1) Lies aus dem Diagramm ab und fülle die Tabelle aus.

(2) Bestimme die relativen Häufigkeiten und trage sie in die Tabelle ein. Runde auf eine Nachkommastelle.

	Flächeninhalt (in km²)	relative Häufigkeit (in %)
Landwirtschaft		
Wald		
Siedlung und Verkehr		
sonstige Fläche		
Gesamtfläche		

Kreisdiagramm:

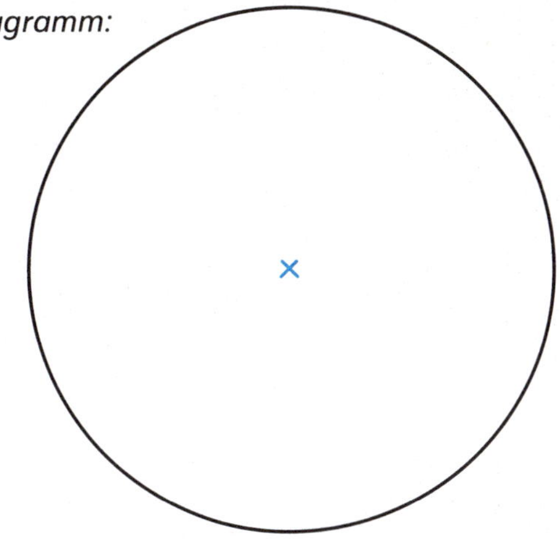

(3) Stelle die Anteile in einem Kreis- und einem Streifendiagramm dar.

Streifendiagramm:

21 Farbige Kugeln (**Lösung Seite 36**)

Aus einem Behälter mit 3 roten, 5 grünen und 2 blauen gleichartigen Kugeln wird eine verdeckt gezogen. Berechne die Wahrscheinlichkeiten für „blau" und für „nicht rot".

a) P(blau) = ________________

b) P(nicht rot) = ________________

22 Würfel (**Lösung Seite 37**)

Rechts siehst du die Netze zweier Würfel.
Der Würfel (1) hat nur die Zahlen 3 und 4, der Würfel (2) die Zahlen 3, 4 und 6.

(1)

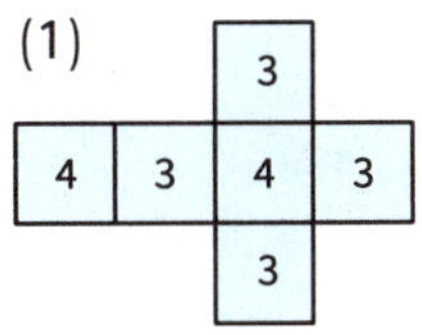

(2)

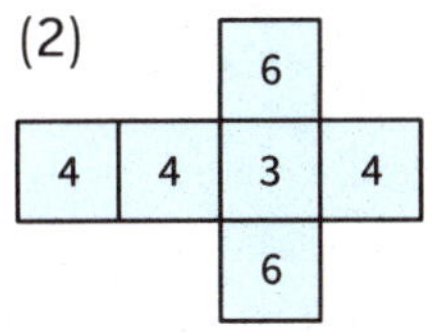

a) Gib die Wahrscheinlichkeit an, mit Würfel (1) eine Vier zu würfeln. ________________

b) Gib die Wahrscheinlichkeit an, mit Würfel (2) eine Augenzahl größer als 3 zu würfeln.

____

c) Mit einem der beiden Würfel wurde 1000-mal gewürfelt und dabei 324-mal die Vier erzielt. Welcher Würfel ist das vermutlich gewesen? Begründe.

____

____

Selbsteinschätzungsbogen

Der Selbsteinschätzungsbogen soll dir helfen, im Anschluss an den Eingangstest einen Überblick zu gewinnen, was du schon ziemlich sicher kannst und wo du noch üben solltest. Kreuze direkt, nachdem du den Eingangstest durchgearbeitet hast, mit Bleistift an, wie sicher du die verschiedenen Themen zu beherrschen glaubst. Vergleiche danach deine Lösungen mit den Beispiellösungen auf den jeweils angegebenen Seiten. Hast du dich richtig eingeschätzt? Korrigiere gegebenenfalls deine Kreuzchen. Du hast nun eine Übersicht, in welchen Bereichen du am dringlichsten üben musst. Die zugehörigen Übungsaufgaben findest du in der Tabelle (rechte Spalte).

Arithmetik/Algebra

Aufgabe	Ich kann...	sicher	fast sicher	muss ich üben	Übungs-aufgaben
1 Rechnen und Ordnen	die Grundrechenarten für rationale Zahlen ausführen.				S. 16: A1, A2
	rationale Zahlen ordnen und vergleichen.				S. 16: A2(6), A3
2 Prozente	Prozentwerte, Prozentsätze und Grund-werte berechnen.				S. 17: A1 bis A6 S. 19: A1
	Prozentaufgaben in der Zinsrechnung lösen.				S. 17: A4
3 Gleichungs-systeme	lineare Gleichungssysteme mit zwei Variablen lösen.				S. 18: A1
	Gleichungssysteme zu Sachsituationen aufstellen.				S. 18: A2, A3, A4
4 Schätzen	in Sachsituationen die Größen von Längen, Flächen und Volumina schätzen.				S. 19: A1, A2, A3
	eine Größenangabe in kleinere oder größere Einheiten umrechnen.				S. 19: A4, A5, A6
5 Wintercheck	Berechnungen mithilfe einer Tabellen-kalkulation ausführen.				S. 20: A2, A3
6 Aussagen	lineare Gleichungen lösen.				S. 21: A1
	Sachsituationen in Gleichungen überset-zen und lösen.				S. 21: A2, A3, A4

Funktionen

Aufgabe	Ich kann...	sicher	fast sicher	muss ich üben	Übungs-aufgaben
7 Zuordnungen	proportionale und antiproportionale Zu-ordnungen an ihren Graphen erkennen.				S. 22: A1
	Werte berechnen und Graphen skizzieren, auch in Sachsituationen.				S. 22: A2 bis A5
8 Gleichungen und Graphen	bei linearen Funktionen die Gleichungen und Graphen einander zuordnen.				S. 23: A1, A2, A3
	bei quadratischen Funktionen zwischen Gleichung, Graph und Wertetabelle wechseln.				S. 23: A4, A5
9 ★ Parabeln in verschiedenen Darstellungen	die Scheitelpunktform in die allgemeine Form bringen und umgekehrt.				S. 24: A1 bis A4

Funktionen

10 Lineare Funktion – Füllmenge	Sachsituationen durch Gleichungen und Graphen von linearen Funktionen beschreiben.				S. 25: A1, A2, A3
11 ★ Exponentielles Wachstum	in Sachsituationen exponentielles Wachstum erkennen und Werte berechnen (auch Zinseszins).				S. 26: A1 bis A5

Geometrie

Aufgabe	Ich kann...	sicher	fast sicher	muss ich üben	Übungsaufgaben
12 Rechteck	Umfang und Flächeninhalt eines Rechtecks berechnen, auch in Sachsituationen.				S. 27: A1 bis A4
13 Dreieck im Koordinatensystem	Punkte in ein Koordinatensystem eintragen und ablesen.				S. 28: A1, A2, A3
	Flächeninhalte von Dreiecken, Parallelogrammen und Trapezen berechnen.				S. 28: A1, A2, A3
14 Umzug	das Volumen eines Quaders berechnen, auch mit unterschiedlichen Einheiten und in Sachsituationen.				S. 29: A1 bis A6
15 Zylinder	den Flächeninhalt und Umfang eines Kreises berechnen.				S. 30: A1, A2
	die Größe von Mantelfläche, Oberfläche und Volumen eines Zylinders berechnen.				S. 30: A3 bis A6
16 Buchstaben-Design	Streckenlängen mithilfe der Strahlensätze bestimmen.				S. 31: A1 bis A4
17 Drachen	Streckenlängen mithilfe des Satzes von Pythagoras berechnen, auch in Sachsituationen.				S. 32: A1 bis A5
18 Winkel	Winkelgrößen mithilfe der Winkelsätze und der Winkelsumme im Dreieck bestimmen.				S. 33: A1, A2, A3

Stochastik

Aufgabe	Ich kann...	sicher	fast sicher	muss ich üben	Übungsaufgaben
19 Tablet	Spannweite, Median und arithmetisches Mittel angeben.				S. 34: A1 bis A3
20 Nutzflächen in Deutschland	Werte aus einem Diagramm ablesen.				S. 35: A1, A2 S. 36: A4
	relative Häufigkeiten berechnen und als Prozente angeben.				
	Kreis- und Streifendiagramme erstellen.				
21 Farbige Kugeln	die Wahrscheinlichkeit eines Ereignisses bei einem Laplace-Experiment berechnen.				S. 36: A1 bis A4 S. 37: A1 a) – c)
22 Würfel	Wahrscheinlichkeiten mit den Ergebnissen einer langen Versuchsreihe schätzen.				S. 37: A1 d), A2

Wenn du noch weiteren Übungsbedarf hast oder in einem Thema unsicher bist, empfehlen wir dir, im „Grundlagentraining“ nachzuschlagen (ISBN 978-3-7426-1892-4).
Dein **FiNALE**-Team

Lösungen zum Eingangstest und Übungsaufgaben

Auf den folgenden Seiten findest du die ausführlichen Lösungen zum Eingangstest. Der Link neben der Lösung führt zu einem Video, in dem jeder Lösungsschritt erklärt wird.
Zu jeder Aufgabe gibt es passende Übungsaufgaben. Nutze deine Selbsteinschätzung (S. 14/15) und bearbeite auf jeden Fall die Aufgaben, bei denen du noch nicht sicher bist. Die Lösungen der Übungsaufgaben findest du im Lösungsheft.

Arithmetik/Algebra

http://nale.fi/kfwa

http://nale.fi/tnhd

1 Rechnen und Ordnen (von S. 8)

a) Berechne.
(1) $\frac{3}{4}$ von 8 (2) $\frac{3}{5} \cdot (-15) \cdot (-0,1)$
(3) $-(3,8-4,2)+(-1,7-1,3):(-5)$
(4) die Differenz der Zahlen 6,5 und −5,4
(5) die Summe der Zahlen 1,6 und −4,5
(6) den Quotienten der Zahlen −3,5 und −0,7
b) Ordne die Zahlen: $\frac{3}{4}$; $1\frac{3}{5}$; 0,6; $-\frac{1}{2}$; $\frac{4}{3}$; 0,5; −0,7

Zu a)
(1) $\frac{3}{4} \cdot 8 = \frac{3}{4} \cdot \frac{8}{1} = \frac{24}{4} = \mathbf{6}$
(2) $\frac{3}{5} \cdot (-15) \cdot (-0,1) = \frac{3}{5} \cdot 1,5 = 0,6 \cdot 1,5 = \mathbf{0,9}$
(3) $-(3,8-4,2)+(-1,7-1,3):(-5)$
$= -(-0,4)+(-3):(-5) = 0,4+0,6 = \mathbf{1}$
(4) $6,5-(-5,4) = 6,5+5,4 = \mathbf{11,9}$
(5) $1,6+(-4,5) = 1,6-4,5 = \mathbf{-2,9}$
(6) $-3,5:(-0,7) = 3,5:0,7 = 35:7 = \mathbf{5}$

Zu b)
$-0,7 < -\frac{1}{2} < 0,5 < 0,6 < \frac{3}{4} < \frac{4}{3} < 1\frac{3}{5}$

1 Berechne.

a) $1,2 \cdot 7,6$ ______
b) $0,45 \cdot 10,5$ ______
c) $\frac{2}{5} + \frac{3}{10}$ ______
d) $\frac{1}{3} + \frac{2}{5}$ ______
e) $\frac{1}{3} \cdot \frac{2}{5}$ ______
f) $\frac{1}{3} : \frac{2}{5}$ ______

TIPP

Summe: $27 + 9$ **Produkt:** $27 \cdot 9$ **Potenz:** 2^3
Differenz: $27 - 9$ **Quotient:** $27 : 9$

2 (1) Dividiere die Differenz aus 11 und 8 durch 5.
(2) Berechne $\frac{1}{5}$ von der dritten Potenz von −2.
(3) Halbiere die Differenz aus 2,9 und 5,7.
(4) Bilde die Summe aus 2,5 und dem Produkt der Zahlen −3 und 1,5.
(5) Welche Zahl muss mit 4,8 multipliziert werden, um −1,2 zu erhalten?
(6) Stelle die Ergebnisse an der Zahlengeraden dar.

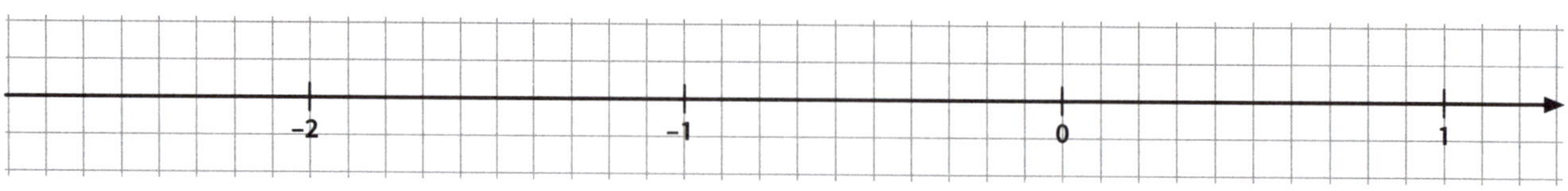

3 Ordne der Größe nach, beginne mit der kleinsten Zahl.

a) 0,4 $\frac{3}{6}$ 0,38 $\frac{1}{4}$ $\frac{3}{8}$ 0,44

☐ < ☐ < ☐ < ☐ < ☐ < ☐

b) $-1\frac{1}{2}$ $-\frac{7}{5}$ $-\frac{3}{4}$ −0,8 $-\frac{11}{8}$ −1,3

☐ < ☐ < ☐ < ☐ < ☐ < ☐

c) 0,7 $-\frac{3}{4}$ −1,34 $\frac{4}{5}$ $-\frac{4}{3}$ $\frac{17}{20}$

☐ < ☐ < ☐ < ☐ < ☐ < ☐

d) 2,8 −0,41 $-\frac{2}{5}$ $\frac{29}{10}$ $-\frac{9}{2}$ 2,805

☐ < ☐ < ☐ < ☐ < ☐ < ☐

1 Berechne.

a) 40 % von 650 € b) 23 % von 40 m

2 45 % der Länge einer Strecke sind 288 m.
Wie lang ist die gesamte Strecke?

3 Wie viel Prozent sind

a) 3 kg von 60 kg? b) 12 cm von 1,20 m?

4 Berechne die Zinsen.

a) 3 200 € werden ein Jahr mit 0,5 % verzinst.

b) Ein halbes Jahr lang werden 560 € bei einem Zinssatz von 1,2 % verzinst.

2 Prozente (von S. 8)

a) Wie viel sind 30 % von 250 €?

b) Wie viel Prozent sind 25 cm von 5 m?

c) Von wie viel Kilogramm sind 5 % genau 10 kg?

d) Berechne 4 % Zinsen von 620 € Kapital

http://nale.fi/owvp

Zu a)
W ist gesucht.
$\mathbf{W} = 250\text{ €} \cdot 0{,}30$
$= \mathbf{75\text{ €}}$

Zu b)
p % ist gesucht.
$\mathbf{p\,\%} = \frac{0{,}25\text{ m}}{5\text{ m}} = 0{,}05$
$= \mathbf{5\,\%}$

Zu c)
G ist gesucht.
$G = \frac{10\text{ kg}}{0{,}05} = \mathbf{200\text{ kg}}$

Zu d)
Z ist gesucht.
$Z = 620\text{ €} \cdot 0{,}04$
$= \mathbf{24{,}80\text{ €}}$

TIPP

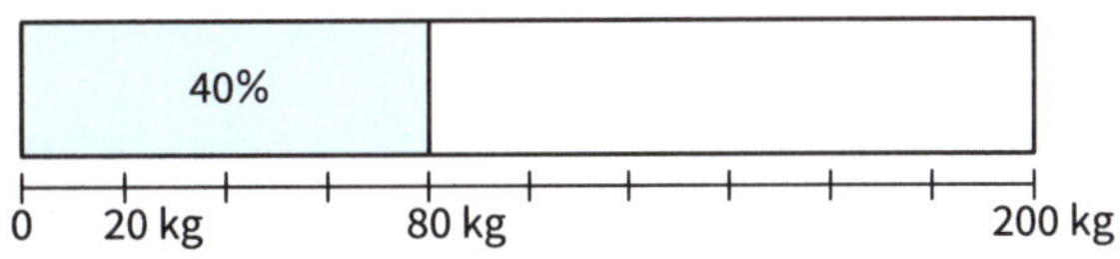

Prozentrechnung:
– Grundwert G
– Prozentwert W
– Prozentsatz p %

40 % von 200 kg sind 80 kg
(40 % → p %; 200 kg → G; 80 kg → W)

Formeln: $W = G \cdot p\,\%$ $p\,\% = \frac{W}{G}$ $G = \frac{W}{p\,\%}$

Zinsrechnung:
Kapital K ↔ G; Zinsen Z ↔ W $Z = K \cdot p\,\%$

5 Familie Meier zahlt monatlich 550 € Miete. Die Miete soll zum 1. Januar um 3,5 % erhöht werden.

a) Berechne die Mieterhöhung.

b) Gib die ab Januar zu zahlende Miete an.

6 Für den Kauf eines Elektroautos zu einem Preis von 32 000 € kann Familie Özdemir einen staatlichen Zuschuss in Höhe von 4 000 € erhalten. Auf den restlichen Kaufpreis gewährt das Autohaus einen Rabatt von 8 %.

a) Berechne die Höhe des Rabattes.

b) Wie viel Prozent des Kaufpreises spart Familie Özdemir insgesamt?

http://nale.fi/bwam

3 Gleichungssysteme (von S. 8)

a) Löse das Gleichungssystem.
$$\text{I.}\quad x - 2y = 4$$
$$\text{II.}\quad 3x + y = 5$$

b) Ein Rechteck hat den Umfang 30 cm, wobei die eine Seite 2 cm länger ist als die andere Seite. Wie lang sind die Seiten?

Zu a)

$\text{I.}\quad x - 2y = 4$

$\text{II.}\quad 3x + y = 5 \quad | \cdot 2$

$\text{I.}\quad x - 2y = 4$

$\text{II.}\quad 6x + 2y = 10$

$\text{I.} + \text{II.}\quad 7x = 14 \quad | : 7$

$\mathbf{x = 2}$

$x = 2$ in Gleichung I. eingesetzt:

$2 - 2y = 4 \quad | -2$

$-2y = 2 \quad | : (-2)$

$\mathbf{y = -1}$

Lösung: $x = 2$ und $y = -1$

Zu b)

x: Breite; y: Länge

$\text{I.}\quad 2x + 2y = 30$

$\text{II.}\quad y = x + 2$

II. in I. eingesetzt:

$2x + 2(x + 2) = 30$

$2x + 2x + 4 = 30 \quad | -4$

$4x = 26 \quad | : 4$

$\mathbf{x = 6{,}5}$

$x = 6{,}5$ in Gleichung II. eingesetzt:

$y = 6{,}5 + 2$

$y = 8{,}5$

Die Seiten des Rechtecks betragen **6,5 cm** und **8,5 cm**.

1 Löse das Gleichungssystem.

a) $\text{I.}\ x + 9y = -41$
$\text{II.}\ x - 4y = 24$

b) $\text{I.}\ x + 5y = 17$
$\text{II.}\ 2x - 4y = 20$

c) $\text{I.}\ 2x - 3y = 8$
$\text{II.}\ 5x + 6y = 20$

d) $\text{I.}\ 3x + 4y = 1$
$\text{II.}\ 6x + 8y = 0$

2 Ein 50-Euro-Schein wird so in 5-Euro-Scheine und 10-Euro-Scheine gewechselt, dass die Anzahl der kleineren Scheine x dreimal so groß ist wie die Anzahl der größeren Scheine y.
Wie viele Scheine sind es?

3 Ein Korken und eine Flasche kosten zusammen 1,10 €. Die Flasche ist 1 € teurer als der Korken. Was kostet der Korken, was die Flasche?

4 Bestimme die gesuchten Zahlen.

a) Die Summe zweier Zahlen beträgt 43, ihre Differenz 9.

b) Addiere 12 zu einer Zahl. Du erhältst das Dreifache einer zweiten Zahl. Das Vierfache der zweiten Zahl vermindert um das Sechsfache der ersten Zahl ergibt 2.

1 Wie viele Sekunden hat eine Schülerin vom ersten Schultag bis zum Ende der 10. Klasse etwa in der Schule verbracht?

☐ 3 600 000 s ☐ 360 000 000 s

☐ 36 000 000 s ☐ 3 600 000 000 s

2 Schätze den Flächeninhalt eines 20-€-Scheins.

☐ 957,6 cm^2 ☐ 95 760 mm^2

☐ 95,76 dm^2 ☐ 9 576 mm^2

3 Kreuze an, welche Schätzung am besten passt.

a) Ungefähre Größe der lackierten Fläche eines Pkws

☐ 72 m^2 ☐ 720 dm^2

☐ 720 000 mm^2 ☐ 7 200 cm^2

b) Größe des Kofferraums eines Pkws

☐ 37 hl ☐ 370 000 ml

☐ 0,037 m^3 ☐ 37 000 *l*

4 Wandle in die nächstkleinere Einheit um.

a) 35 cm = ____________________

b) 2,5 m^2 = ____________________

c) 85 min = ____________________

5 Wandle in die nächstgrößere Einheit um.

a) 56 000 mm = ____________________

b) 5 050 m^2 = ____________________

c) 150 min = ____________________

4 Schätzen (von S. 8)

Kreuze an, welche Maßangabe stimmen könnte.

Oberfläche	Volumen des Badewassers	Höhe eines Kirchturms
	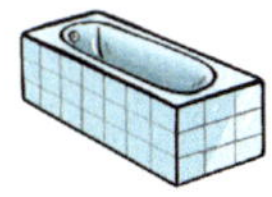	
☐ 300 dm^2	☐ 3 000 *l*	☐ 850 mm
☐ 30 cm^2	☐ 30 000 cm^3	☐ 85 dm
☐ 0,3 m^2	☐ 0,300 m^3	☐ 85 000 cm
☐ 30 000 mm^2	☐ 30 000 ml	☐ 0,085 km

http://nale.fi/dheg

Oberfläche der Schokoladentafel

Eine Schokoladentafel ist ca. 8 cm breit, 16 cm lang und 1 cm hoch. Das ergibt einen Oberflächeninhalt von $O = 2 \cdot (8 \cdot 16 + 8 \cdot 1 + 16 \cdot 1)\ cm^2$ $= 304\ cm^2 = 30\,400\ mm^2 \approx$ **30 000 mm²**.

Volumen des Badewassers

Geschätzte Innenmaße einer Badewanne:

$l = 160$ cm, $b = 50$ cm, $h = 40$ cm

$V = 160\ cm \cdot 50\ cm \cdot 40\ cm$

$V = 320\,000\ cm^3 = 0{,}320\ m^3 = 320\ l$

Anzukreuzen ist also **0,300 m³**.

Höhe eines Kirchturms

Hilfreich ist das Umrechnen der Maße in Meter: 850 mm = 0,85 m; 85 000 cm = 850 m; 85 dm = 8,5 m; 0,085 km = 85 m

Nur **0,085 km** (= 85 m) ist realistisch.

TIPP

Beim Vergleichen von *Größen* achte auf die gleiche Einheit.
Rechnest du in eine kleinere (größere) Einheit um, wird die Maßzahl größer (kleiner).

6 Wandle in die angegebene Einheit um.

a) 500 g = ________________ kg

b) 1,8 t = ________________ kg

c) 25 ha = ________________ m^2

d) 4 600 cm^2 = ________________ m^2

e) 4 500 *l* = ________________ m^3

f) 180 s = ________________ min

g) 1,2 h = ________________ min

http://nale.fi/wevg

5 Wintercheck (von S. 9)

	A	B	C	D
1	**Artikelbezeichnung**	**Menge**	**Einzelpreis**	**Gesamtpreis**
2				
3	Reifen 195/65 R WinterGrip	4	70,92 €	283,68 €
4	Glühlampen	2	2,03 €	4,06 €
5	Motoröl (in Liter)	1,5		24,75 €
6				
7	Winterräder montieren			18,91 €
8	Wintercheck durchführen			16,72 €
9				
10	Zwischensumme			348,12 €
11	Mehrwertsteuer (in %)	19		66,14 €
12				
13	**Rechnungsbetrag**			414,26 €

Frau König lässt ihr Auto in der Werkstatt auf den Winter vorbereiten. Für Materialien und Arbeitsleistungen erstellt die Werkstatt die Rechnung mithilfe einer Tabellenkalkulation.

a) In welcher Zelle findest du den Einzelpreis für einen Reifen?

b) Gib an, wie teuer 1 Liter Motoröl (ohne MwSt.) ist.

c) Gib eine Formel für die Zelle D10 an.

d) Welche Formeln könnten in D11 stehen? Kreuze alle richtigen an.

☐ = D10 * 0,19 ☐ = D10 / B11*100

☐ = D10*B11/100 ☐ = 348,12 € / B11

Zu a)
Der Einzelpreis für einen Reifen steht in Zelle **C3.**

Zu b)
24,75 € : 1,5 = 16,50 €.
Ein Liter Motoröl kostet **16,50 €.**

Zu c)
D10: **=D3+D4+D5+D7+D8**
Schneller geht es mit: **=Summe(D3:D8)**

Zu d)
Die Zwischensumme (in D10) muss mit 19 % multipliziert werden. Richtig sind: = D10*0,19 und = D10*B11/100

1 Eine Rechnung beläuft sich einschließlich Mehrwertsteuer auf 1 000 €.
Wie berechnet man den Rechnungsbetrag ohne Mehrwertsteuer (Nettopreis)? Kreuze an.

☐ 1 000 € – 19 € ☐ 1 000 € – 190 €

☐ 1 000 € : 0,19 ☐ 1 000 € : 1,19

2 Frau Weber notiert sich, bei welchem Kilometerstand sie wie viel Liter getankt hat und was ein Liter Diesel gekostet hat.

	A	B	C	D	E
1	**Kilometer**	**Liter**	**Preis pro Liter**	**Gesamtpreis**	**Verbrauch in Liter auf 100 km**
2	35000	35,7	2,01 €	71,76 €	xxx
3	35867	49,4	1,96 €		
4	36422	29,4	1,92 €		
5	37225	52,5	2,04 €		

a) Mit welcher Formel kann in Zelle D2 der Gesamtpreis berechnet werden?

____

Trage alle Gesamtpreise in Spalte D ein.

b) Berechne den durchschnittlichen Verbrauch auf 100 km zwischen jeweils zwei Tankstopps. Trage die Ergebnisse in die Tabelle ein.

c) Gib für Zelle E3 eine Formel zur Berechnung des Durchschnittsverbrauchs auf 100 km an.

____

3

	A	B	C
1	Verkäufe am 3. März		
2	**Anzahl**	**Einzelpreis**	**Gesamtpreis**
3	3	17,95 €	53,85 €
4	5	3,98 €	19,90 €
5	8	5,67 €	45,36 €
6			
7		Gesamt Netto	119,11 €
8		MwSt 19%	22,63 €
9		Gesamt Brutto	141,74 €

In dem abgebildeten Tabellenkalkulationsblatt kann man zu jeder eingegebenen Anzahl den jeweiligen Gesamtpreis Netto ablesen. Außerdem sieht man für alle verkauften Artikel den Gesamtpreis Netto und Brutto sowie die Mehrwertsteuer. Gib die möglichen Formeln in den Zellen an.

C3: ______________________________

C7: ______________________________

C8: ______________________________

1 Löse die Gleichung.

a) $3x - 7 = 35$

b) $9 - 4x = 13$

c) $8 - (2x + 6) = 5x + 16$

d) $7\,(2 - 5x) = (9 - x) \cdot 5 - 1$

2 Stelle eine Gleichung auf und löse sie.

Für drei Schreibblöcke, eine Spitzmaschine (8,85 €) und acht Stifte bezahlt Paul 16,04 €. Ein Schreiblock kostet 1,25 €. Wie viel kostet ein Stift?

3 Löse das Zahlenrätsel mithilfe einer Gleichung.

a) Das Neunfache einer Zahl vermindert um 7 ergibt 47.

b) Addiert man zum dritten Teil einer Zahl 17, so erhält man 30.

c) Vermindert man das Achtfache einer Zahl um 9, so erhält man das Sechsfache der Zahl vermehrt um 3.

6 Aussagen (von S. 9)

a) Welche der folgenden Sachtexte passen zu der Gleichung $x + (x - 4) = 60$? Kreuze jeweils an.

1	Vera ist vier Jahre jünger als Max. Zusammen sind sie 60 Jahre alt.	☐ Ja	☐ Nein
2	Eine Lostrommel enthält viermal so viele Nieten wie Gewinnlose. Insgesamt sind 60 Lose in der Trommel.	☐ Ja	☐ Nein
3	Familie Maier legt auf ihrer zweitägigen Radtour insgesamt 60 km zurück. Am zweiten Tag fahren sie 4 km weniger als am ersten Tag.	☐ Ja	☐ Nein
4	Ein 60 m² großer Saal wird mit Parkett ausgelegt. Länge und Breite des Raumes unterscheiden sich um 4 Meter.	☐ Ja	☐ Nein

b) Löse die Gleichung $x + (x - 4) = 60$.

a) (1): Max: x; Vera: $x - 4$
Gleichung $x + (x - 4) = 60$ ☒ **Ja**
(2): Gewinnlose: x; Nieten: 4x
Gleichung $x + 4x = 60$ ☒ Nein
(3): 1. Tag: x; 2. Tag : $x - 4$
Gleichung $x + (x - 4) = 60$ ☒ **Ja**
(4): Länge: x; Breite: $x - 4$
Gleichung $x \cdot (x - 4) = 60$ ☒ Nein

b) $x + (x - 4) = 60$
$x + x - 4 = 60$
$2x - 4 = 60 \quad | +4$
$2x = 64 \quad | : 2$
$\mathbf{x = 32}$
(1): Max ist 32 Jahre alt, Vera 28.
(3): Am 1. Tag legen sie 32 km zurück, am 2. Tag 28 km.

http://nale.fi/qagt

4 Welche Sachtexte passen zu der Gleichung $5x + 17 = 57$? Was gibt in diesen Fällen x an?

(1) Fünf Freunde gehen ins Kino. Sie kaufen Karten und anschließend Popcorn für 17 €. Insgesamt bezahlen sie 57 €.

(2) Frau May kauft 5 Flaschen Wein und 17 Flaschen Sekt. Sie bezahlt insgesamt 57 €.

(3) Ein 5 km langer Rundkurs für Crossräder wird x-mal durchfahren. Der Kurs liegt 17 km von Tannendorf entfernt. Es sind 57 Teilnehmer am Start.

(4) Ein Unternehmen soll 57 m³ Muttererde transportieren. Ein großer Lkw bringt pro Fahrt 17 m³, ein kleiner Lkw den Rest mit fünf Fahrten, jeweils voll beladen.

(5) Ein Rechteck ist 5 cm breit, seine Länge unbekannt. Wäre es 17 cm² größer, hätte es einen Flächeninhalt von 57 cm².

Funktionen

http://nale.fi/wefx

7 Zuordnungen (von S. 9)

In welchen Graphen erkennst du proportionale (p) oder antiproportionale (a) Zuordnungen? Wo liegt keines von beiden (k) vor? Kreuze jeweils p, a oder k an.

a) 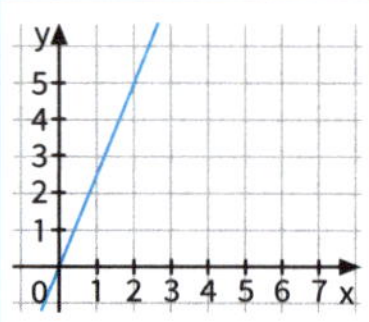

☒ p ☐ a ☐ k

b) 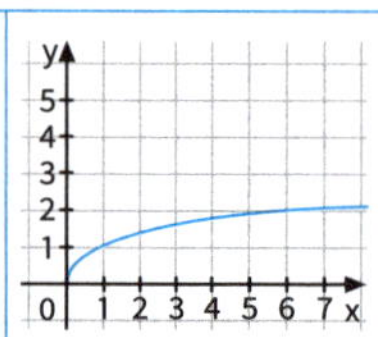

☐ p ☐ a ☒ k

c) 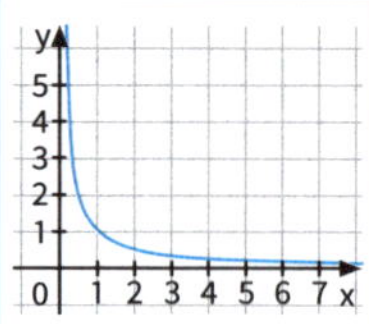

☐ p ☒ a ☐ k

d) 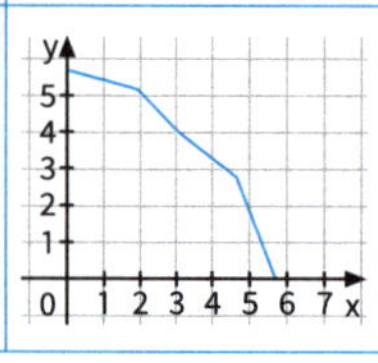

☐ p ☐ a ☒ k

Richtig anzukreuzen ist jeweils …

a) ☒ **p (proportional),** da der Graph eine Gerade durch den Ursprung ist.

b) ☒ **k (keines von beiden),** da mit größer werdenden x-Werten auch die y-Werte ansteigen (damit nicht antiproportional), die Steigung aber nicht konstant ist, der Graph also keine Ursprungsgerade ist (damit nicht proportional).

c) ☒ **a (antiproportional),** da mit größer werdenden x-Werten die y-Werte abnehmen, wobei gilt: $x \cdot y = 1$. Der Graph ist eine Hyperbel.

d) ☒ **k (keines von beiden),** da der Graph weder eine Ursprungsgerade noch eine Hyperbel ist.

1 Ist die Zuordnung proportional? Begründe.

Zuordnung (A)

Anzahl	Preis (in €)
3	1,50
4	2,00
8	4,00

Zuordnung (B)

Zeit (h)	Weg (m)
2	1200
3	1800
5	2600

Zuordnung (A) ist ______________________, weil

____

____

Zuordnung (B) ist ______________________, weil

____

____

2 Vervollständige die Wertetabelle bei a) zur proportionalen Zuordnung und bei b) zur antiproportionalen Zuordnung.

a)

x	1,5	3
y	4,5	

b)

x	7,5	2,5
y	20	

3 Ein Band lässt sich in 20 jeweils 12 cm lange Stücke zerschneiden. Wie viele Stücke erhältst du, wenn jedes Stück 16 cm lang sein soll?

4 Ein Schiff legt eine Strecke von 16 km in 40 Minuten zurück. Welche Strecke legt das Schiff bei gleicher Durchschnittsgeschwindigkeit in 25, 5 und 120 Minuten zurück?

5 Skizziere zu den folgenden Beispielen jeweils den zugehörigen Graphen. Gib an, ob es sich um eine proportionale (p), konstante (k), antiproportionale (a) oder aber um eine lineare (l) Funktion, die nicht proportional ist, handelt.

1	Eier werden hartgekocht: *Anzahl Eier → Kochdauer (in min)*	**3**	10 km Autofahrt: *durchschnittliche Geschwindigkeit (in km/h) → Fahrdauer (in h)*
2	Taxifahrt mit 3 € Grundgebühr: *zurückgelegte Strecke (in km) → Fahrpreis (in €)*	**4**	Einkauf auf dem Markt: *Menge Kartoffeln (in kg) → Preis (in €)*

1) 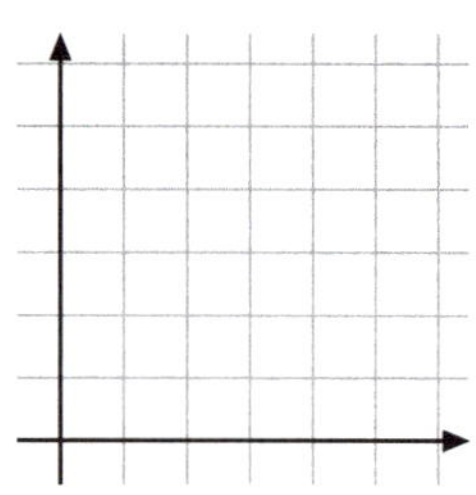

____

2) 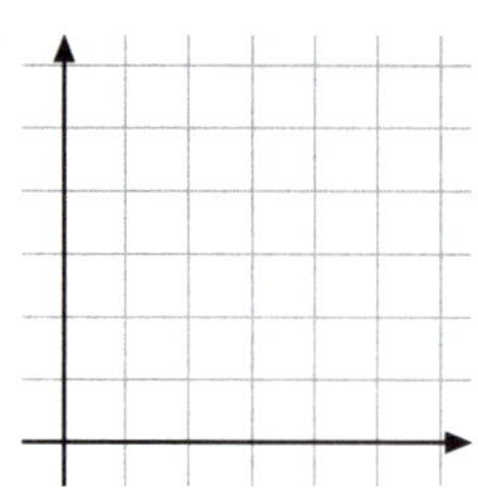

____

3) 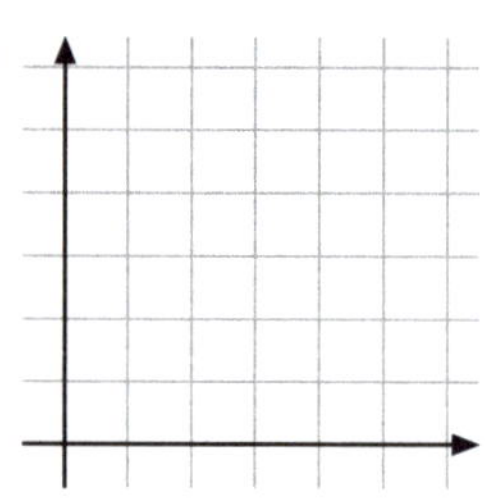

____

4) 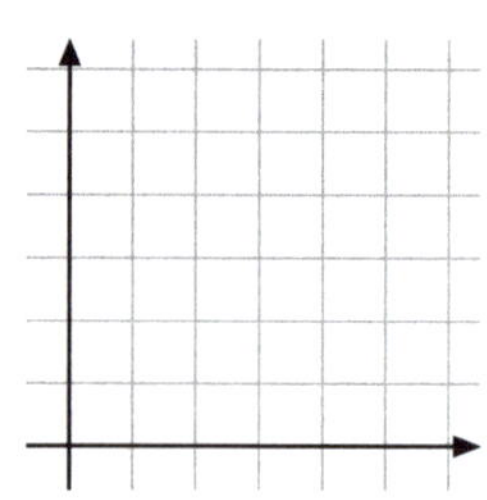

____

1 Bestimme die zum Graphen gehörende Funktionsgleichung.

a) 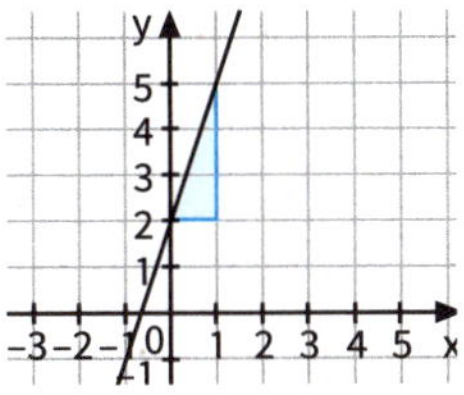

b) 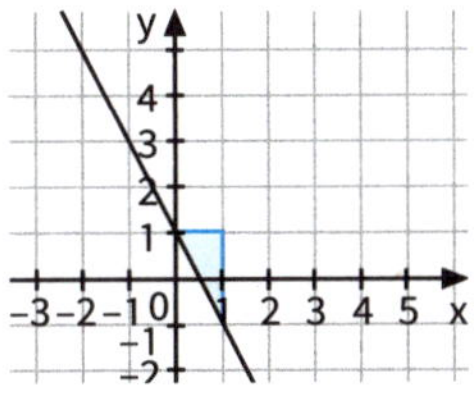

y= ______________ y= ______________

c) 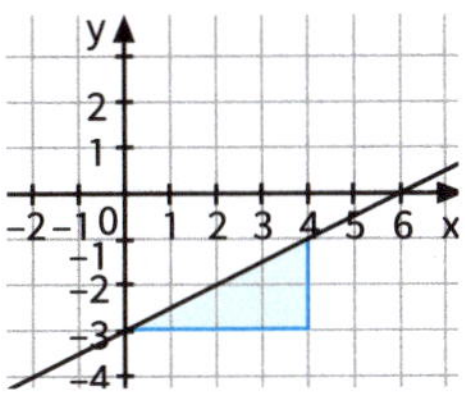

d) 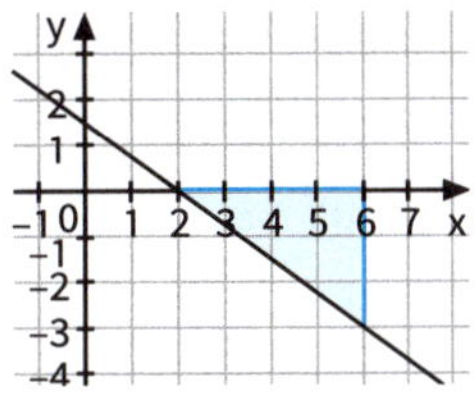

y= ______________ y= ______________

2 Zeichne in ein Koordinatensystem die Graphen zu den Funktionen
$y = \frac{1}{4}x + 3$ und $y = -x + 3$.
Gib die Koordinaten des Schnittpunkts S an.

S(___|___)

3 Die lineare Funktion f verläuft durch die Punkte A(−2|5) und B(3|2,5).
Gib die Funktionsgleichung von f an.

f: y = ______________

4 a) Ordne jeder Parabel in der Abbildung rechts die passende Funktionsgleichung zu.

(1) $y = x^2 + 1$ → ______________

(2) $y = -x^2 + 2x - 1$ → ______________

(3) $y = 2x^2 + 1$ → ______________

(4) $y = 0{,}5x^2 - 2x - 4$ → ______________

b) Gib für jede Parabel die Koordinaten ihres Scheitelpunkts an.

S_1(___|___) S_3(___|___)

S_2(___|___) S_4(___|___)

5 a) Erstelle jeweils eine Wertetabelle für x = −3; −2; … ; 2; 3 zu der quadratischen Funktion.

(1) $y = x^2 - 3$ (2) $y = -x^2 + 2x - 6$

b) Zeichne die Graphen und gib jeweils den Scheitelpunkt an. S_1(___|___) S_2(___|___)

8 Gleichungen und Graphen (von S. 10)

Ordne den Graphen (g_1, g_2, … g_6) die zugehörige Funktionsgleichung zu. Zwei Gleichungen passen zu keinem Graphen.

	$y = -0{,}5x^2$
	$y = x - 2$
	$y = -x - 2$
	$y = x^2 + 2x + 2$

	$y = -2x^2$
	$y = 2x^2$
	$y = -x + 2$
	$y = 0{,}5x^2$

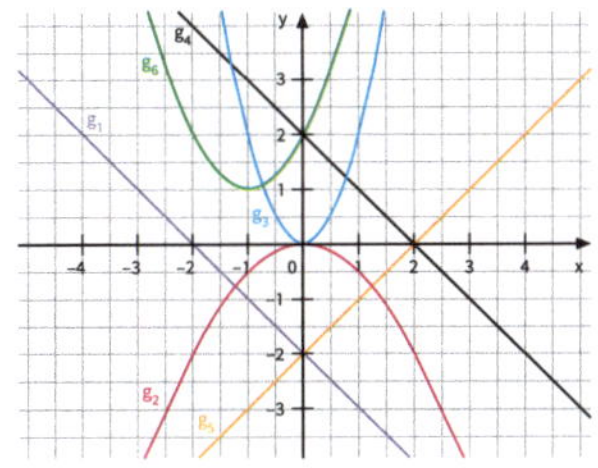

http://nale.fi/uwbh

http://nale.fi/shuz

g_1, g_4 und g_5 haben Geradengleichungen der Form $y = mx + n$. Sie steigen bei $m > 0$ und fallen bei $m < 0$; der y-Achsenabschnitt ist n.

Also gilt:
g_1: $y = -x - 2$; g_4: $y = -x + 2$; g_5: $y = x - 2$

g_2, g_3 und g_6 haben Parabelgleichungen der Form $y = ax^2 + bx + c$. Sie schneiden die y-Achse bei c; für $b = 0$ liegt der Scheitelpunkt auf der y-Achse.
Für $a > 0$ ist die Parabel nach oben geöffnet, für $a < 0$ nach unten geöffnet.
Für $|a| > 1$ ist sie enger als die Normalparabel (gestreckt), für $0 < |a| < 1$ ist sie breiter als die Normalparabel (gestaucht).

Also gilt:
g_2: $y = -0{,}5x^2$; g_3: $y = 2x^2$; g_6: $y = x^2 + 2x + 2$

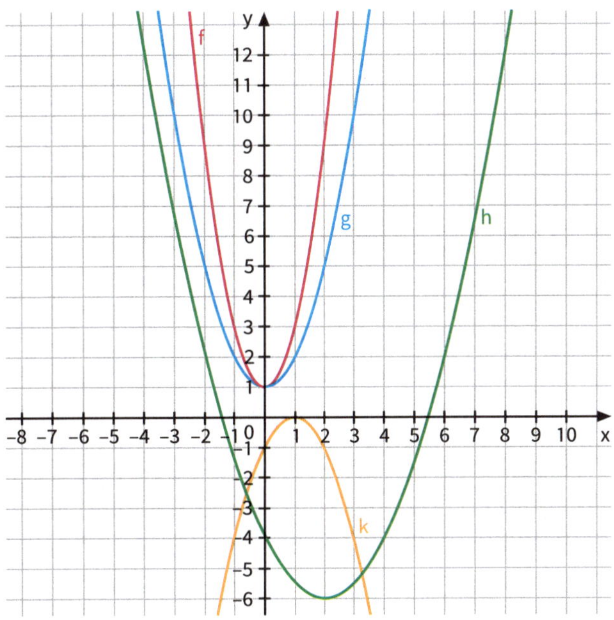

http://nale.fi/qkms

★ **9 Parabeln in versch. Darstellungen** (von S. 10)

Eine Parabel hat den Scheitelpunkt S(3 | −15) und ist gegenüber der Normalparabel um den Faktor a = 2 gestreckt. Gib die Scheitelpunktform der Parabel an und wandle diese in die allgemeine Form um.

Eine Parabel mit dem Scheitelpunkt S(d | e) wird durch die Scheitelpunktform $f(x) = a\,(x - d)^2 + e$ beschrieben.
Um die gesuchte Scheitelpunktform aufzustellen, notierst du dir am besten erstmal alle gegebenen Werte.
Aus S(3 | −15) folgt: d = 3 und e = −15
Zudem ist der Faktor a gegeben: a = 2
Diese Werte setzt du in die Scheitelpunktform ein: $\mathbf{f(x) = 2\,(x - 3)^2 - 15}$
Die allgemeine Form der quadratischen Funktion erhältst du dann, indem du die Gleichung umformst:

$f(x) = 2\,(x - 3)^2 - 15$ | bin. Formel anwenden
$f(x) = 2\,(x^2 - 6x + 9) - 15$ | ausmultiplizieren
$f(x) = 2x^2 - 12x + 18 - 15$ | zusammenfassen
$\mathbf{f(x) = 2x^2 - 12x + 3}$

★ **1** Eine Parabel hat den Scheitelpunkt S(2 | −3) und ist gegenüber der Normalparabel um den Faktor a = 0,5 gestaucht.
Gib die Scheitelpunktform der Parabel an und wandle diese in die allgemeine Form um.

Scheitelpunktform: ____________________

allgemeine Form: ____________________

TIPP

Mit der quadratischen Ergänzung bringst du den Funktionsterm $y = ax^2 + bx + c$ in die Scheitelpunktform $f(x) = a\,(x - d)^2 + e$.

★ **2** Forme die Gleichung der quadratischen Funktion in die Scheitelpunktform um und gib die Koordinaten des Scheitelpunkts an.

a) $y = x^2 + 4x + 1$ S(___ | ___)

b) $y = 2x^2 - 20x + 2$ S(___ | ___)

c) $y = -0{,}5x^2 + 8x + 4$ S(___ | ___)

d) $y = -4x^2 - 12x + 2$ S(___ | ___)

★ **3** Eine Parabel wird durch die Gleichung $f(x) = -1{,}5\,(x + 4)^2 + 8$ beschrieben.

a) Gib ihren Scheitelpunkt an. S(___ | ___)

b) Beschreibe, wie man die Parabel mit der angegebenen Gleichung aus der Normalparabel gewinnen kann.

____
____
____
____

TIPP

Eine *Parabel* mit dem Scheitelpunkt S(d | e) wird durch die Scheitelpunktform $f(x) = a\,(x - d)^2 + e$ beschrieben. Am Faktor a kannst du erkennen, ob die Parabel gestreckt oder gestaucht und nach oben oder unten geöffnet ist.

c) Wandle die Scheitelpunktform in die allgemeine Form um. ____________________

★ **4** Lukas behauptet, dass diese drei Gleichungen dieselbe Funktion beschreiben:

Überprüfe rechnerisch, ob Lukas recht hat.

(1) $f(x) = (x - 1{,}5)^2 - 20{,}25$

(2) $g(x) = x^2 - 3x - 18$

(3) $h(x) = (x + 3) \cdot (x - 6)$

★ **5** Gib den Scheitelpunkt der angegebenen Funktion an, dann bestimme – wie im Beispiel – ihre Nullstellen.

a) $y = (x - 2)^2 - 1$ b) $y = (x + 4)^2 - 16$

c) $y = 0{,}5\,(x + 4)^2 - 8$ d) $y = -2{,}5\,(x + 1)^2 + 10$

$y = (x + 3)^2 - 4$ S(−3 | −4)
$(x + 3)^2 - 4 = 0$
$(x + 3)^2 = 4$
$x + 3 = \sqrt{4}$ oder $x + 3 = -\sqrt{4}$
$x + 3 = 2$ $x + 3 = -2$
$x_1 = -1$ $x_2 = -5$

1 Welcher Graph passt zu der Sachsituation?

(A) Eine Ferienwohnung kostet pro Tag 45 €. Unabhängig von der Mietdauer werden für die Endreinigung 30 € verlangt.

(B) Die Busreise von Köln nach Prag kostet pro Person 45 €.

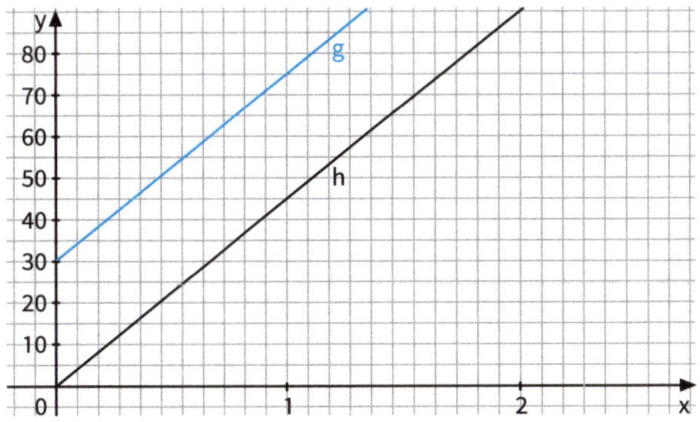

Situation A: ________ Situation B: ________

2 Die im Koordinatensystem dargestellte Funktion gibt den Zusammenhang zwischen der Futtermenge und der Zeit an.

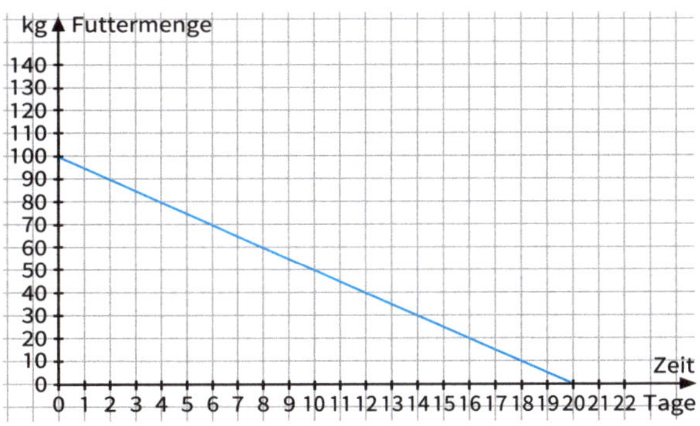

a) Wie viel Kilogramm Futter sind zu Beginn vorhanden?

____

b) Nach wie vielen Tagen ist die Futtermenge aufgebraucht?

____

c) Bestimme die Funktionsgleichung.

____

3 Zeichne die Graphen der linearen Funktionen $y = -3x + 4$ und $y = 4x - 3$ in ein Koordinatensystem.
Gib die Koordinaten des Schnittpunkts der beiden Graphen an. S (___|___)

10 Lineare Funktion – Füllmenge (von S. 10)

Die im Koordinatensystem dargestellte Funktion stellt den Zusammenhang zwischen der Füllmenge in einem Bewässerungstank und der Zeit dar.

a) Wie viel Liter Wasser sind am Anfang im Tank?

b) Bestimme, um wie viel Liter pro Minute die Wassermenge abnimmt.

c) Gib die Funktionsgleichung an.

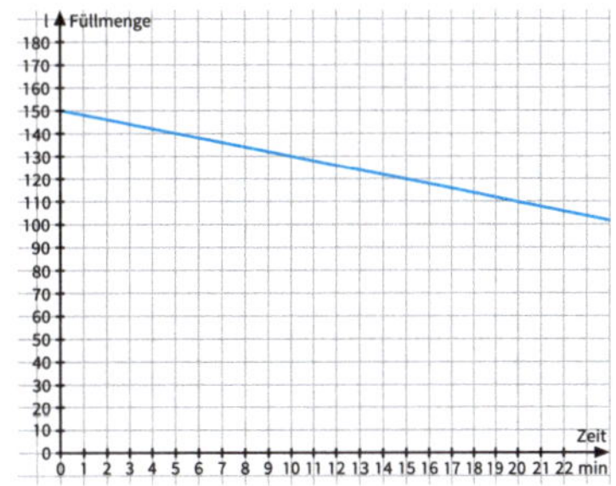

http://nale.fi/mhkw

Zu a)
Der Graph schneidet die y-Achse an der Stelle 150. Am Anfang sind **150 *l*** im Tank.

Zu b)
Wir suchen uns zwei Punkte, deren Koordinaten gut ablesbar sind, z. B. A(0|150) und B(15|120).
Aus den Koordinaten lesen wir ab:
In 15 Minuten nimmt die Füllmenge um 30 *l* ab.
In 1 Minute nimmt sie dann um **2 *l*** (= 30 *l* : 15) ab.

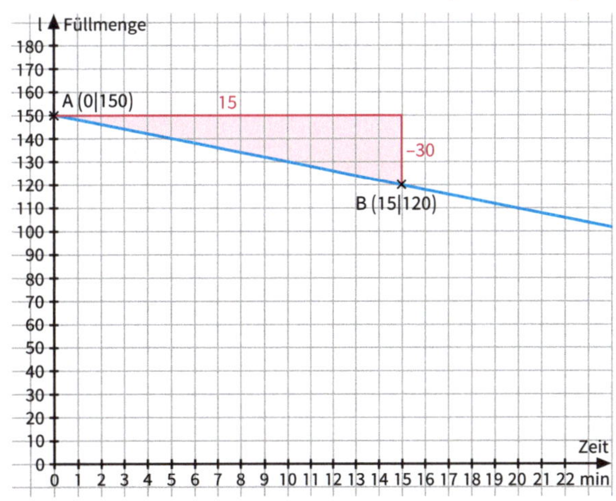

Zu c)
Bei der allgemeinen Funktionsgleichung $y = mx + n$ gibt m die Steigung des Graphen an und n den y-Achsenabschnitt.
In diesem Beispiel ist $n = 150$.
Da der Graph fällt, ist $m = -\frac{30}{15} = -2$.
Die Funktionsgleichung lautet also:
$\mathbf{y = -2x + 150}$

http://nale.fi/zgbe

★ 11 Exponentielles Wachstum (von S. 10)

Eine Stadt hat 42 000 Einwohner. Es wird damit gerechnet, dass die Einwohnerzahl in den nächsten fünf Jahren jährlich um 2 % zunimmt.
Berechne, wie viele Einwohner die Stadt in fünf Jahren voraussichtlich haben wird.

Die voraussichtliche Entwicklung der Einwohnerzahl soll jährlich 2 % betragen, die Anfangsgröße beträgt 42 000.
Es handelt sich um ein exponentielles Wachstum mit $q = 1 + 2\,\% = 1 + \frac{2}{100} = 1{,}02$.
Die berechneten Werte müssen auf die Einerstelle gerundet werden, da Einwohnerzahlen stets natürliche Zahlen sind.

1. Lösungsweg:

Jahr	0	1	2	3	4	5
Größe	42 000	42 840	43 696,8	44 570,74	45 462,15	46 371,39

· 1,02 · 1,02 · 1,02 · 1,02

Nach 5 Jahren hat die Stadt voraussichtlich **46 371** Einwohner.

2. Lösungsweg:
Wenn die Werte einer exponentiell zu- oder abnehmenden Größe über mehrere Schritte hinweg berechnet werden, kann man auch Potenzen des Wachstumsfaktors q verwenden.
Hat die Größe den Anfangswert G, dann gilt für den Wert G_n (nach n Schritten):

$$G_n = G \cdot \underbrace{q \cdot \ldots \cdot q}_{n\text{-mal}} = G \cdot q^n$$

$G = 42\,000 \quad q = 1{,}02 \quad n = 5$

$G_5 = 42\,000 \cdot 1{,}02^5 \approx 46\,371$

Nach 5 Jahren hat die Stadt voraussichtlich **46 371** Einwohner.

★ 4 Elifs Familie hat am Tag ihrer Geburt 2 000 € auf ein Bankkonto gelegt. Das Kapital wird seither jährlich mit 2,5 % verzinst.
Bestimme mithilfe des Wachstumsfaktors q, auf welchen Betrag das Guthaben an Elifs 18. Geburtstag angewachsen ist.

★ 1 In einer Bakterienkultur wurden 20 000 Bakterien gezählt. Ihre Anzahl nimmt pro Stunde um 4 % zu. Berechne mithilfe der Tabelle die Anzahl von Bakterien, die nach 4 Stunden zu erwarten sind. Runde sinnvoll.

Stunde	0	1	2	3	4
Anzahl	20 000				

Antwort: ______________________________

____

TIPP

Aus einer Prozentangabe p % lässt sich der Wachstumsfaktor q bestimmen.
- bei exponentieller Zunahme: $q = 1 + p\,\% = 1 + \frac{p}{100}$
- bei exponentieller Abnahme: $q = 1 - p\,\% = 1 - \frac{p}{100}$

★ 2 Ergänze die Wertetabellen so, dass exponentielles Wachstum vorliegt.

a)

x	17	18	19	20
y			3	5

b)

x	1	2	3	4
y		12	18	

★ 3 Aus einer Kleinstadt mit 12 000 Einwohnern wandern pro Jahr etwa 2 % in die Großstadt ab. Erläutere, was mit dem Term $12\,000 \cdot 0{,}98^8$ berechnet wird.

____

____

____

TIPP

Eine Anfangsgröße G ändert sich *exponentiell*, wenn sich ihr Wert in gleichen (zeitlichen) Abständen immer um denselben Faktor q ändert.

★ 5 Ein 100 m² großer See ist zur Hälfte mit Seerosen bedeckt. Die Seerosenfläche vergrößert sich in einem Monat um 5 %.
Bestimme, nach wie vielen Monaten der gesamte See von Seerosen bedeckt ist.

Geometrie

1 Ein Rechteck hat einen Umfang von 18 cm. Wie breit und wie lang könnte es sein? Gib alle ganzzahligen Möglichkeiten an.

Breite	Länge

2 Ein Baugrundstück ist rechteckig und hat die Maße 32 m x 24 m.

a) Wie viel Quadratmeter ist es groß?

b) Wie teuer ist das Grundstück, wenn ein Quadratmeter 75 € kostet?

12 Rechteck (von S. 11)

Ein Rechteck ist 8 cm lang und hat einen Umfang von 30 cm. Wie groß ist sein Flächeninhalt?

http://nale.fi/wamk

Skizze:

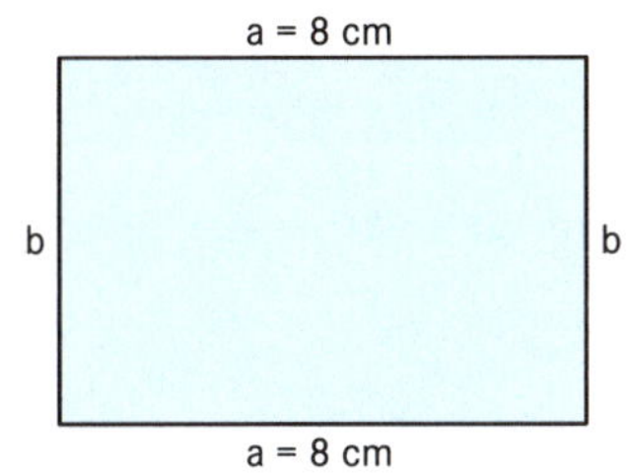

Gegeben:
Länge einer Rechteckseite: a = 8 cm
Umfang des Rechtecks: u = 2a + 2b = 30 cm
Gesucht: Flächeninhalt A des Rechtecks
Um A = a · b zu ermitteln, wird die Länge der zweiten Rechteckseite b benötigt.

$u = 2 \cdot a + 2 \cdot b$
$30\text{ cm} = 2 \cdot 8\text{ cm} + 2b$
$30\text{ cm} = 16\text{ cm} + 2b \quad | -16\text{ cm}$
$14\text{ cm} = 2b \quad | :2$
$7\text{ cm} = b$

$A = a \cdot b$
$A = 8\text{ cm} \cdot 7\text{ cm}$
$\mathbf{A = 56\ cm^2}$

3 Ein Rechteck ist 7 cm breit und 3 cm länger als breit. Berechne Flächeninhalt und Umfang dieses Rechtecks.

A = ____________________

u = ____________________

4 Ein alter Sportplatz wird umgebaut. Im rot gefärbten Teil wird ein Bolzplatz mit einem Kunststoffboden angelegt. Auf dem restlichen Teil des alten Platzes wird Rasen gesät.

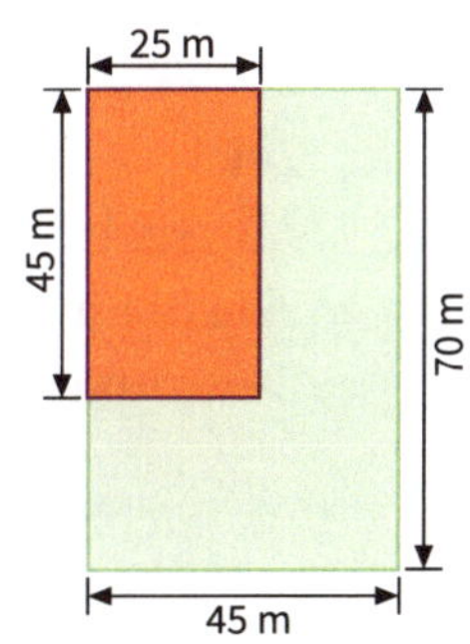

a) Der Bolzplatz wird von einem hohen Drahtzaun eingefasst. An drei Stellen im Zaun sind ein Meter breite Türen eingelassen.
Wie viel Meter Drahtzaun werden benötigt?

__________ m

b) Berechne, wie viel Quadratmeter Kunststoffboden benötigt werden.

__________ m^2

c) Ein Sack mit 25 kg Rasensamen reicht für 800 m^2. Ermittle, wie viele Säcke Rasensamen für den neuen Rasen gekauft werden müssen.

__________ Säcke

http://nale.fi/kmhz

13 Dreieck im Koordinatensystem (von S. 11)

a) Gib die Koordinaten der Punkte P, Q, R an.
b) Welchen Flächeninhalt hat das Dreieck PQR?
c) Trage den Punkt S (4|4) in das Koordinatensystem ein. Wie heißt die Figur PQRS?
d) Bestimme den Flächeninhalt der Figur PQRS.

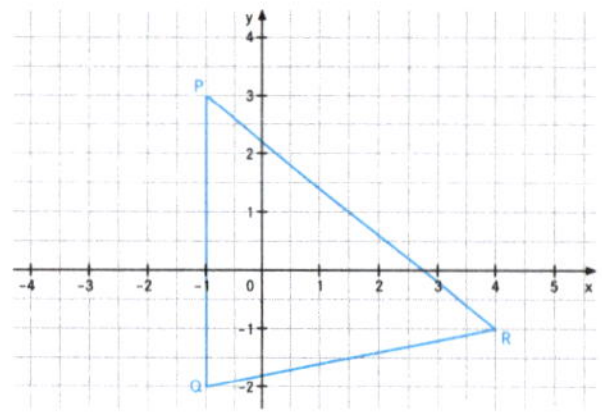

Zu a)
P (–1 | 3); Q (–1 | –2); R (4 | –1)

Zu b)
$g = 5\text{ cm};\ h = 5\text{ cm} \rightarrow A = \dfrac{5\text{ cm} \cdot 5\text{ cm}}{2} = \mathbf{12{,}5\ cm^2}$

Zu c)
Die Figur PQRS ist ein **Parallelogramm**.

Zu d)
$A = g \cdot h$
$A = 5\text{ cm} \cdot 5\text{ cm}$
$\mathbf{A = 25\ cm^2}$

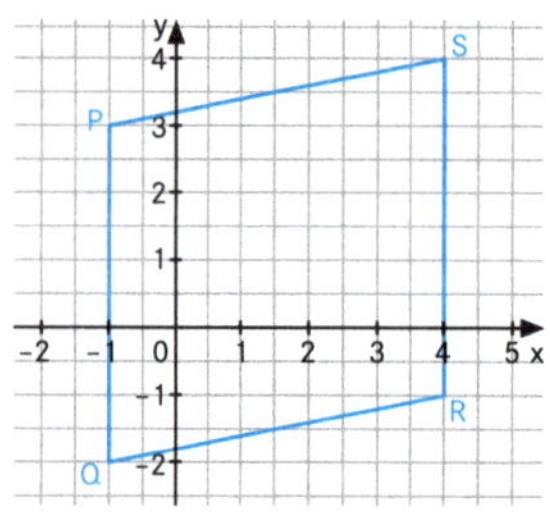

1 Zeichne das Dreieck ABC mit A (–3 | 3,5), B (–3 | 0) und C (3 | 1) in das Koordinatensystem mit der Einheit 1 cm.

a) Welchen Flächeninhalt hat das Dreieck?

b) Finde einen vierten Punkt D so, dass das Viereck ABDC ein Parallelogramm ist. Gib die Koordinaten des Punktes D an.

c) Welchen Flächeninhalt hat das Viereck ABDC?

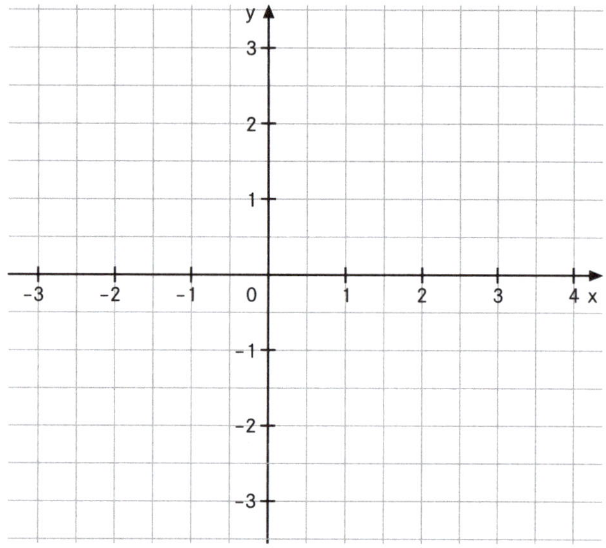

2 Trage die Punkte A (–3 | 1), B (4 | 1) und C (4 | 4) in das Koordinatensystem ein und verbinde sie zu einem Dreieck.

a) Berechne den Flächeninhalt des Dreiecks.

____

b) Markiere den Mittelpunkt M der Seite $\overline{BC}$. Gib die Koordinaten des Punktes M an.

____

c) Zeichne durch den Punkt M die Parallele zu $\overline{AB}$. Sie trifft $\overline{AC}$ im Punkt D.
Wie heißt das Viereck ABMD? ______________________________
Berechne seinen Flächeninhalt.

____

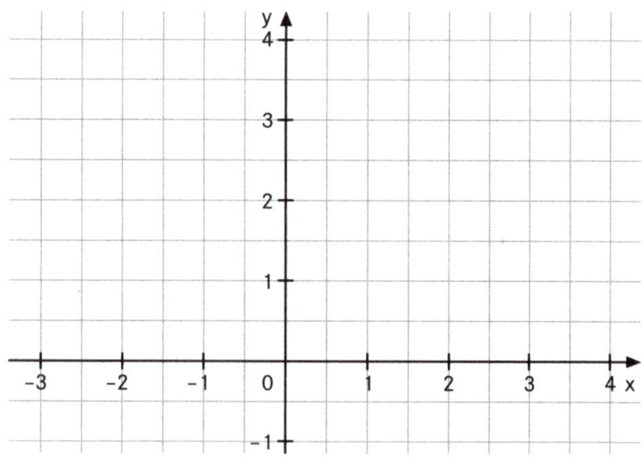

3 Zeichne das Dreieck ABC mit A (–2 | –2), B (5 | 2) und C (–2 | 2) in ein Koordinatensystem (1 LE ≙ 1 cm).

a) Spiegele den Punkt C an der Geraden AB und gib die Koordinaten des Spiegelpunkts C′ an.

C′ (___ | ___)

b) Wie heißt das Viereck AC′BC? Berechne seinen Umfang und seinen Flächeninhalt.

1 Der Boden eines quaderförmigen Aquariums hat die Innenmaße 8 dm x 4,5 dm. Das Aquarium ist 6 dm hoch und bis 5 cm unter den Rand gefüllt.
Wie viel Liter Wasser befinden sich in diesem Aquarium?

TIPP

Volumen

Die Umwandlungszahl ist 1000.

$1000\ mm^3 = 1\ cm^3$
$1000\ cm^3 = 1\ dm^3$
$1000\ dm^3 = 1\ m^3$
$1\ dm^3 = 1\ l$ $\qquad$ $1\ l = 1000\ ml$
$1\ cm^3 = 1\ ml$

14 Umzug (von S. 11)

Für den Transport von 90 Umzugskartons sucht Familie Meyer bei einer Leihfirma ein geeignetes Fahrzeug. Ein Karton hat folgende Abmessungen (in mm):
600 x 330 x 340.
Es stehen Transporter mit einem Ladevolumen von $5{,}8\ m^3$ und $9{,}5\ m^3$ zur Auswahl. Welchen Transporter würdest du empfehlen? Begründe rechnerisch.

Zunächst muss das Volumen eines Kartons berechnet werden.
Für Quader gilt die Volumenformel:
V = Länge · Breite · Höhe
V = 600 mm · 330 mm · 340 mm
V = 0,6 m · 0,33 m · 0,34 m
$V = 0{,}06732\ m^3$
90 Kartons haben das Volumen:
$90 \cdot 0{,}06732\ m^3 = 6{,}0588\ m^3$
Zu empfehlen ist der Transporter mit dem **Ladevolumen von 9,5 m³.**

http://nale.fi/wafb

2 Berechne das Volumen und den Oberflächeninhalt des Quaders. Entnimm die benötigten Maße aus dem abgebildeten Quadernetz.

V = ____________ cm^3 $\qquad$ O = ____________ cm^2

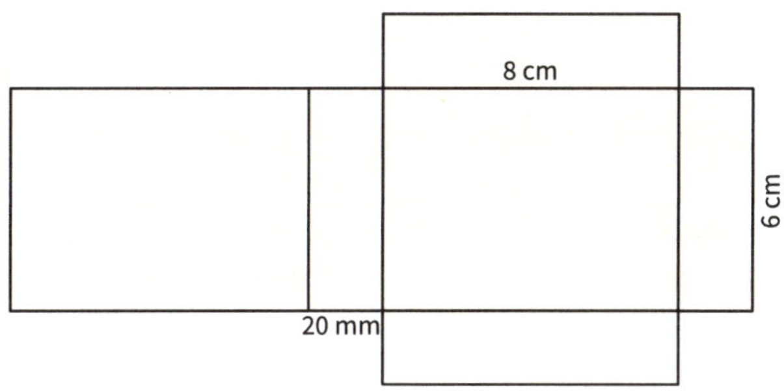

3 Ein Quader ist 0,7 m lang, 20 cm breit und 30 mm hoch.
Bestimme das Volumen des Quaders (in cm^3).

V = ____________________

4 Ein Schwimmbecken ist 25 m lang und verfügt über acht Bahnen von je 1,50 m Breite. Es ist an allen Stellen gleich tief und fasst $750\ m^3$ Wasser. Wie tief ist es?

____

5 Ein Quader ist doppelt so lang wie breit und dreimal so hoch wie breit. Sein Volumen beträgt $48\ cm^3$. Wie breit ist der Quader?

b = ____________ cm

6 Eine Baugrube ist 4 m lang, 2,50 m breit und 1,80 m tief.

a) Wie viel Kubikmeter Erde mussten ausgehoben werden? ____________________

b) Ein Kubikmeter Erde wiegt 1700 kg. Berechne die Masse des Erdaushubs in Tonnen.

____

http://nale.fi/ozuw

15 Zylinder (von S. 11)

a) Skizziere das Netz eines Zylinders.
b) Ein Zylinder hat eine Grundfläche mit dem Radius 14 cm und ist 8 cm hoch.
Bestimme den Oberflächeninhalt des Zylinders gerundet auf ganze cm^2.

Zu a)

Netz:

Die Länge der Mantelfläche entspricht dem Kreisumfang $2 \cdot \pi \cdot r$.

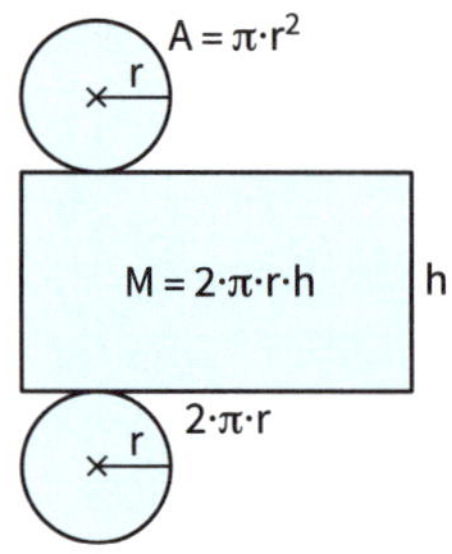

Zu b)

$O = 2 \cdot \pi \cdot r^2 + 2 \cdot \pi \cdot r \cdot h$

$O = 2 \cdot \pi \cdot (14\text{ cm})^2 + 2 \cdot \pi \cdot 14\text{ cm} \cdot 8\text{ cm}$

$O = 2 \cdot \pi \cdot 196\text{ cm}^2 + 2 \cdot \pi \cdot 112\text{ cm}^2$

$O \approx 1935\text{ cm}^2$

1 Der Mittelkreis eines Fußballfeldes hat einen Radius von 9,15 m. Berechne seinen Umfang und seinen Flächeninhalt.

u = ____________

A = ____________

2 Die Reifen von Laras Fahrrad haben einen Durchmesser von 26 Zoll. (1 Zoll = 2,54 cm)

a) Welchen Umfang hat ein Reifen?

u = ____________

b) Lara fährt 4,6 km zur Schule. Bestimme, wie oft sich dabei jeder der beiden Reifen dreht.

____

3 a) Zeichne das Netz des abgebildeten Zylinders.

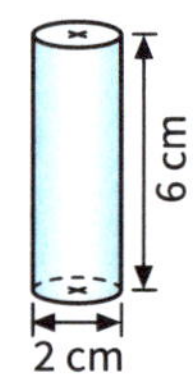

b) Berechne den Flächeninhalt seines Mantels und seiner Oberfläche.

M = ____________ cm^2 O = ____________ cm^2

c) Berechne sein Volumen in Litern. V = ____________ *l*

4 Abgebildet ist der Mantel eines 8 cm hohen Zylinders.
Berechne Durchmesser und Volumen des Zylinders.

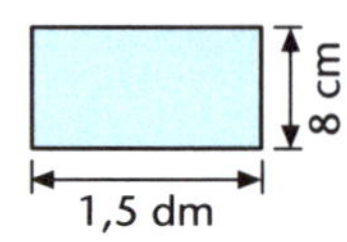

d = ____________ cm V = ____________ cm^3

5 Familie Meier kauft einen Pool für den Garten. Er hat einen Durchmesser von 3,05 m und eine Höhe von 76 cm.

a) Berechne die Größe der Bodenfläche. G = ____________

b) Der Pool wird bis 6 cm unter den oberen Rand mit Wasser gefüllt.
1 m^3 Wasser kostet 1,68 €.

Wie teuer wird eine Poolfüllung? ____________

6 Eine Dose Suppe hat einen Durchmesser von 10,4 cm und eine Höhe von 12 cm.

a) Auf der Banderole (Dosenmantel) ist ein Inhalt von 1 000 ml angegeben. Überprüfe, ob diese Angabe zutrifft.

b) Berechne, wie viel Quadratmeter Papier man zur Herstellung von 50 000 Banderolen braucht.

1 Berechne x.

a)

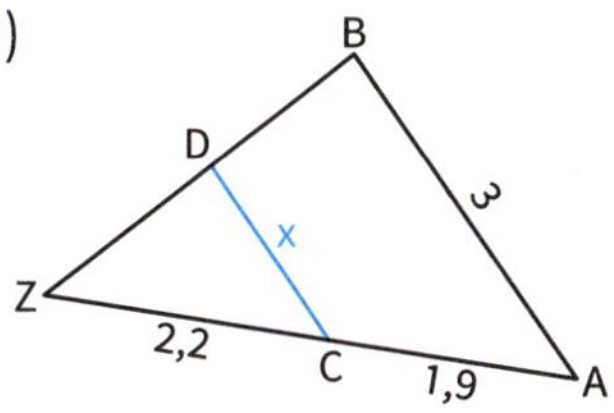

x = ____________

b)

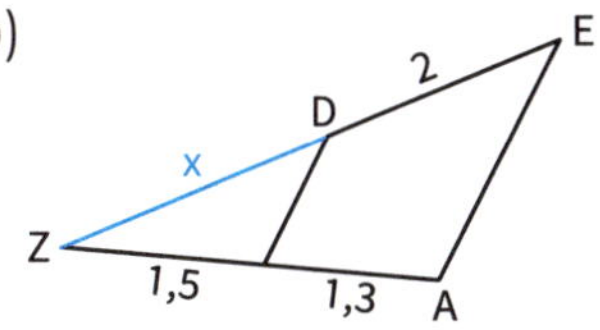

x = ____________

TIPP

Zentrische Streckung
Wenn die Geraden parallel sind, dann ist das Verhältnis entsprechender Strecken immer gleich.

★ 2 Fins Augenhöhe beträgt 1,75 m. Er peilt über den Stab die Spitze des Hausdaches an.
Wie hoch ist das Haus?

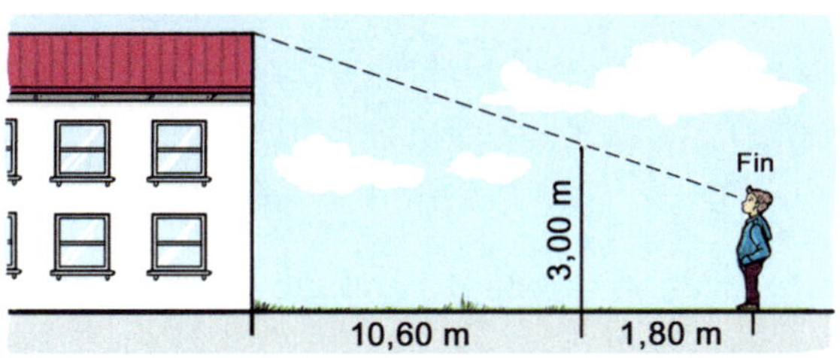

16 Buchstaben-Design (von S. 12)

http://nale.fi/zzhs

Emil entwirft neue Schriftarten für den Computer. Er beginnt mit dem Buchstaben A (siehe Abbildung rechts). Den noch fehlenden Querstrich möchte er so einzeichnen, dass er

- $\frac{1}{3}$ der unteren Breite des Buchstabens als Länge hat und
- parallel zur Grundlinie verläuft.

Berechne, wo Emil den Querstrich einzeichnen muss. Zeichne den Buchstaben auf ein extra Blatt. Zeichne den Querstrich ein und überprüfe an der Zeichnung deine Berechnung.

$\overline{CD} = \frac{1}{3} \cdot \overline{AB} = \frac{1}{3} \cdot 6\text{ cm} = 2\text{ cm}$ (s. Skizze)

Gesucht ist $\overline{SC}$ bzw. $\overline{SD}$. Da $\overline{CD}$ parallel zu $\overline{AB}$ ist, sind die Dreiecke ABS und CDS ähnlich. Entsprechende Strecken stehen im gleichen Verhältnis:

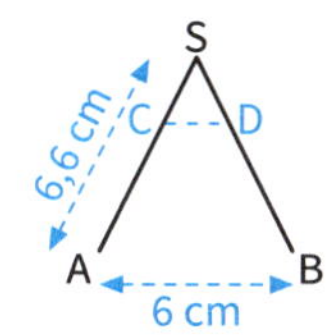

$$\frac{\overline{SC}}{\overline{SA}} = \frac{\overline{CD}}{\overline{AB}}$$

$$\frac{\overline{SC}}{6{,}6\text{ cm}} = \frac{2\text{ cm}}{6\text{ cm}} \quad | \cdot 6{,}6\text{ cm}$$

$$\overline{SC} = \frac{2\text{ cm} \cdot 6{,}6\text{ cm}}{6\text{ cm}} = 2{,}2\text{ cm}$$

Zeichne nun die Strecke $\overline{AB} = 6$ cm und Kreisbögen um A und B mit dem Radius 6,6 cm. Vom Schnittpunkt S aus kannst du 2,2 cm abmessen für C und D. $\overline{CD}$ sollte jetzt 2 cm lang sein.

★ 3 Es gilt: $\overline{XY}$ ist parallel zu $\overline{VW}$ und $\frac{1}{3}\overline{UX} = \overline{UV}$.
Welche der folgenden Gleichungen ist richtig? Begründe deine Antwort.

☐ $\frac{1}{3}\overline{VW} = \overline{XY}$ ☐ $\overline{VW} = 3 \cdot \overline{XY}$ ☐ $\overline{VW} \cdot \overline{XY} = \frac{1}{3}$ ☐ $3 \cdot \overline{VW} = \overline{XY}$

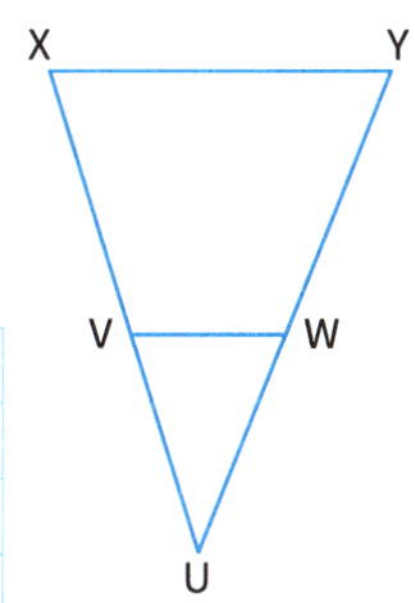

★ 4 Hanna ist 1,50 m groß und wirft einen 1,20 m langen Schatten. Der neben ihr laufende Sebastian hat zum gleichen Zeitpunkt einen Schatten von 1,45 m.
Wie groß ist Sebastian?

http://nale.fi/vwao

17 Drachen (von S. 12)

Sven hat einen Drachen gebaut. Die beiden kürzeren Seiten a und b sind jeweils 25 cm lang und schließen einen rechten Winkel ein. Die Längen der beiden Diagonalen e und f verhalten sich wie 2 : 3.

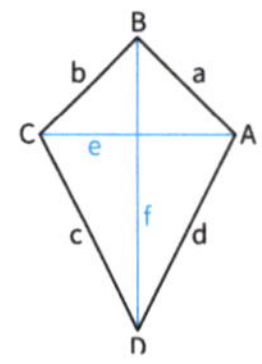

a) Berechne die Längen der beiden Diagonalen.

b) Rund um den Drachen wurde eine Schnur gespannt. Wie lang ist sie?

Zu a)

In dem Teildreieck ABC ist bei B ein rechter Winkel; a und b sind die Katheten und e ist die Hypotenuse. Es gilt der Satz des Pythagoras:

$a^2 + b^2 = e^2$.

$(25\text{ cm})^2 + (25\text{ cm})^2 = e^2$

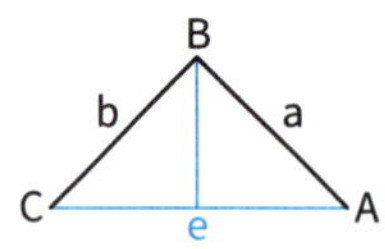

$e^2 = 1250\text{ cm}^2 \rightarrow$ **$e \approx 35{,}36$ cm**

Das Seitenverhältnis von e zu f beträgt 2 : 3, d. h., f ist 3-mal so lang wie $\frac{e}{2}$, also

$f = 3 \cdot \frac{e}{2} = 3 \cdot 17{,}68\text{ cm}$ **$f = 53{,}04$ cm.**

Zu b)

Die Längen der Seiten a und b des Drachens sind bereits gegeben. Zu berechnen ist noch die Länge der Seite c.

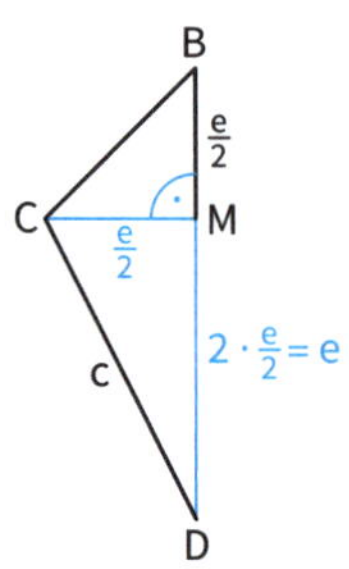

$\overline{BM} = \frac{e}{2}$, weil BCM ein gleichschenkliges Dreieck mit den Basiswinkeln 45° ist. $\overline{DM}$ ist doppelt so lang wie $\overline{BM}$.

Die Längen der Katheten im Dreieck CDM sind $\frac{e}{2}$ und $2 \cdot \left(\frac{e}{2}\right) = e$. Nach dem Satz des Pythagoras gilt damit: $c^2 = \left(\frac{e}{2}\right)^2 + e^2$

$c^2 = (17{,}68\text{ cm})^2 + (35{,}36\text{ cm})^2 = 1562{,}912\text{ cm}^2$

$c \approx 39{,}53$ cm

Die Länge der Schnur entspricht dem Umfang des Drachenvierecks:

$u = 2 \cdot 25\text{ cm} + 2 \cdot 39{,}53\text{ cm} \approx 129\text{ cm}$.

Die Schnur rund um den Drachen ist ungefähr **130 cm lang.**

1 Formuliere für die folgenden Dreiecke zuerst den Satz des Pythagoras mit den gegebenen Bezeichnungen und berechne dann die fehlende Seitenlänge.

a)

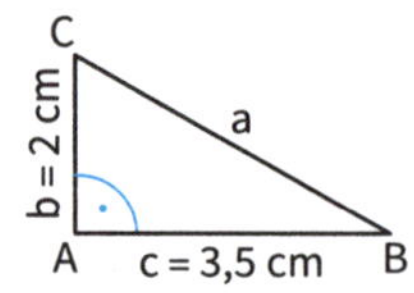

b)

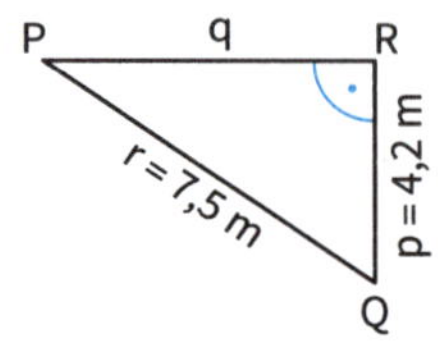

2 Überprüfe mit einer Rechnung, ob das Dreieck ABC mit a = 5 cm, b = 12 cm und c = 13 cm rechtwinklig ist.

3 Die Punkte A (5 | 2), B (1 | –1) und C (5 | –4) und D sind die Eckpunkte einer Raute.

a) Zeichne die Raute und gib die Koordinaten von D an.

D (___ | ___)

b) Berechne den Umfang und den Flächeninhalt der Raute.

u = ______________; A = ______________

4 Der Bildschirm eines Fernsehgeräts ist 121,2 cm breit und 68,2 cm hoch. Berechne die Länge der Bildschirmdiagonalen in cm und in Zoll. (1 Zoll = 2,54 cm)

____

____

5 Lara muss für eine Flugreise ihre Trekkingstöcke in den Koffer packen. Zusammengeschoben sind die Stöcke 70 cm lang, ihr Koffer hat die Maße 58 cm x 38 cm x 20 cm. Braucht sie einen anderen Koffer? Begründe.

1 Bestimme – ohne zu messen – die Größe der Winkel α, β, γ, δ und ε.
Begründe.

g || h

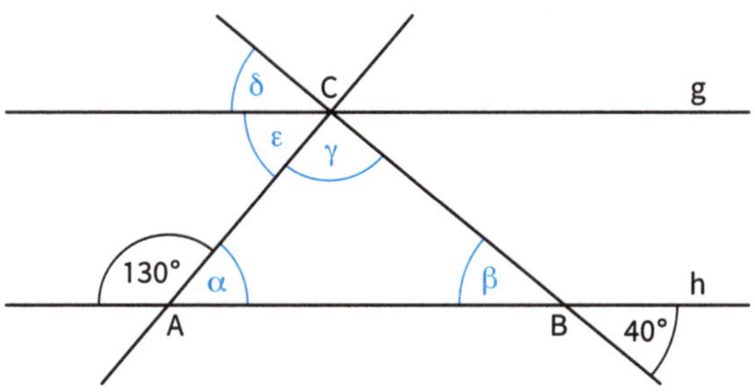

	Größe	Begründung
α		
β		
γ		
δ		
ε		

TIPP

Winkelsumme im Dreieck
Die Summe der Innenwinkel eines Dreiecks beträgt immer 180°.

2 Bestimme die Größe der Winkel α und φ.

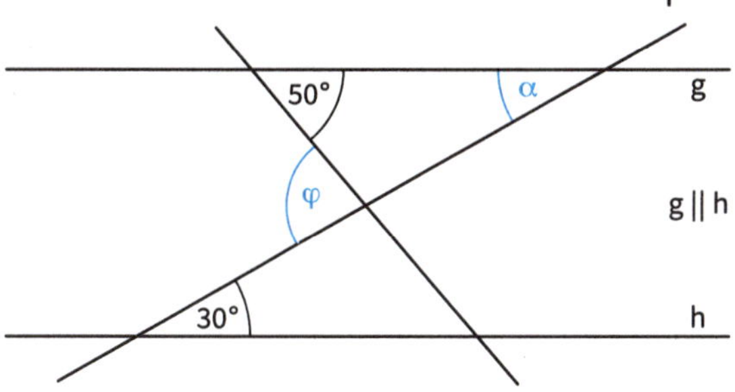

α = ____________ φ = ____________

18 Winkel (von S. 12)

In der Abbildung sind die Geraden g und h parallel.

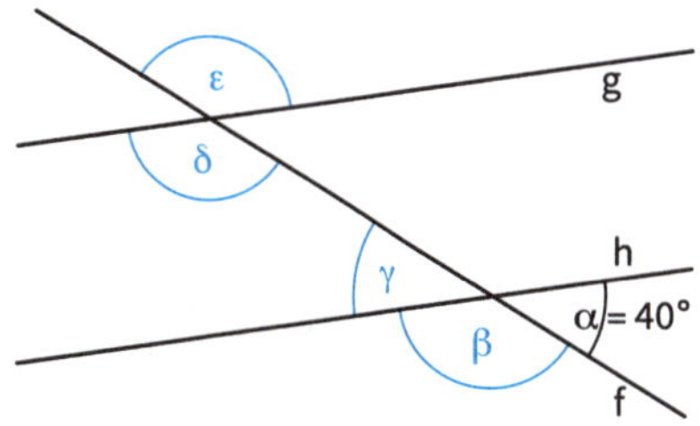

a) Bestimme, ohne zu messen, die Größe der Winkel β, γ, δ und ε. Begründe.
b) In einem Geometrieprogramm wird die Gerade f so gedreht, dass α = 105° groß ist. Wie verändern sich dadurch die Größen von β, γ, δ und ε?
Überprüfe deine Lösung durch eine Zeichnung.

Zu a)
β ist ein Nebenwinkel von α. Beide zusammen sind 180° groß.
β = 180° – α.
β = 180° – 40° = **140°**

γ ist als Scheitelwinkel von α genauso groß wie α, also **γ = 40°.**

δ ist ein Stufenwinkel zu β und damit genauso groß, also **δ = 140°.**

ε ist ein Scheitelwinkel zu δ oder auch ein Wechselwinkel zu β und damit ebenfalls 140° groß, also **ε = 140°.**

Zu b)
Wenn α = 105° beträgt, ist der Nebenwinkel β = 75° und der Scheitelwinkel γ = 105° groß. δ und ε sind so groß wie β, also ebenfalls 75°.

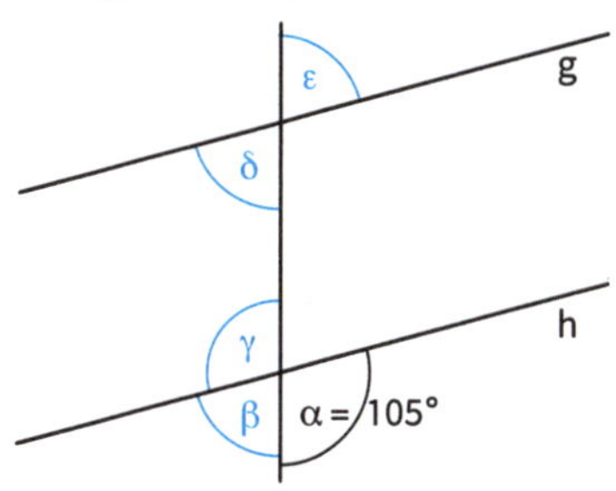

http://nale.fi/maqo

★ **3** Begründe, dass in jedem Trapez gilt:
α + δ = 180° und β + γ = 180°.

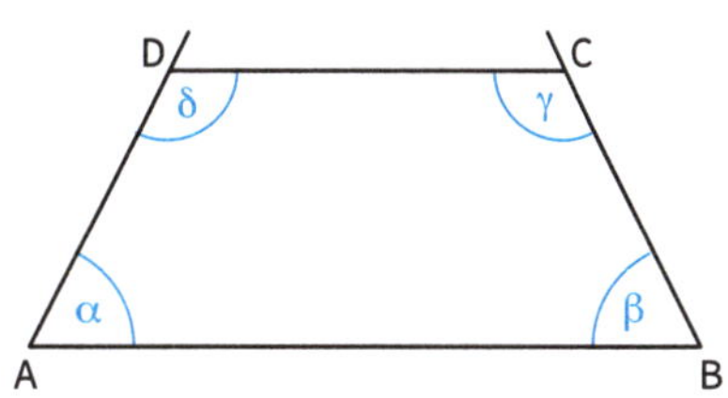

Daten und Zufall

http://nale.fi/qabh

19 Tablet (von S. 12)

Im Internet wird ein Tablet zu folgenden Preisen angeboten.

a) Gib den Median (Zentralwert), die Spannweite und das arithmetische Mittel der Preise an.
b) Berücksichtigt man noch ein sechstes Angebot, beträgt das arithmetische Mittel nur noch 264 €. Wie teuer ist das Tablet aus diesem Angebot?

Zu a)
Zuerst werden die Daten der Größe nach geordnet:
252 €; 256 €; **269 €;** 279 €; 320 €
Bei einer ungeraden Anzahl von Daten ist der Median der Wert in der Mitte. Bei einer geraden Anzahl von Daten stehen in der Mitte zwei Werte. Als Median gibt man dann das arithmetische Mittel dieser beiden Werte an.

Median: 269 €

Die Spannweite ist die Differenz zwischen dem größten und kleinsten Wert.

Spannweite: 320 € – 252 € = **68 €**

Beim arithmetischen Mittel werden alle Werte addiert und die Summe durch die Anzahl der Werte geteilt.

arithmetisches Mittel:
(252 € + 256 € + 269 € + 279 € + 320 €) : 5
= 1376 € : 5 = **275,20 €**

Zu b)
x sei der Preis des neuen Angebots. Alle sechs Preise zusammen ergeben das Sechsfache des neuen arithmetischen Mittels von 264 €, also:

1376 € + x = 6 · 264 €
1376 € + x = 1584 € | – 1376 €
x = 208 €

Beim sechsten Angebot kostet das Tablet **208 €.**

1 Gib jeweils die Spannweite, den Median (Zentralwert) und das arithmetische Mittel der Stichprobe an.

a) 84,30 €; 65,80 €; 111,40 €; 99,70 €; 107,20 €

Spannweite: ________ Median: ________

arithmetisches Mittel: ________________

b) 4,50 m; 4,20 m; 5,10 m; 4,80 m; 5,30 m; 4,60 m

Spannweite: ________ Median: ________

arithmetisches Mittel: ________________

2 Ein Fahrstuhl darf maximal 12 Personen befördern. Es steigen 12 Personen mit den auf dem Zettel angegebenen Gewichten ein.

78,5 kg	96,0 kg	81,4 kg	54,5 kg
67,5 kg	93,4 kg	72,2 kg	56,8 kg
98,6 kg	78,2 kg	73,8 kg	84,3 kg

Bei der Angabe „max. 12 Personen“ wurde davon ausgegangen, dass die Personen durchschnittlich 80 kg wiegen.
Ist das hier so?

★ **3** Sabine hat mit sieben Sprüngen für den Weitsprung-Wettbewerb trainiert. Hier sind die Weiten der ersten fünf Sprünge:

4,20 m	4,65 m	3,95 m	4,10 m	4,45 m

Der sechste Sprung war zugleich Sabines schlechteste Weite. Nach dem mittelmäßigen siebten Sprung stellt Sabine fest:

(1) Die Weitsprungdaten haben eine Spannweite von 90 cm.
(2) Das arithmetische Mittel der Sprungweiten ist 4,20 m.

Wie weit ist Sabine im sechsten und siebten Versuch gesprungen?

Weite im sechsten Versuch: __________

Weite im siebten Versuch: __________

1 2019 verbrauchte jeder Einwohner in Deutschland im Durchschnitt 126 Liter Trinkwasser. Davon entfielen 45 Liter auf ‚Baden und Duschen', 34 Liter auf ‚Toilettenspülung', 15 Liter auf ‚Wäsche waschen'.
Fülle die Tabelle aus und stelle diese Anteile in einem Kreisdiagramm dar.

	Verbrauch	Anteil	Winkel
Baden/Duschen			
Toilette			
Wäsche			
Sonstiges (Rest)			

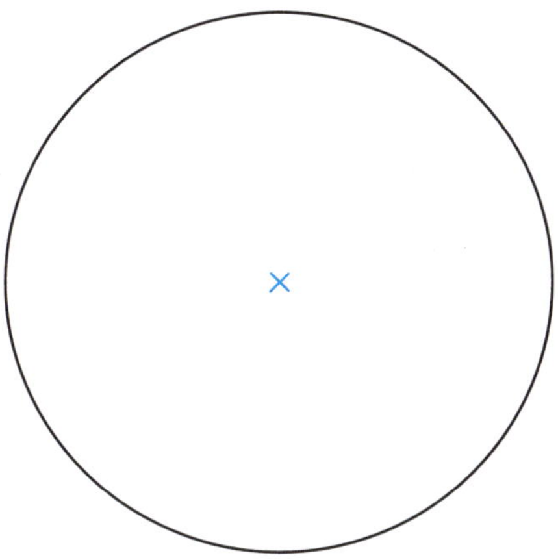

2 Umsatzverteilung eines Online-Händlers:

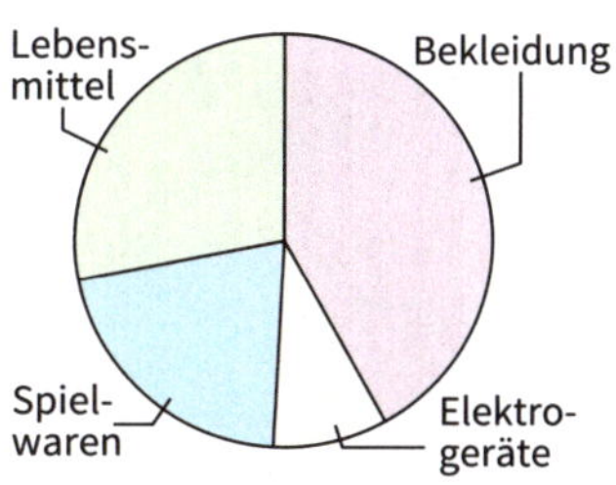

a) Gib an, wie viel Prozent des Umsatzes er in den vier Bereichen etwa gemacht hat.

Lebensmittel: _____ % Elektrogeräte: _____ %

Spielwaren: _______ % Bekleidung: _______ %

b) Insgesamt hat der Händler 128,6 Mio. Euro Umsatz gemacht. Wie verteilt sich diese Summe auf die vier Bereiche?

Lebensmittel: ________ Mio. €

Elektrogeräte: ________ Mio. €

Spielwaren: ________ Mio. €

Bekleidung: ________ Mio. €

20 Nutzflächen in Deutschland (von S. 13)

In dem Diagramm rechts wird dargestellt, wie die Flächen in Deutschland genutzt werden.

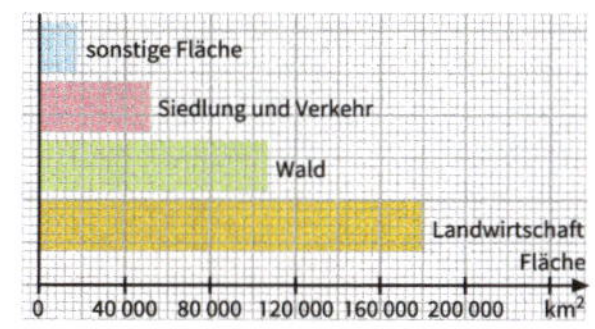

a) Wie viel Quadratkilometer entsprechen 1 mm?

b) (1) Lies aus dem Diagramm ab und fülle die Tabelle aus.

(2) Bestimme die relativen Häufigkeiten und trage sie in die Tabelle ein. Runde auf eine Nachkommastelle.

(3) Stelle die Anteile in einem Kreis- und einem Streifendiagramm dar.

Zu a) 10 mm ≙ 40 000 km² ⟩ : 10
1 mm ≙ 4 000 km²

Zu b)

	(1) Flächeninhalt (in km²)	(2) relative Häufigkeit (in %)
Landwirtschaft	181 000	50,6
Wald	107 000	30,0
Siedlung und Verkehr	51 500	14,4
sonstige Fläche	18 000	5,0
Gesamtfläche	357 500	100

Die relative Häufigkeit berechnet man, indem man den Teilflächeninhalt durch den Gesamtflächeninhalt dividiert.

(3) Kreisdiagramm (1 % ≙ 3,6°)

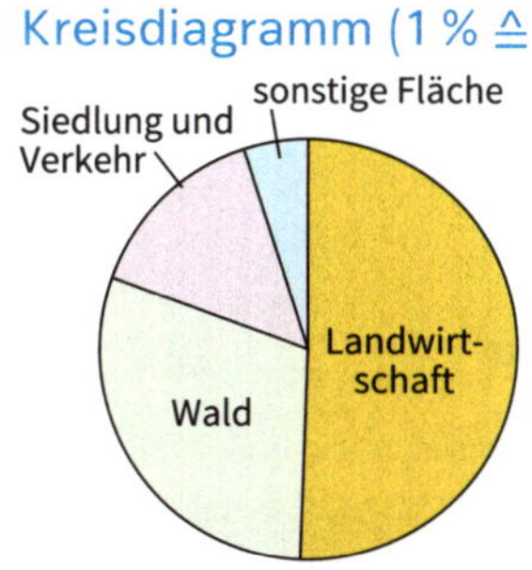

Landw.: 182°
Wald: 108°
Siedlung und Verkehr: 52°
sonst. Fläche: 18°

Streifendiagramm

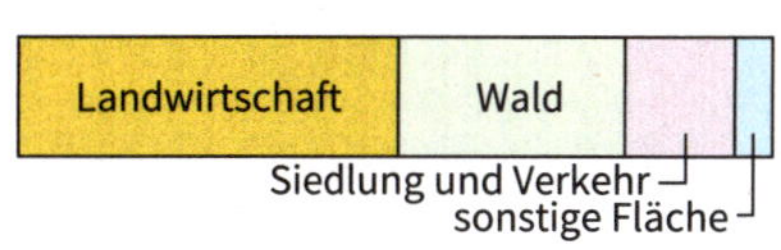

(5 cm lang)

Beim Streifendiagramm von 10 cm Länge ist jeder Abschnitt doppelt so lang: 1 % entspricht dann 1 mm.

http://nale.fi/mcbe

http://nale.fi/axvr

21 Farbige Kugeln (von S. 13)

Aus einem Behälter mit 3 roten, 5 grünen und 2 blauen gleichartigen Kugeln wird eine verdeckt gezogen. Berechne die Wahrscheinlichkeiten für „blau“ und für „nicht rot“.

a) P (blau) b) P (nicht rot)

$P(E) = \frac{\text{Anzahl der günstigen Ergebnisse}}{\text{Anzahl der möglichen Ergebnisse}}$

Zu a)
Möglich sind 10 Ergebnisse; günstig sind 2 Ergebnisse, da 2 der 10 Kugeln blau sind.
Also: $P(\text{blau}) = \frac{2}{10} = \mathbf{\frac{20}{100} = 20\,\%}$

Zu b)
Möglich sind 10 Ergebnisse; günstig sind 7 Ergebnisse, da 7 der Kugeln nicht rot sind.
Also: $P(\text{nicht rot}) = \frac{7}{10} = \mathbf{\frac{70}{100} = 70\,\%}$

1 Ein Würfel wird geworfen.

a) Gib zu folgenden Ereignissen die günstigen Ergebnisse an und berechne jeweils die Wahrscheinlichkeit des Ereignisses.

A: *Die Augenzahl ist gerade.*
A = { }; P(A) = ______

B: *Die Augenzahl ist durch 2 und durch 3 teilbar.*
B = { }; P(B) = ______

C: *Die Augenzahl ist durch 2 oder durch 3 teilbar.*
C = { }; P(C) = ______

b) Beschreibe ein weiteres Ereignis mit der Wahrscheinlichkeit $\frac{5}{6}$.

______

2 Färbe die Kugeln im Behälter rechts so, dass beim verdeckten Ziehen die angegebenen Wahrscheinlichkeiten zutreffen.

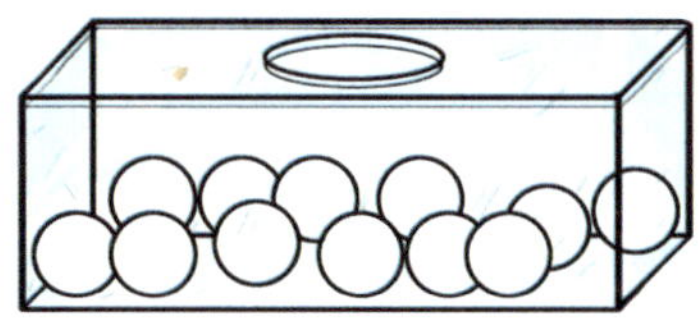

P (rot) = $\frac{1}{6}$
P (blau) = $\frac{1}{3}$
P (grün) = $\frac{1}{2}$

3 Aus dem Behälter rechts zieht Till mit verbundenen Augen eine Kugel.

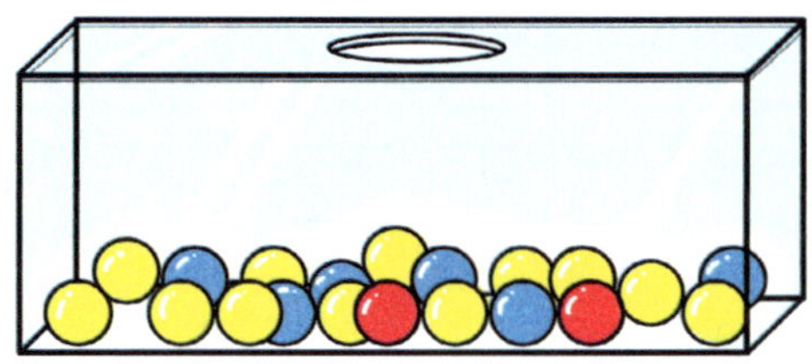

a) Mit welcher Wahrscheinlichkeit zieht er eine blaue Kugel?

P (blaue Kugel) = ______

b) Mit welcher Wahrscheinlichkeit zieht er keine rote Kugel?

P (keine rote Kugel) = ______

★ **4** Das Glücksrad rechts soll vier farbige Felder haben. Die Mittelpunktswinkel bzw. die Gewinnchancen der Felder stehen in der Tabelle.

Farbe	Winkel	Wahrscheinlichkeit
rot	90°	
gelb		20 %
blau	54°	
grün		

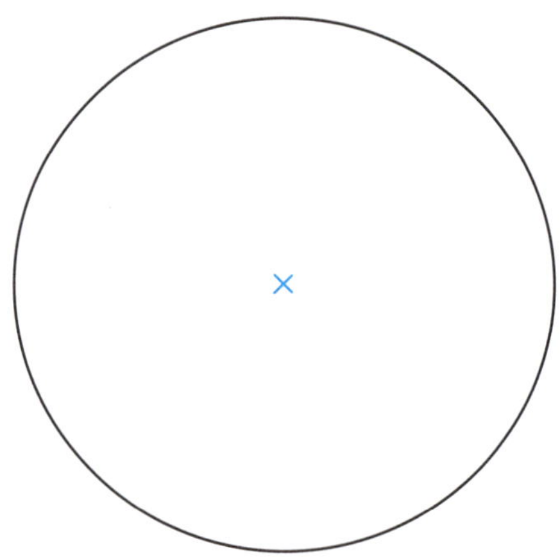

a) Vervollständige die Tabelle und zeichne das Glücksrad.

b) Das Glücksrad wird einmal gedreht. Gib die Wahrscheinlichkeiten an.

(1) P(gelb oder grün) = ______ (2) P(nicht blau) = ______

c) Welches Ereignis hat die Wahrscheinlichkeit 75 %? ______

1 a) Wie groß ist die Wahrscheinlichkeit, mit Würfel (1) eine Vier zu würfeln?

(1)
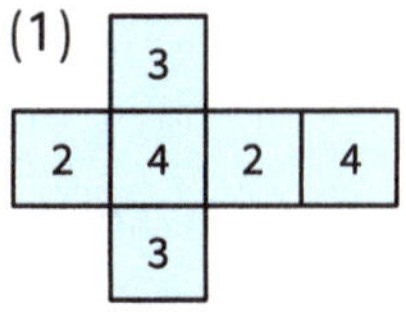

____

b) Wie groß ist die Wahrscheinlichkeit, mit Würfel (2) eine gerade Zahl zu würfeln?

(2)
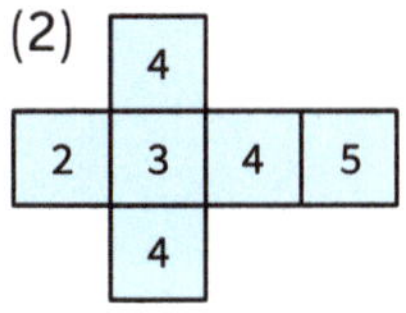

____

c) Wie groß ist die Wahrscheinlichkeit, mit Würfel (3) keine Sechs zu würfeln?

(3)
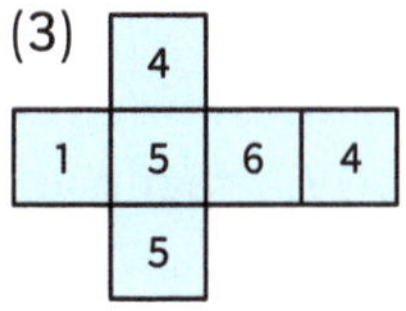

____

d) Mit einem der abgebildeten Würfel (1), (2) oder (3) wurde 800-mal gewürfelt. Dabei lag 548-mal eine Primzahl oben.
Welcher Würfel ist das vermutlich gewesen? Begründe.

Wahrscheinlichkeit für Primzahl:
Würfel (1): ____________________

Würfel (2): ____________________

Würfel (3): ____________________

Antwort: ____________________

____

2 Bei einem zylinderförmigen „Würfel" stehen auf den Grundflächen die Augenzahlen 1 und 2 sowie auf der Mantelfläche die Augenzahl 3.

Bei einer langen Versuchsreihe von 2 000 Würfen wurde die Augenzahl 3 insgesamt 1280-mal gewürfelt. Gib Näherungswerte für die Wahrscheinlichkeiten der Augenzahlen an. Begründe.

P(1) = ______ P(2) = ______ P(3) = ______

Begründung: ____________________

____

____

____

22 Würfel (von S. 13)

(1)
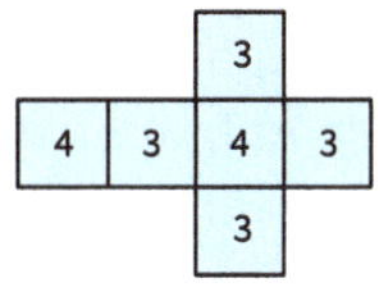

(2)
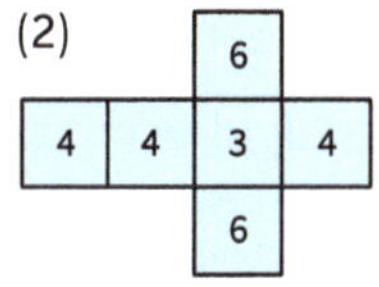

Oben siehst du die Netze zweier Würfel. Der Würfel (1) hat nur die Zahlen 3 und 4, der Würfel (2) die Zahlen 3, 4 und 6.

a) Gib die Wahrscheinlichkeit an, mit Würfel (1) eine Vier zu würfeln.
b) Gib die Wahrscheinlichkeit an, mit Würfel (2) eine Augenzahl größer als 3 zu würfeln.
c) Mit einem der beiden Würfel wurde 1000-mal gewürfelt und dabei 324-mal die Vier erzielt.
Welcher Würfel ist das vermutlich gewesen? Begründe.

Zu a)
Von den sechs Feldern des Würfelnetzes (1) sind zwei mit der Zahl 4 beschriftet, also gilt
P(4) $= \frac{2}{6} = \frac{1}{3}$

Zu b)
Von den sechs Feldern des Würfelnetzes (2) sind fünf mit einer Zahl beschriftet, die größer als 3 ist, also gilt
P(größer als 3) $= \frac{5}{6}$

Zu c)
Die relative Häufigkeit (rH) eines bestimmten Ereignisses in 1 000 Würfen ist ein guter Schätzwert für die Wahrscheinlichkeit dieses Ereignisses.

rH(4) $= \frac{324}{1000} = 0{,}324$
Für Würfel (1) gilt P(4) $= \frac{1}{3}$.
Für Würfel (2) gilt P(4) $= \frac{1}{2}$.
Da die relative Häufigkeit knapp unter $\frac{1}{3}$ liegt ($0{,}324 < 0{,}\overline{3}$), ist mit großer Berechtigung davon auszugehen, dass mit dem **Würfel (1)** gewürfelt wurde. Sicher kann man aber nicht sein.

Hinweis: Bei der häufigen Wiederholung von Zufallsversuchen können – zwar ganz selten – völlig unerwartete Ergebnisse auftreten, bei denen die relative Häufigkeit von der Wahrscheinlichkeit erheblich abweicht.

http://nale.fi/eagb

Abschlusstest

Im Abschlusstest zu den Basisaufgaben kannst du zeigen, wie viel du bereits im Vergleich zum Eingangstest dazugelernt hast. Die Aufgaben des Abschlusstests sind nicht thematisch sortiert.
Die Lösungen zu diesen Aufgaben findest du im Lösungsheft.

1 Rechnen und Ordnen

Rechne und trage deine Ergebnisse auf der Zahlengeraden ein.

a) Berechne die Differenz von 6,5 und 7,3.

b) Berechne die Differenz von –1,2 und –0,8.

c) Dividiere 4 durch –16.

d) Teile das Produkt aus –3 und –50 durch die dritte Potenz von 5.

e) Subtrahiere vom Produkt aus $-\frac{3}{5}$ und 35 das Vierfache von –5.

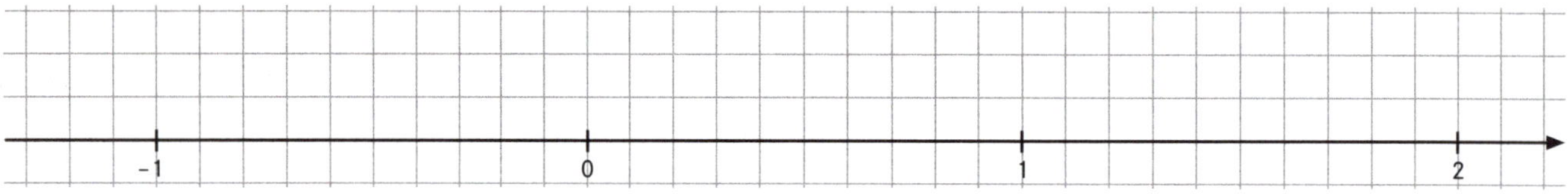

2 Quadrat und Rechteck

Der Flächeninhalt eines Quadrats beträgt 36 cm².

a) Bestimme den Umfang. u = ________________

b) Gib die Seitenlängen von zwei Rechtecken an, die auch einen Flächeninhalt von 36 cm² haben.

(1) a = ________________ b = ________________ (2) a = ________________ b = ________________

3 Abschlussfahrt

Für die Abschlussfahrt einer Jahrgangsstufe 10 stehen Venedig, Paris, Prag oder London als Ziele zur Auswahl. Eine Abstimmung unter den 80 Schülerinnen und Schülern der Jahrgangsstufe ergab: Jeder Vierte ist für Venedig, 20 % sind für Paris. Nach London wollen dreimal so viele wie nach Prag.

a) Wie viele Schülerinnen und Schüler sind für die einzelnen Ziele?

Venedig: ________________ Paris: ________________

London: ________________ Prag: ________________

b) Gib die relativen Häufigkeiten für die einzelnen Ziele in Prozent an.

Venedig: ____________ % Paris: ____________ %

London: ____________ % Prag: ____________ %

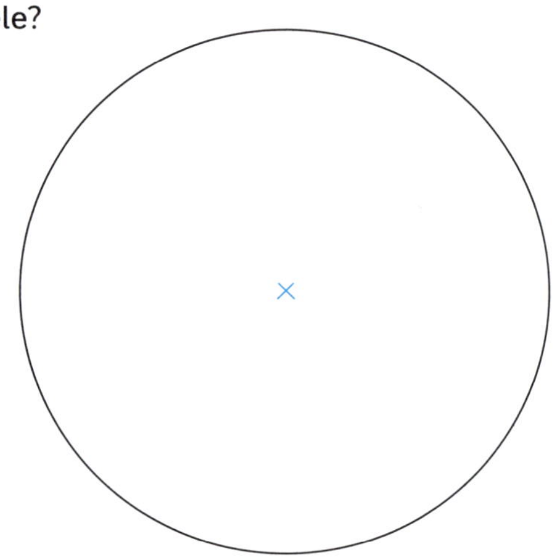

c) Stelle die relativen Häufigkeiten in einem Kreis- und einem Streifendiagramm dar.

Streifendiagramm:

4 Lineare Funktionen

In einem Koordinatensystem sind die Graphen der Funktionen $f(x) = -0{,}2x - 3$ und $g(x) = -0{,}2x + 3$ dargestellt. Beschreibe Lage und Verlauf der beiden Graphen, ohne zu zeichnen.

5 Gleichungssysteme

a) Löse das Gleichungssystem.

I: $5x - 3y = 53$
II: $4x + 3y = 37$

x = ____________ y = ____________

b) Das Dreifache einer Zahl ist um 1 kleiner als eine zweite Zahl. Die Summe aus dem Doppelten der ersten Zahl und der zweiten Zahl ergibt 36. Berechne die beiden Zahlen mit einem Gleichungssystem.

1. Zahl: ____________ 2. Zahl: ____________

★ 6 Exponentielle Abnahme

Frau Metin nimmt ein Vitaminpräparat ein. Durch die Einnahme von zwei Tabletten befinden sich 300 mg des Vitamins im Blut. In jeder Stunde werden 18 % davon ausgeschieden.
Berechne, wie viel mg des Vitamins nach zwei (vier, sechs) Stunden im Blut sind.

7 Dreieck im Koordinatensystem

a) Zeichne das Dreieck $A(-1|-1)$, $B(3|-1)$ und $C(3|2)$ in das gegebene Koordinatensystem.

b) Berechne die Länge der Seite $\overline{AC}$ und den Flächeninhalt A des Dreiecks.

$\overline{AC}$ = ____________________

A = ____________________

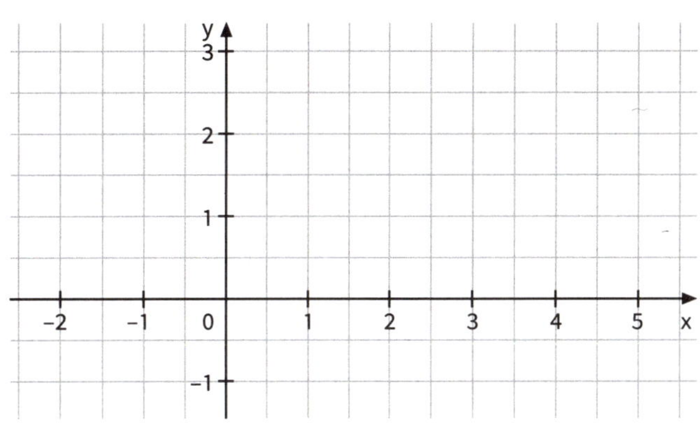

8 Prozente

a) Wie viel sind 40 % von 130 €?

____

b) Von wie viel Kilogramm sind 4 % genau 12 kg?

____

c) Wie viel Prozent sind 24 cm von 6 m?

____

d) Berechne 3 % Zinsen von 760 € Spareinlage.

____

9 Kinobesucher

In der ersten Woche nach dem Filmstart wurden in einem Kino folgende Besucherzahlen notiert:

Do: 625	Fr: 745	Sa: 820	So: 655	Mo: 423	Di: 388	Mi: 495

a) Berechne das arithmetische Mittel der Besucherzahlen pro Tag. ______________________

b) Nachdem der Film zwei Wochen gelaufen ist, steht in der Zeitung: „In den ersten beiden Kinowochen haben durchschnittlich 450 Besucher pro Tag den Film gesehen." Wie viele Personen haben den Film in der zweiten Kinowoche gesehen? ______________________

10 Lostrommel

In einer Lostrommel sind 300 Lose, davon 20 Hauptgewinne.

a) Gib die Wahrscheinlichkeit an, dass das erste gezogene Los ein Hauptgewinn ist.

____

b) Unter den ersten 30 gezogenen Losen waren zwei Hauptgewinne. Lukas zieht das 31. Los. Vergleiche die Wahrscheinlichkeit für einen Hauptgewinn mit der ersten Ziehung. Ist sie jetzt

☐ kleiner, ☐ größer, ☐ genauso groß?

11 Gleichungen und Graphen

Ordne den Funktionsgleichungen die zugehörigen Graphen (g_1, g_2, ...) zu.

	$y = x + 1$
	$y = -x^2$
	$y = x^2 + 2x + 1$
	$y = x^2 + 2$

	$y = x^2 - 2$
	$y = 0,5x + 1$
	$y = -2x + 1$
	$y = -2x^2$

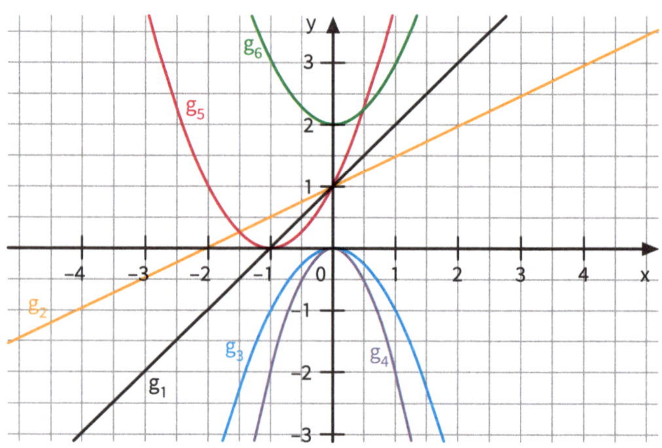

★ 12 Baumhöhe

Die Baumspitze wird über einen 3 m langen Stab angepeilt. Bestimme die Höhe des Baumes.

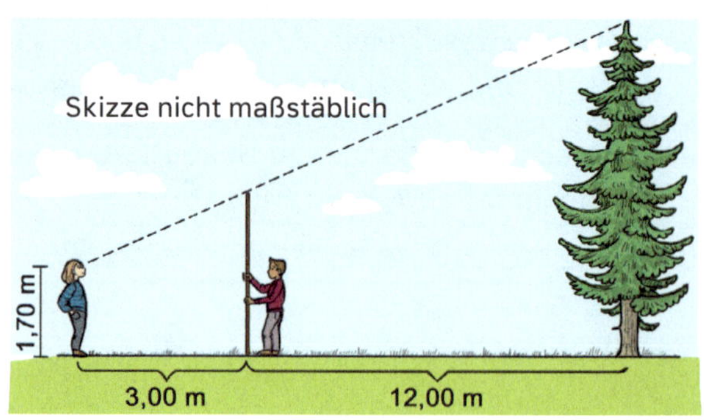

13 Fahrstuhl

Für ein Büro in der ersten Etage wird eine Palette mit Kopierpapier angeliefert. Die Palette muss mit dem Fahrstuhl transportiert werden. Wie schwer ist das Kopierpapier?

Hinweis:
Maße eines DIN-A4-Blattes (in cm): 21,0 x 29,7

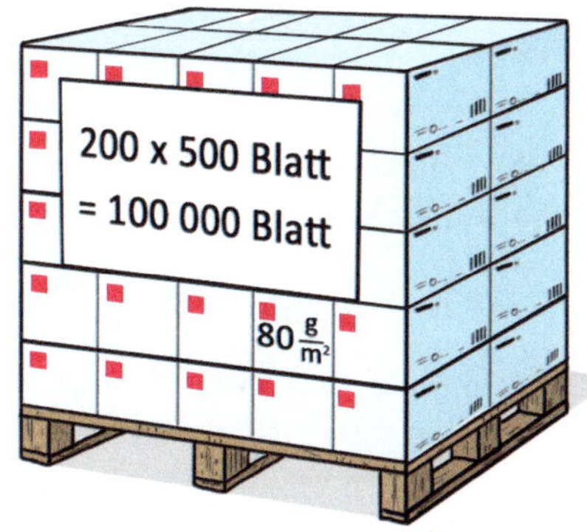

★ 14 Parabeln in verschiedenen Darstellungen

Eine Parabel hat den Scheitelpunkt S(– 1,5 | 3,5). Sie ist nach unten geöffnet und gegenüber der Normalparabel um 0,5 gestaucht.
Gib die Scheitelpunktform der Parabel an und wandle diese in die allgemeine Form um.

f(x) = ______________________ (Scheitelpunktform)

f(x) = ______________________ (allgemeine Form)

15 Wasserfass

a) Berechne das Volumen des Wasserfasses. Runde auf Liter.

V = ____________________

b) Berechne den Oberflächeninhalt des Fasses. Runde auf Zehntel m².

O = ____________________

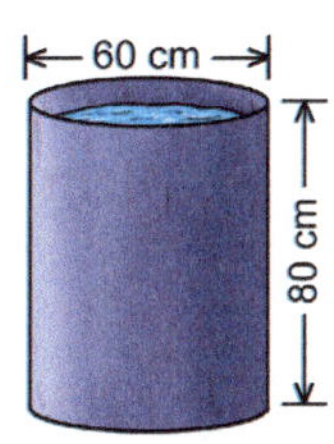

16 Größen bestimmen

Kreuze an, welche Maßangabe stimmen könnte.

Ladevolumen eines Lasters

☐ 5 m³ ☐ 500 000 dm³
☐ 50 000 *l* ☐ 500 cm³

Länge eines Springseils

☐ 250 000 mm ☐ 25 dm
☐ 2 500 cm ☐ 0,025 km

Fläche eines Handballfeldes

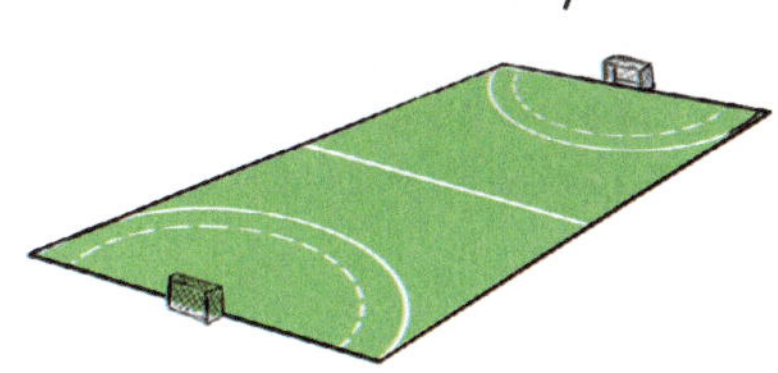

☐ 80 000 cm² ☐ 8 000 dm²
☐ 800 m² ☐ 0,8 km²

17 Straßenfest

Die Bewohner des Parkwegs planen ein Straßenfest. Die Tabelle zeigt die Kalkulation für den Grillstand.

	A	B	C	D
1		**Verkaufspreis**	**Stückzahl**	**Einnahmen**
2	**Essen**			
3	Bratwurst	2,00 €	60	120,00 €
4	Currywurst	2,50 €	45	112,50 €
5	Steak	3,50 €	50	175,00 €
6	Brötchen	0,50 €	200	100,00 €
7				
8	**Trinken**			
9	Softdrinks	2,00 €	250	500,00 €
10	Wasser	1,00 €	150	150,00 €
11				
12		**Gesamteinnahmen**		1.157,50 €

a) Insgesamt sollen ________ Würste verkauft werden.

b) Der Preis für ein Steak steht in Zelle ________ .

Es soll ________ € kosten.

c) Die voraussichtlichen Einnahmen aus dem Bratwurstverkauf werden in der Zelle ________ mit der

Formel ____________________ berechnet.

d) Gib zwei verschiedene Formeln an, um die Gesamteinnahmen in Zelle D12 zu berechnen.

D12: ______________________________ oder ______________________________

18 Kleintiergehege

Aus sechs Zaunelementen mit jeweils 60 cm Länge baut Jan im Garten ein Gehege für seine Meerschweinchen. Die Grundfläche hat die Form eines regelmäßigen Sechsecks (s. Abbildung).

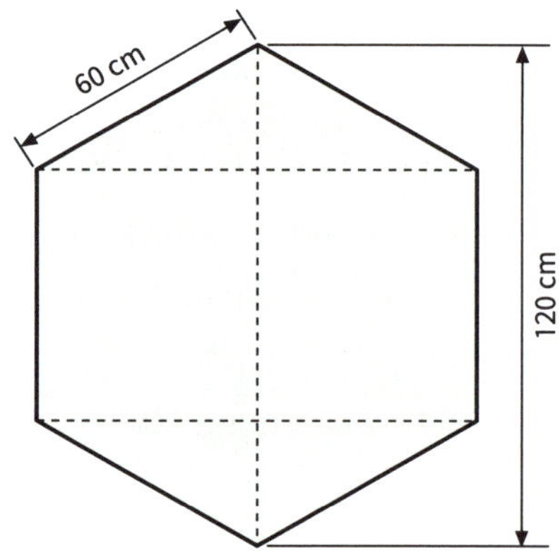

Berechne, wie groß die eingezäunte Fläche ist.

★ 19 Funktionsbeschreibung

Beschreibe so genau wie möglich, wie bei den jeweiligen Funktionen der x-Wert und der y-Wert zusammenhängen. Gib auch jeweils an, um welche Art von Funktion es sich handelt.

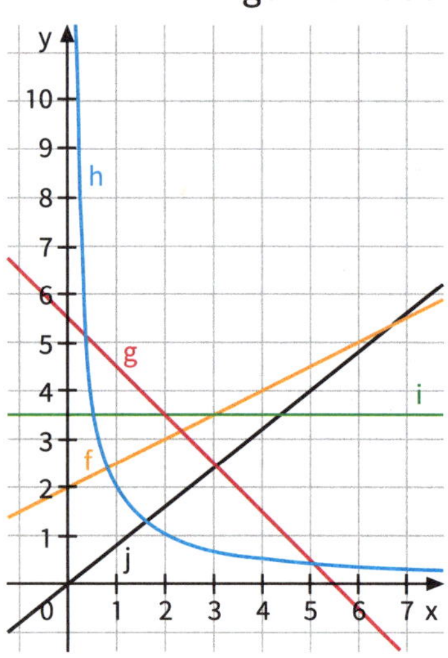

Graph f	
Graph g	
Graph h	
Graph i	
Graph j	

20 Würfeln mit einem Quader

Die Grundflächen des abgebildeten Holzquaders sind Quadrate. Auf den Flächen des Quaders stehen wie bei einem normalen Würfel die Zahlen 1 bis 6. Mit einer sehr großen Anzahl von Versuchen wurde ermittelt, dass die Wahrscheinlichkeit, die Augenzahl 6 zu würfeln, ca. 8 % beträgt.

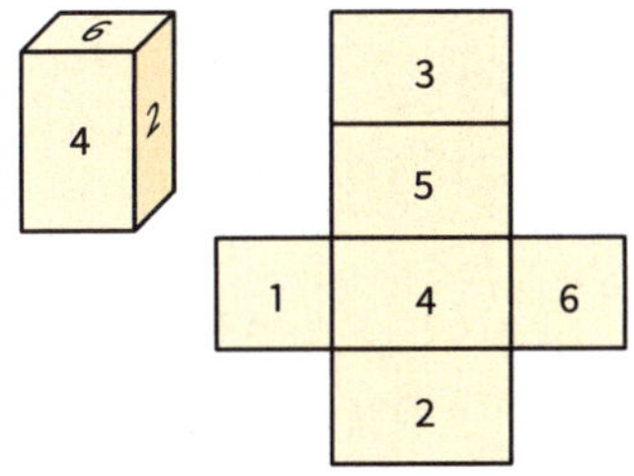

a) Schau dir das Netz des Quaders genau an und bestimme für die übrigen Augenzahlen 1 bis 5 Näherungswerte für die Wahrscheinlichkeiten.

Augenzahl	1	2	3	4	5	6
Näherungswert für Wahrscheinlichkeit						8 %

Begründe, warum man nur Näherungswerte angeben kann.

____

____

____

b) Der Quader wird in einer Versuchsreihe 4 000-mal gewürfelt. Wie oft wird dann ungefähr die Augenzahl 6 auftreten? Begründe.

21 Rechengeschichten

a) Welche der folgenden Sachtexte passen zu der Gleichung $x + 0{,}5x = 30$? Kreuze jeweils an!

1	Eine Lostrommel enthält 30 Lose. Es gibt doppelt so viele Gewinne wie Nieten.	☐ ja	☐ nein
2	Robert nimmt sich vor, 30 Tage lang täglich 1 Euro zu sparen. Die Hälfte der Zeit schafft er leider nur 50 Cent zu sparen.	☐ ja	☐ nein
3	Für eine Feier werden 30 Liter Fruchtbowle bestellt. Zu einer 1-Liter-Flasche Mineralwasser wird jeweils 0,5 Liter frischer Fruchtsaft hinzugefügt.	☐ ja	☐ nein
4	Max ist nur halb so alt wie sein Bruder. Zusammen sind sie 30 Jahre alt.	☐ ja	☐ nein

b) Löse die Rechengeschichten.

22 Winkel

Die Geraden g und h sowie j und k sind jeweils parallel.
Welche der folgenden Aussagen sind wahr (w), welche sind falsch (f)? Begründe.

Aussage	w/f	Begründung
$\gamma = 70°$		
$\delta = 70°$		
$\beta = \alpha$		
$\varepsilon = \beta$		

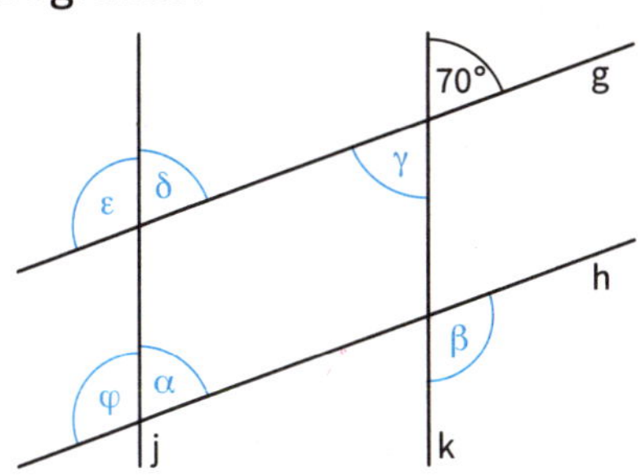

Teil B Komplexe Aufgaben

Eingangstest

Bearbeite den Eingangstest zu den komplexen Aufgaben, um deinen Kenntnisstand besser einschätzen zu können. Die Aufgaben des Eingangstests zu den komplexen Aufgaben sind nicht thematisch sortiert. Ausführliche Lösungen zu jeder Aufgabe findest du hier im Arbeitsbuch (Kurzlösungen im Lösungsheft). Die Seite steht jeweils in Klammern hinter dem Namen der Aufgabe. Dort sind auch weitere Übungsaufgaben zu dem jeweiligen Thema.

1 Preisänderungen **(Lösung Seite 54)**

a) Eine Bluse kostet 74,90 €. Der Preis wird um 35 % gesenkt.

Berechne den neuen Preis. ____________________

b) Der Preis für einen Anzug wurde um 40 % auf 179,94 € reduziert.

Wie teuer war er vorher? ____________________

c) Der Preis für ein Rennrad wird um 50 € erhöht und beträgt jetzt 499 €.

Um wie viel Prozent wurde der Preis erhöht? ____________________

2 Werkstück **(Lösung Seite 55)**

Das abgebildete Werkstück ist ein Quader, aus dem oben eine Halbkugel mit dem Radius 5 cm gefräst wurde (Maße in cm).
Das Werkstück besteht aus Stahl mit der Dichte 7,9 $\frac{g}{cm^3}$.

a) Berechne die Masse m des Werkstücks. m = ____________________

b) Berechne den Oberflächeninhalt. O = ____________________

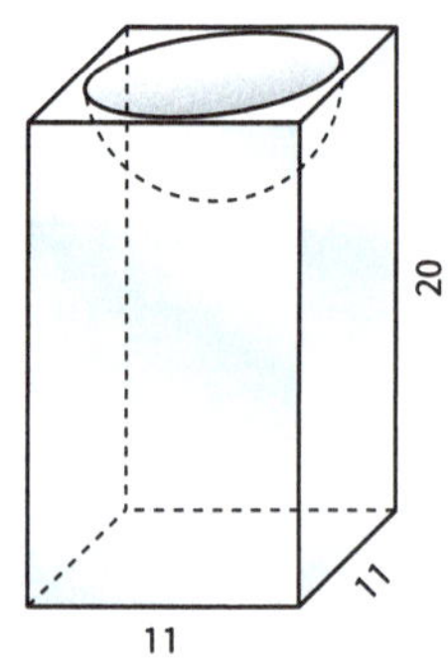

3 Straßenbahnfahrplan **(Lösung Seite 56)**

Der grafische Fahrplan gibt Auskunft über die Fahrt einer Straßenbahn vom Bahnhof (Bhf.) bis zum Tierpark mit den Zwischenhalten Rosentor, Nordheide und Stadion.

a) Gib die Entfernung zwischen den Haltestellen Bahnhof und Tierpark an.

____

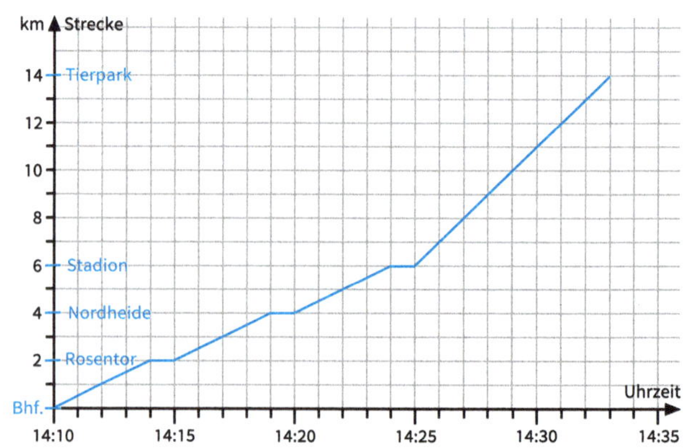

b) Bestimme mithilfe der Grafik die Durchschnittsgeschwindigkeiten zwischen den Haltestellen.

____

c) Vervollständige mithilfe der Grafik den Fahrplan mit Ankunfts- und Abfahrtzeiten.

Haltestelle	Bahnhof	Rosentor		Nordheide		Stadion		Tierpark
	ab	an	ab	an	ab	an	ab	an
Uhrzeit	____	____	____	____	____	____	____	____

4 Fahrradurlaub **(Lösung Seite 57)**

Die nebenstehende Grafik zeigt, wie sich der Verbrauch eines Autos ändert, wenn man einen Dach- oder Heckträger (mit Fahrrädern) montiert.

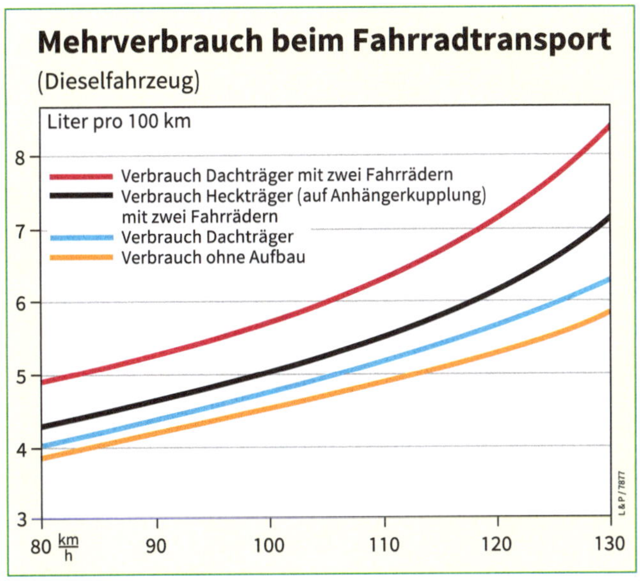

a) Lennard behauptet, dass bei 80 $\frac{km}{h}$ der Verbrauch eines Autos mit zwei Fahrrädern auf dem Dachträger ungefähr doppelt so hoch ist wie bei einem Auto ohne Aufbau. Nimm Stellung zu dieser Aussage.

b) Herr Tropper fährt immer mit einem Dachträger. Diesmal hat er aber darauf noch zwei Fahrräder montiert. Um wie viel Prozent steigt dadurch der Verbrauch bei 120 $\frac{km}{h}$?

* c) Herr und Frau Tropper überlegen, ob sie auf dem Dachträger des Autos ihre beiden Fahrräder in den Urlaub nach Schweden mitnehmen. Herr Tropper fährt im Schnitt 100 $\frac{km}{h}$. Erstelle einen Graphen, der den Gesamtverbrauch für beide Varianten (mit und ohne Fahrräder) in Abhängigkeit von der zurückgelegten Strecke beschreibt. Benutze dafür das rechts abgebildete Koordinatensystem.

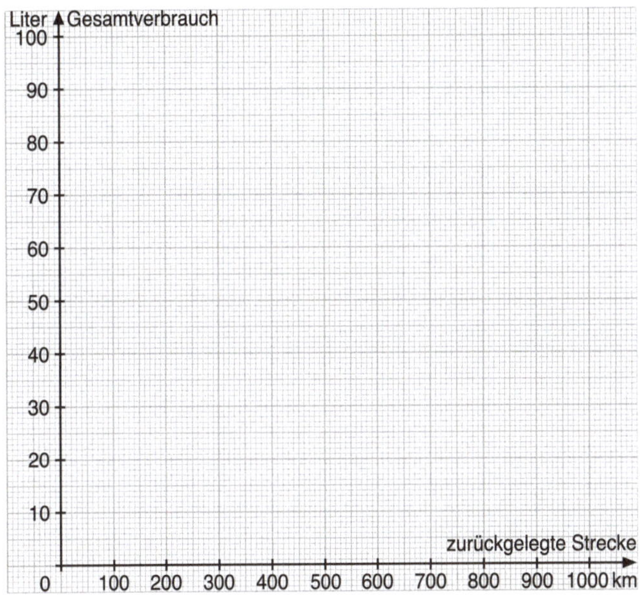

5 Herzogstandbahn **(Lösung Seite 58)**

Der Kartenausschnitt zeigt ein Wandergebiet in der Nähe von München. Anhand der Höhenlinien kann man erkennen, wie steil das Gelände ist. Eine Höhenlinie verbindet jeweils Punkte der Erdoberfläche, die auf gleicher Höhe über dem Meeresspiegel (ü. M.) liegen.

Wer sich den anstrengenden Aufstieg auf den Fahrenberg sparen will, benutzt den Sessellift. Die Herzogstandbahn bringt in nur 4 Minuten ihre Gäste von der Talstation am Walchensee auf den Fahrenberg.

Wie lang ist die Strecke, die eine Kabine bei ihrer Fahrt auf den Berg zurücklegt?

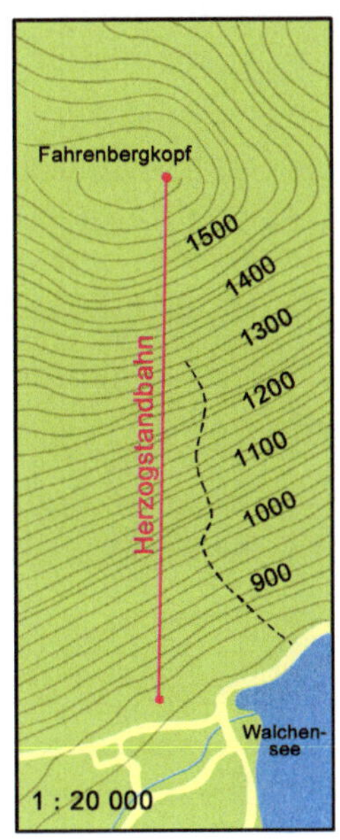

6 Konservendosen (Lösung Seite 59)

Sechs Konservendosen werden von einem Plastikband umfasst. Jede Dose hat einen Radius von 4 cm.

a) Berechne die Länge des Plastikbandes.

Länge: ____________________

b) Reicht für Dosen mit doppeltem Radius ein doppelt so langes Plastikband? Begründe deine Antwort.

____

____

7 Gläser (Lösung Seite 60)

Ein Likörglas und ein Rotweinglas werden mit Wasser gefüllt.

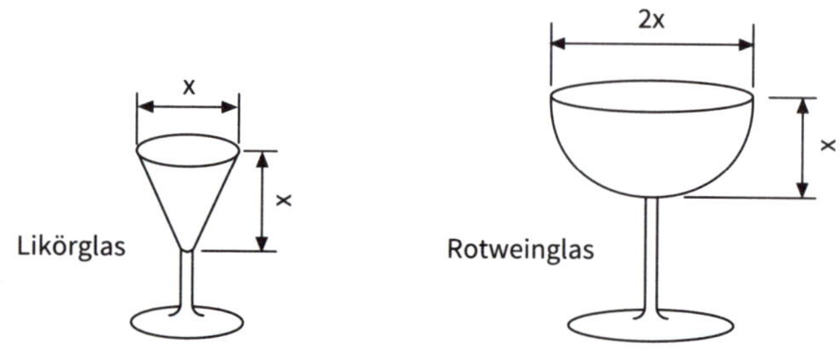

a) Wie viele vollständig gefüllte Likörgläser werden benötigt, um das Rotweinglas bis zum Rand zu füllen?

b) Welcher der abgebildeten Graphen zeigt am besten, wie sich die *Höhe h* des Flüssigkeitsspiegels beim gleichmäßigen Befüllen des **Rotweinglases** in Abhängigkeit von der *Zeit t* ändert? Kreuze an.

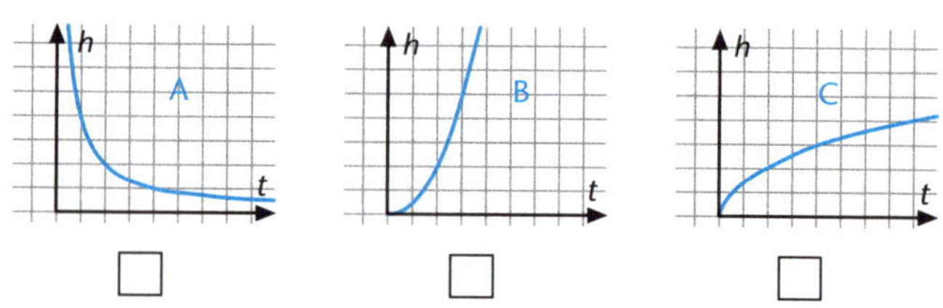

8 Agenturmeldung (Lösung Seite 61)

Vor allem in Thüringen und Sachsen hängt oder liegt die *weiße Bluse* bei fast jeder neunten Frau (87,4 Prozent) im Schrank, ergab jetzt eine Umfrage.

Die nebenstehende Pressemeldung ist fehlerhaft. Begründe und korrigiere den Text.

____

____

____

____

★ **9** Kugelstoßen **(Lösung Seite 62)**

Hier siehst du den ersten Teil der Flugbahn einer gestoßenen Kugel (Maße in m).

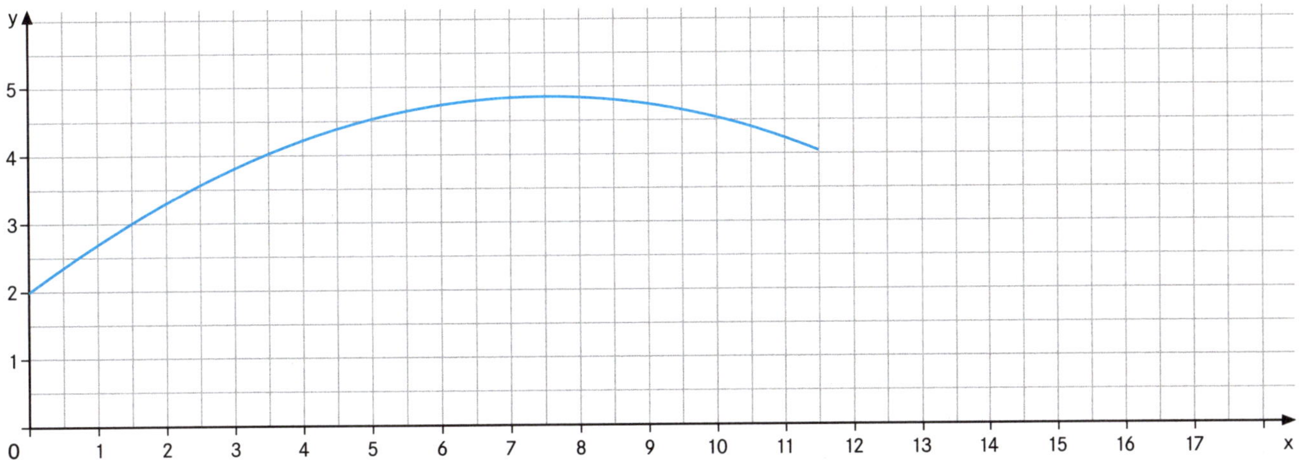

Die Flugbahn kann näherungsweise mit der Funktionsgleichung $f(x) = -0{,}05\,x^2 + 0{,}75\,x + 2$ beschrieben werden.

a) Lies am Graphen ab, aus welcher Höhe die Kugel abgestoßen wurde.

b) Berechne, welche maximale Höhe die Kugel erreicht. Kontrolliere dein Ergebnis am Graphen.

c) Berechne die Kugelstoßweite und vervollständige die Flugbahn.

10 Haus mit Satteldach **(Lösung Seite 63)**

Der Zeichnung kannst du die Außenmaße eines Einfamilienhauses entnehmen.

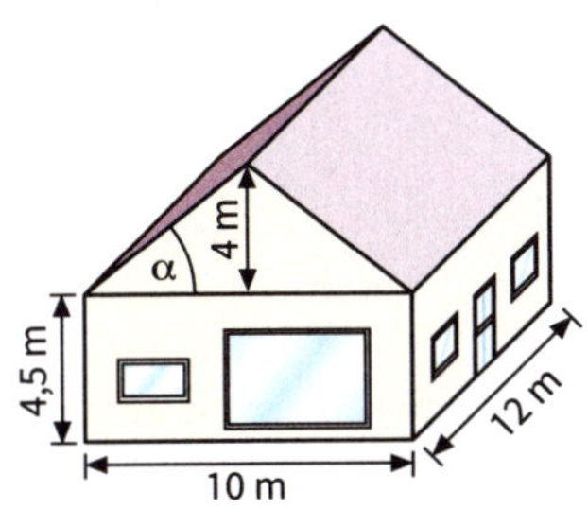

a) Berechne das Volumen des Hauses (umbauter Raum).

b) Wie groß ist die gesamte Dachfläche?

c) Berechne den Neigungswinkel α des Dachs.

★ **11** **Nebenjobs** **(Lösung Seite 64)**

Bei einer Umfrage unter 580 Zehntklässlern geben 30 % an, neben der Schule zu jobben. Insgesamt nehmen 348 Mädchen an der Umfrage teil. Von den befragten Mädchen haben 25 % einen Nebenjob.

a) Berechne den prozentualen Anteil der Mädchen und Jungen an den befragten Zehntklässlern.

____

b) Wie viele Mädchen haben keinen Nebenjob?

____

c) Wie viel Prozent der Jungen haben keinen Nebenjob?

____

12 **Pkw-Antriebe und Energiekosten** **(Lösung Seite 65)**

Fahrzeughersteller bieten ihre Modelle mit alternativen Antrieben an.

Modell	Antrieb	Energiekosten pro 100 km
Eco B	Benzin	14,28 €
Eco D	Diesel	10,74 €
Eco E	Elektro	5,95 €
Eco A	Autogas	7,10 €

a) Berechne, wie weit man mit den verschiedenen Antrieben für 100 € kommen könnte. Stelle die Ergebnisse in einem geeigneten Diagramm dar.

b) Für den Antrieb mit einem Benzinmotor wurde ein Preis von 2,04 € pro Liter Super angenommen. Kann das Fahrzeug mit einer Tankfüllung (50 *l*) die Strecke Hamburg – München (775 km) zurücklegen? Begründe rechnerisch.

c) Im Preis von einem Liter Super (2,04 €) ist eine Energiesteuer von 65,45 ct enthalten. Berechne den Anteil in Prozent.

13 **Seitenlängen beim Quadrat** (**Lösung Seite 66**)
Welche Aussagen sind falsch? Begründe, warum sie falsch sind.

(1) Verdoppelt man die Seitenlänge eines Quadrats, so vervierfacht sich der Umfang.
(2) Verdoppelt man die Seitenlänge eines Quadrats, so vervierfacht sich der Flächeninhalt.
(3) Verdreifacht man die Seitenlänge eines Quadrats, so verdreifacht sich der Umfang.
(4) Verdreifacht man die Seitenlänge eines Quadrats, so verdreifacht sich der Flächeninhalt.

★ **14** **Tonnenschwere Goldmünze** (**Lösung Seite 67**)
Zwei Zeitungen berichteten im Oktober 2011 über die größte Goldmünze der Welt.

(1) „Eine Tonne schwer und 80 cm Durchmesser, reines Gold im Wert von 55 Millionen US-Dollar."
(2) „... sie ist 80 cm hoch, 12 cm dick, 1 Tonne schwer und zu 99,99 Prozent aus Feingold. Ihr Materialwert liegt bei 34 000 000 €."

a) Bestimme aus den Angaben zum Materialwert in den Meldungen (1) und (2) den Wechselkurs zwischen Euro und Dollar für Oktober 2011.

b) Stimmt die angegebene Dicke in (2) mit den in (1) genannten Maßen überein? Rechne bei Gold mit einer Dichte von $19{,}3\ \frac{g}{cm^3}$.

c) Löse die Formel für das Volumen eines Zylinders nach r auf. Berechne damit den Radius r einer solchen Goldmünze, die dieselbe Dicke hat, aber nur halb so schwer ist.

★ **15** **Kapitalanlage** (**Lösung Seite 68**)
Zur Konfirmation erhält Henrik 1 000 € von seinen Großeltern. Er legt das Geld zu 1,5 % an und will den Betrag so lange unangetastet lassen, bis sich sein Anfangskapital verdoppelt hat.

a) Wie viele Jahre muss Henrik ungefähr warten?

b) In welcher Zeit würde sich bei gleicher Verzinsung ein Kapital von 10 000 € verdoppeln?

16 **Zwei Würfel** **(Lösung Seite 69)**

Es wird gleichzeitig mit einem gelben und einem roten Würfel gewürfelt.
Das Ereignis (3;5) bedeutet: Mit dem gelben Würfel wurde eine 3 und mit dem roten Würfel eine 5 gewürfelt.

a) Wie viele Ergebnisse sind möglich?

___

b) Wie groß ist die Wahrscheinlichkeit für das Ereignis (3;5)?

___

c) Wie groß ist die Wahrscheinlichkeit, einen Pasch, d. h. zwei gleiche Zahlen, zu würfeln?

___

★ **17** **Fußballduell** **(Lösung Seite 70)**

Die abgebildete Grafik vergleicht, wie viel Euro in Deutschland und wie viel Euro in England durch internationale und nationale Medienerlöse eingenommen werden.

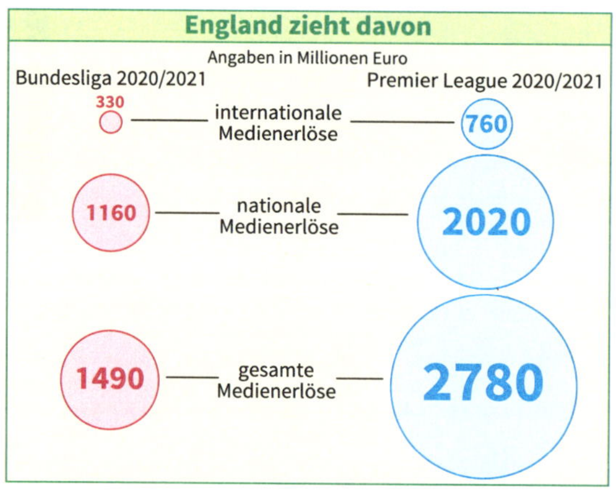

a) Berechne den Anteil der nationalen Erlöse in Deutschland an den gesamten Medienerlösen in Prozent.

___

___

b) Angenommen, der internationale Medienerlös wächst jedes Jahr in Deutschland um 10 %. Nach wie vielen Jahren ist er dann ungefähr so groß wie in England im Jahr 2020/2021?

___

___

c) Begründe, warum die Darstellung der beiden Kreise zum internationalen Medienerlös irreführend ist.

___

___

★ **18** **Zahlenrätsel** **(Lösung Seite 71)**

(1) Subtrahierst du vom Dreifachen einer Zahl 8, dann erhältst du 5 mehr als die Zahl.	(2) Verdreifachst du die Differenz aus einer Zahl und 8, so erhältst du 5 weniger als die Zahl.	(3) Subtrahierst du 8 von einer Zahl, so erhältst du das Dreifache der Summe aus 5 und der Zahl.

a) Welches Zahlenrätsel gehört zu der Gleichung $x - 8 = 3(5 + x)$? Nr.: ____________

b) Löse die Gleichung $x - 8 = 3(5 + x)$.

$x =$ ____________

c) Schreibe auch zu den anderen Zahlenrätseln eine passende Gleichung auf.

Nr. (   ): ______________________________

Nr. (   ): ______________________________

19 **Smartphone-Nutzung** **(Lösung Seite 72)**

Die Schülerinnen und Schüler aller 10. Klassen einer Schule wurden befragt, wie oft sie ihr Smartphone am Tag vor der Befragung zum Telefonieren, Nachrichten verschicken oder Surfen ungefähr benutzt haben. Das Ergebnis wurde in einem Boxplot dargestellt.

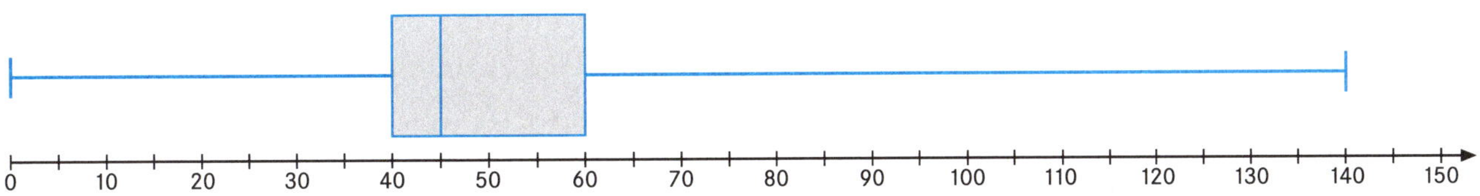

a) Entnimm dem Boxplot folgende Werte:

Spannweite: ______ Median (Zentralwert): ______ unteres Quartil: ______ oberes Quartil: ______

b) Felix behauptet: „Die meisten Schülerinnen und Schüler haben mehr als 60-mal mit dem Smartphone telefoniert, Nachrichten verschickt oder gesurft." Nimm Stellung.

____

____

20 **Fläche Berlin-Brandenburg** **(Lösung Seite 73)**

Der Kartenausschnitt zeigt die Hauptstadtregion Berlin-Brandenburg. Bestimme näherungsweise die Größe der Fläche der Hauptstadtregion.
Benutze den Maßstab der Karte.
Begründe dein Vorgehen.

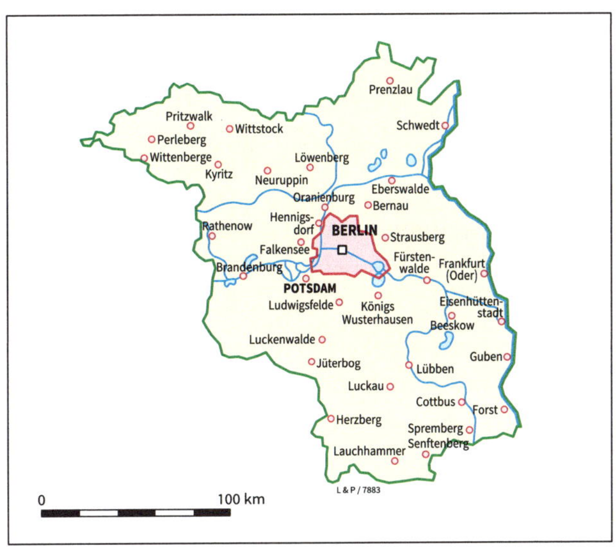

★ 21 Quadratische Gleichungen (Lösung Seite 74)

In der Abbildung siehst du, wie zwei Schüler die Gleichung $x^2 - 8x + 20 = 0$ gelöst haben.

a) Prüfe die Lösungswege. Welcher Weg stimmt, welcher Fehler wurde gemacht?

b) Löse folgende Gleichungen. Nicht immer brauchst du eine Lösungsformel.

Marcel

$x^2 - 8x + 20 = 0$

$x_{1/2} = 4 \pm \sqrt{16 + 20}$

$x_{1/2} = 4 \pm \sqrt{36}$

$x_1 = 4 + 6 = 10$

$x_2 = 4 - 6 = -2$

Paul

$x^2 - 8x + 20 = 0$

$x_{1/2} = 4 \pm \sqrt{16 - 20}$

$x_{1/2} = 4 \pm \sqrt{-4}$

keine Lösung

(1) $(x + 7) \cdot (x - 7) = 0$ (2) $x^2 + 8x + 16 = 0$ (3) $x^2 - 5x = 0$ (4) $4x^2 + 96x - 100 = 0$

22 Glücksrad (Lösung Seite 75)

Auf einem Schulfest kann man am Stand der Klasse 10a für einen Einsatz von 1 € zweimal das abgebildete Glücksrad drehen. Bleibt es jedes Mal auf der gleichen Farbe stehen, gewinnt man, und zwar bei „grün" einen Trostpreis im Wert von 0,30 € und bei „orange" einen Sachpreis von 8 €.

a) Zeichne ein Baumdiagramm und bestimme die Wahrscheinlichkeiten:

(1) P(g;g): ______________________

(2) P(o;o): ______________________

b) Wie groß ist die Wahrscheinlichkeit, bei diesem Spiel zu verlieren?

____

c) Es werden 400 Spiele durchgeführt. Mit welchem Gewinn kann die Klasse rechnen?

____

23 Angebote (Lösung Seite 76)

Frau Kurt kann für zwei Jahre einen Lottogewinn von 1 000 000,– € sparen. Drei Banken (A, B, C) bieten ihr unterschiedliche Zinssätze an:

A 1. Jahr 1,2 %; 2. Jahr 1,7 %	B 1. Jahr 0,9 %; 2. Jahr 2,0 %	C 1. Jahr 1,4 %; 2. Jahr 1,5 %

a) Welche Bank kannst du empfehlen? Begründe.

____

____

b) Würdest du die gleiche Bank auch für jeden anderen Sparbetrag empfehlen? Begründe.

____

____

★ **24** **Brückenkonstruktion (Lösung Seite 77)**

Über den Fluss soll eine Brücke führen, die in A beginnt und in B endet. Vermesser haben am unteren Flussufer eine 400 m lange Strecke $\overline{AC}$ abgesteckt und von dort folgende Winkel vermessen:
$\sphericalangle$ BAC = 67,8° und $\sphericalangle$ ACB = 49,3°
Bestimme die Länge der Brücke durch eine maßstäbliche Zeichnung und durch Rechnung auf einem extra Blatt.

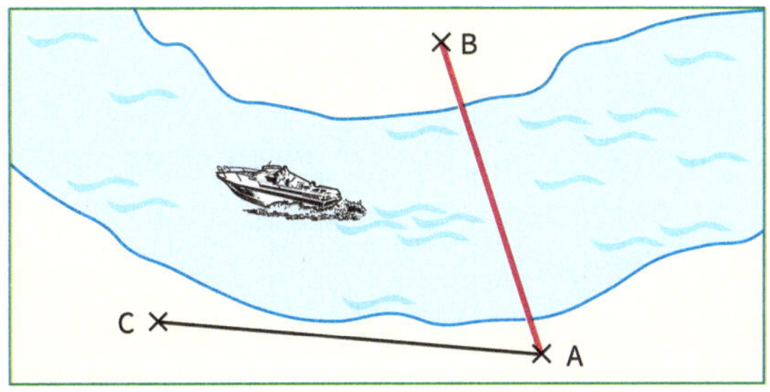

____

25 **Verdienst (Lösung Seite 78)**

Herr Berger arbeitet als Verkäufer. Er kann sich in seiner Firma entscheiden, wie sein Verdienst berechnet wird:
Modell 1: 2500 € Grundgehalt plus 4 % Provision vom Umsatz;
Modell 2: kein Grundgehalt, aber dafür 10 % Provision vom Umsatz.

	A	B	C	D
1	**Umsatz**	**Provision (4%)**	**Verdienst Modell 1**	**Verdienst Modell 2**
2	- €	- €	2.500,00 €	- €
3	10.000,00 €	400,00 €	2.900,00 €	1.000,00 €
4	20.000,00 €	800,00 €	3.300,00 €	2.000,00 €
5	50.000,00 €	2.000,00 €	4.500,00 €	5.000,00 €
6	100.000,00 €	4.000,00 €	6.500,00 €	10.000,00 €

a) Lies aus der Tabelle ab, wie viel Herr Berger bei einem Umsatz von 20000 € nach Modell 1 mehr verdienen würde als nach Modell 2. ______________

b) Gib eine Formel für den Verdienst in Zelle D3 an. Formel: ______________

c) Kreuze an, welche Formeln den Verdienst in Zelle C3 liefern.
☐ =B3+2500 ☐ =A3+B3 ☐ = A3*4/100 ☐ =A3*0,04+2500

d) Bei welchem Umsatz ist der Verdienst bei beiden Modellen gleich? ______________

26 **Riesentasse (Lösung Seite 79)**

In Koblenz steht vor einem Café die rechts abgebildete Riesentasse.

a) Schätze folgende Größen: Tassenhöhe: ______________
oberer/unterer Tassendurchmesser: __________ / __________

b) Jenny hat die folgenden drei Körper gezeichnet, um das Volumen der Riesentasse damit abzuschätzen. Welcher der drei Körper wird das beste Ergebnis liefern? Kreuze an und begründe deine Antwort.

☐ 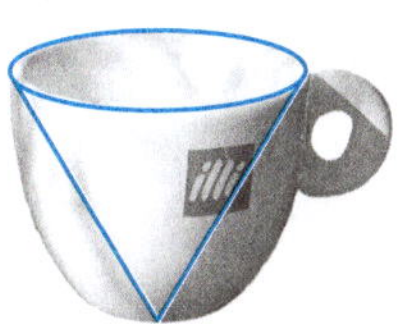 ☐ 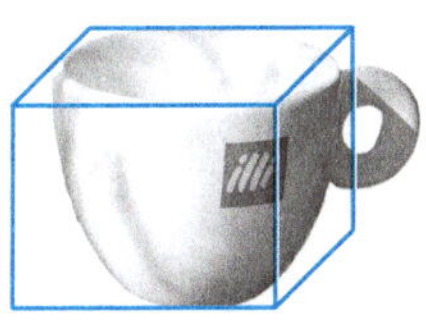 ☐ 

____

____

c) Wie teuer wäre ein Cappuccino in dieser Riesentasse, wenn 0,2 *l* Cappuccino in diesem Café 2,80 € kosten?

____

Lösungen zum Eingangstest und Übungsaufgaben

Auf den folgenden Seiten findest du die ausführlichen Lösungen zu den komplexen Aufgaben des Eingangstests und passende Übungsaufgaben. Kontrolliere deine Ergebnisse und bearbeite auf jeden Fall die Aufgaben, bei denen du noch nicht sicher bist. Die Lösungen der Übungsaufgaben findest du im Lösungsheft.

http://nale.fi/pesw

1 Preisänderungen (von S. 44)

a) Eine Bluse kostet 74,90 €. Der Preis wird um 35 % gesenkt. Berechne den neuen Preis.

b) Der Preis für einen Anzug wurde um 40 % auf 179,94 € reduziert. Wie teuer war er vorher?

c) Der Preis für ein Rennrad wird um 50 € erhöht und beträgt jetzt 499 €. Um wie viel Prozent wurde der Preis erhöht?

Zu a)

35 % von 74,90 €: $74{,}90\text{ €} \cdot 0{,}35 \approx 26{,}22\text{ €}$

$74{,}90\text{ €} - 26{,}22\text{ €} = 48{,}68\text{ €}$

oder

$100\,\% - 35\,\% = 65\,\%$ $\quad 74{,}90\text{ €} \cdot 0{,}65 \approx 48{,}68\text{ €}$

Der neue Preis der Bluse ist **48,68 €.**

Zu b)

$60\,\% \mathrel{\hat=} 179{,}94\text{ €}$ $\quad (100\,\% - 40\,\%)$

$1\,\% \mathrel{\hat=} \frac{179{,}94\text{ €}}{60}$

$100\,\% \mathrel{\hat=} \frac{179{,}94\text{ €} \cdot 100}{60} = 299{,}90\text{ €}$

kürzer: $x = 179{,}94\text{ €} : 0{,}6 = 299{,}90\text{ €}$

Der Anzug kostete vorher **299,90 €.**

Zu c)

Gesucht ist der Wachstumsfaktor q.

Neuer Preis: 499 € Alter Preis: 449 €

$449\text{ €} \cdot q = 499\text{ €} \quad |: 449\text{ €}$

$q = 499\text{ €} : 449\text{ €}$

$q \approx 1{,}1114$

Zu diesem Wachstumsfaktor q gehört der Prozentsatz (gerundet) $p\,\% \approx 11{,}14\,\%$

oder

Wie viel Prozent sind 50 € von 449 €?

$p\,\% = \frac{50\text{ €}}{449\text{ €}} \approx 0{,}1114 = 11{,}14\,\%$

Der Preis wurde um rund **11,14 %** erhöht.

1 Svenja und Silke sind begeisterte Kart-Fahrerinnen. Svenja legt 12 Runden zurück, das sind nur 80 % der Anzahl von Runden, die Silke in derselben Zeit geschafft hat. Wie viele Runden hat Silke geschafft?

2 Ein Reisebüro wirbt für eine 14-tägige Mittelmeer-Kreuzfahrt im September. Der Normalpreis pro Person in einer Außenkabine im B-Deck beträgt 1 990 €. Bei Buchung bis Ende März kostet die Kreuzfahrt in derselben Kategorie nur 1 293,50 €.
Wie viel Prozent gegenüber dem Normalpreis spart man bei Buchung bis Ende März?

3 Gegenüber dem Vorjahr ist ein Auto 8 % billiger geworden. Es kostet jetzt 22 264 €.
Wie teuer war das Auto im Vorjahr?

4 In einer Kleinstadt sind wöchentlich 840 Hausmülltonnen zu leeren. Jede dieser Hausmülltonnen ist erfahrungsgemäß mit durchschnittlich 18 kg Abfall gefüllt.

Durch ein Neubaugebiet hat sich Anfang 2020 die Zahl der Tonnen um 15 % erhöht, zugleich ist auch die durchschnittliche Abfallmenge pro Tonne um 5 % gewachsen.
Wie viel Abfall aus Hausmülltonnen mussten die Stadtreinigungswerke der Kleinstadt 2020 insgesamt abtransportieren?

5 Zum Schuljahresbeginn 2019/2020 nahm eine neue Schule ihren Betrieb mit wenigen Schülerinnen und Schülern auf. 2020/2021 waren es schon 50 % mehr, zum Schuljahresbeginn 2021/2022 noch einmal 40 % mehr. Insgesamt waren es dann 189.
Mit wie vielen Schülerinnen und Schülern nahm die Schule den Betrieb auf?

1 Dieser Turm aus Holz steht als Modell vor dem Eingang zu einer Ausstellung.

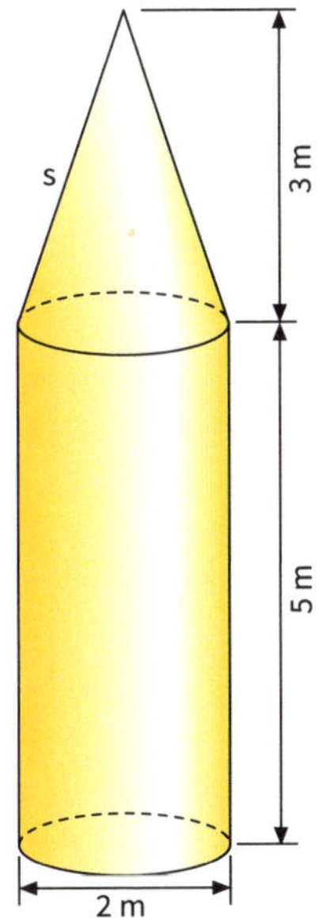

a) Ein Kubikmeter Holz wiegt 0,76 t. Wie schwer ist das Modell insgesamt? Runde auf eine Nachkommastelle.

b) Das Modell soll einen Schutzanstrich erhalten, damit es vor der Witterung geschützt ist. Pro Quadratmeter wird ein halber Liter Farbe gebraucht. Wie viel Liter Farbe werden insgesamt benötigt?
Hinweis: Berechne zunächst s.

2 In den abgebildeten Holzzylinder wird ein 5 cm tiefes Loch mit dem Radius 2 cm gebohrt. 1 cm^3 Holz wiegt 0,76 g. Berechne die Masse des Werkstücks.

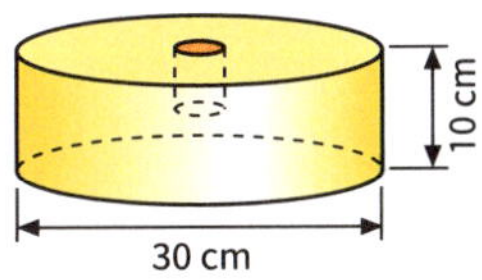

3 Die Skizze zeigt ein Werkstück aus Aluminium. Es besteht aus einer quadratischen Pyramide mit einer kegelförmigen Aushöhlung. Der Winkel zwischen den Seitenflächen und der Grundfläche beträgt 67°. Die Höhe des Kegels beträgt die Hälfte der Höhe der Pyramide.

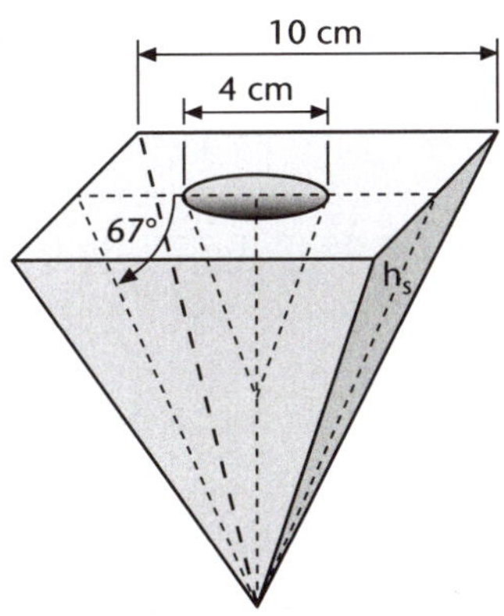

a) Berechne die Höhe der Pyramide.

b) Wie groß ist das Volumen des Werkstücks?

c) Ein Kubikzentimeter Aluminium wiegt 2,7 g. Berechne die Masse des Werkstücks in kg.

2 Werkstück (von S. 44)

Das abgebildete Werkstück ist ein Quader, aus dem oben eine Halbkugel mit dem Radius 5 cm gefräst wurde (Maße in cm). Das Werkstück besteht aus Stahl mit der Dichte 7,9 $\frac{g}{cm^3}$.

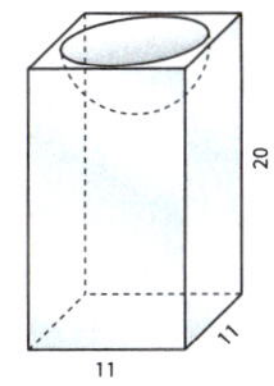

a) Berechne die Masse m des Werkstücks.
b) Berechne den Oberflächeninhalt.

http://nale.fi/kawm

Zu a)
Volumen Werkstück =
Volumen Quader – Volumen Halbkugel
Das Volumen des Quaders beträgt:
$V_Q = 11\text{ cm} \cdot 11\text{ cm} \cdot 20\text{ cm} = 2\,420\text{ cm}^3$
Das Volumen der Kugel beträgt:
$V_K = \frac{4}{3} \cdot \pi \cdot (5\text{ cm})^3 = \frac{4}{3} \cdot \pi \cdot 125\text{ cm}^3 \approx 523{,}6\text{ cm}^3$
Das Volumen der Halbkugel beträgt dann
$V_{HK} = 523{,}6\text{ cm}^3 : 2 = 261{,}8\text{ cm}^3$
Das Volumen des Werkstücks beträgt dann
$V_Q - V_{HK} = 2420\text{ cm}^3 - 261{,}8\text{ cm}^3 = 2\,158{,}2\text{ cm}^3$

Da jeder Kubikzentimeter Stahl 7,9 g wiegt, ergibt sich die **Masse m** des Werkstücks aus:
$m = 7{,}9\,\frac{g}{cm^3} \cdot 2\,158{,}2\text{ cm}^3 = 17\,049{,}78\text{ g} \approx$ **17 kg**

Zu b)

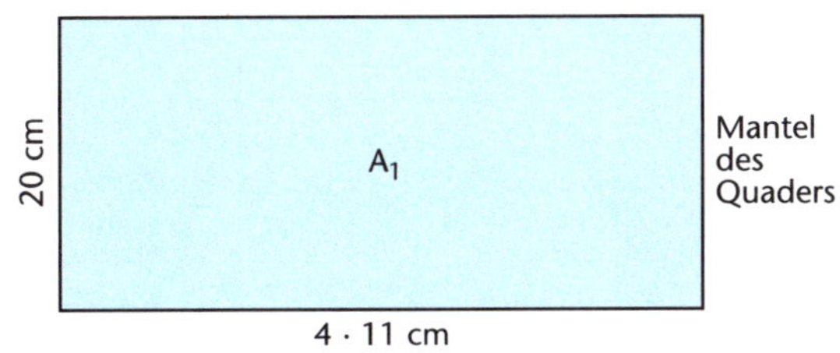

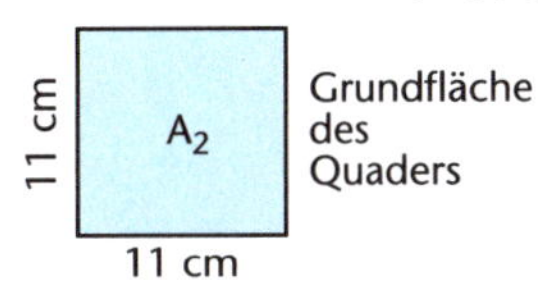

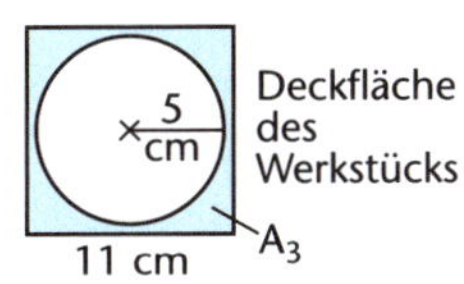

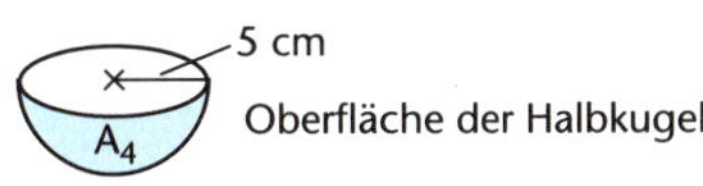

$A_1 = 20\text{ cm} \cdot 44\text{ cm} = 880\text{ cm}^2$
$A_2 = (11\text{ cm})^2 = 121\text{ cm}^2$
$A_3 = 121\text{ cm}^2 - \pi \cdot (5\text{ cm})^2 \approx 42{,}5\text{ cm}^2$
$A_4 = \frac{1}{2} \cdot 4 \cdot \pi \cdot r^2 = 2\pi \cdot (5\text{ cm})^2 \approx 157{,}1\text{ cm}^2$

$O = A_1 + A_2 + A_3 + A_4$
$O = 880\text{ cm}^2 + 121\text{ cm}^2 + 42{,}5\text{ cm}^2 + 157{,}1\text{ cm}^2$
$O = 1200{,}6\text{ cm}^2$

Der **Oberflächeninhalt ist ca. 1 201 cm^2** groß.

http://nale.fi/gcbw

3 Straßenbahnfahrplan (von S. 44)

Der grafische Fahrplan gibt Auskunft über die Fahrt einer Straßenbahn vom Bahnhof (Bhf.) bis zum Tierpark mit den Zwischenhalten Rosentor, Nordheide und Stadion.

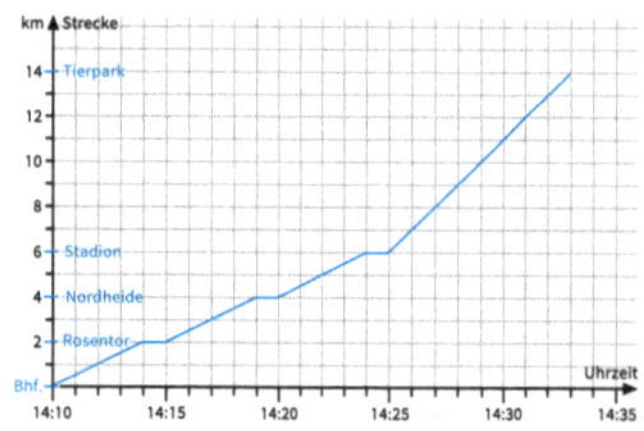

a) Gib die Entfernung zwischen den Haltestellen Bahnhof und Tierpark an.

b) Bestimme mithilfe der Grafik die Durchschnittsgeschwindigkeiten zwischen den Haltestellen.

c) Vervollständige mithilfe der Grafik den Fahrplan mit Ankunfts- und Abfahrtzeiten.

Zu a)

Die Entfernung zwischen den Haltestellen Bahnhof und Tierpark lässt sich aus dem Weg-Zeit-Diagramm ablesen. Sie **beträgt 14 km.**

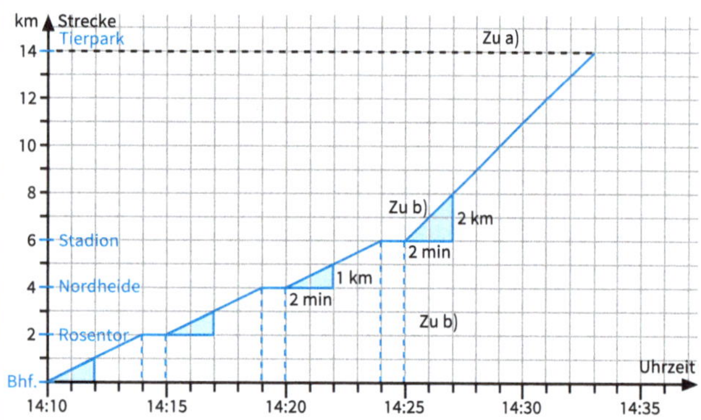

Zu b)

Je schneller die Straßenbahn fährt, desto steiler steigt der Graph an. Drei der vier Steigungsdreiecke sind kongruent, d. h., vom Bahnhof bis zum Stadion fährt die Straßenbahn zwischen den Haltestellen mit gleicher Durchschnittsgeschwindigkeit ($\frac{1\,km}{2\,min}$, **also 30** $\frac{km}{h}$). Vom Stadion bis zum Tierpark fährt sie schneller ($\frac{2\,km}{2\,min}$, **also 60** $\frac{km}{h}$).

Zu c)

Haltestelle	**Uhrzeit**	
Bahnhof	ab	**14:10**
Rosentor	an	**14:14**
	ab	**14:15**
Nordheide	an	**14:19**
	ab	**14:20**
Stadion	an	**14:24**
	ab	**14:25**
Tierpark	an	**14:33**

1 Die Klasse 10a veranstaltet um 20:00 Uhr eine Party im Jugendheim. Ina und Paul machen sich mit dem Fahrrad auf den Weg.

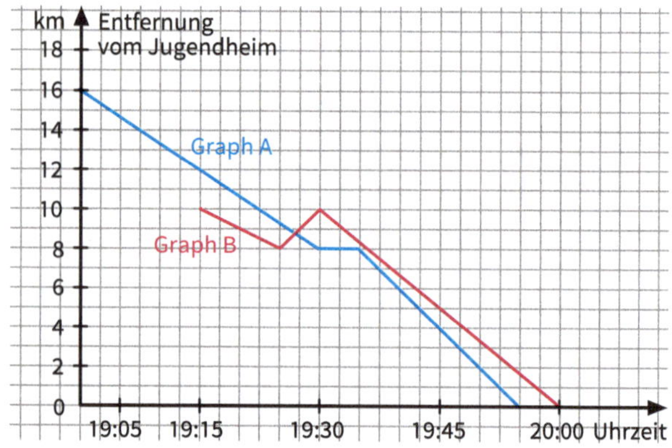

a) Ina startet 19:00 Uhr. Graph A beschreibt ihre Fahrt. Beurteile anhand dieser Darstellung, ob die Aussagen zutreffen können.

Nach einer Viertelstunde hat Ina bereits 5 km zurückgelegt.	☐ Ja	☐ Nein
Nach 30 Minuten legt Ina eine Rast ein.	☐ Ja	☐ Nein
Anfangs fährt Ina durchschnittlich 8 $\frac{km}{h}$.	☐ Ja	☐ Nein

b) 15 Minuten nach Ina beginnt Paul seine Fahrt. Diese ist in Graph B dargestellt. Beschreibe, wie sie verlaufen sein könnte.

c) Mit welcher konstanten Geschwindigkeit hätte Paul die gesamte Strecke fahren müssen, um 10 Minuten vor Ina anzukommen?

2 Eine 8 km lange Wanderung führt die Klasse 10 b auf das Nebelhorn.

Die ersten Kilometer geht es nur leicht bergauf, und die Gruppe kommt gut voran. Dann fordert ein Klettersteig (K) die Kondition aller heraus. Gut, dass am Ende des Steigs eine Hütte (H) zur Rast einlädt. Von hier aus führt ein fast ebener Weg zum Gipfelkreuz (G).

Skizziere in einem Koordinatensystem einen zu der Beschreibung passenden Graphen für die Zuordnung *Zeit t* → *Weg s*.
Trage K, H und G am Graphen ein.

1 Die Grafik zeigt die Entwicklung der Aktie der Firma UV in den Monaten Januar bis Juni.

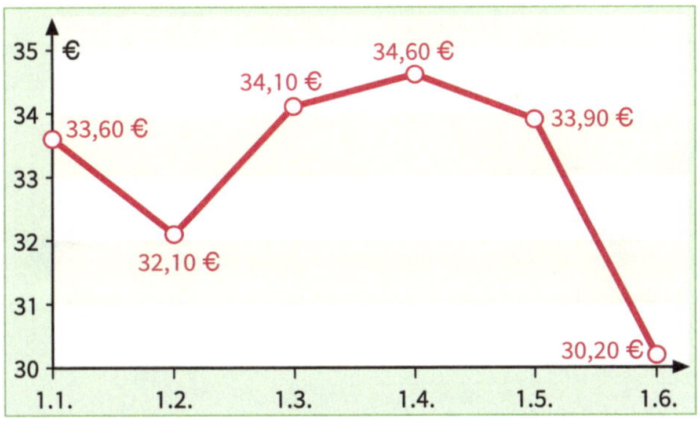

a) Um wie viel Prozent hat die Aktie der Firma UV vom 1. 5. bis 1. 6. verloren?

b) Im letzen Jahr hatte die Aktie der Firma durchschnittlich einen Wert von 33,65 €. Hat sie diesen Durchschnittswert auch in den dargestellten sechs Monaten erreicht?

c) Die Grafik vermittelt den Eindruck, als sei die Aktie der Firma UV vom 1. 5. bis 1. 6. so abgestürzt, dass sie fast nichts mehr wert ist. Wodurch entsteht dieser Eindruck?

d) Zeichne ein Säulendiagramm, das die Entwicklung des Aktienkurses vom 1. 1. bis 1. 6. realistisch darstellt.

2 Die Klasse 10a führte eine Befragung zur Computernutzung in zwei 7. Klassen durch.

	7a	davon befragt	7b	davon befragt
Mädchen	14	11	16	14
Jungen	16	13	16	12

a) Wie viel Prozent der Mädchen und Jungen aus der Klasse 7a haben an der Umfrage teilgenommen?

b) Stelle für die Klasse 7b in einem Kreisdiagramm die Anteile der Jungen und Mädchen in der Klasse und die jeweiligen Anteile der Mädchen und Jungen, die befragt wurden, dar.

c) Von den Befragten nutzten den Computer 45 % für Emails, 84 % zum Chatten, 72 % zum Spielen und 38 % für Internetrecherchen. Ist es sinnvoller, die Umfrageergebnisse in einem Kreisdiagramm oder in einem Säulendiagramm darzustellen? Begründe deine Antwort.

4 Fahrradurlaub (von S. 45)

http://nale.fi/ogth

Die Grafik (siehe S. 45) zeigt, wie sich der Verbrauch eines Autos ändert, wenn man einen Dach- oder Heckträger (mit Fahrrädern) montiert.

a) Lennard behauptet, dass bei 80 $\frac{km}{h}$ der Verbrauch eines Autos mit zwei Fahrrädern auf dem Dachträger ungefähr doppelt so hoch ist wie bei einem Auto ohne Aufbau. Nimm Stellung zu dieser Aussage.

b) Herr Tropper fährt immer mit einem Dachträger. Diesmal hat er aber darauf noch zwei Fahrräder montiert. Um wie viel Prozent steigt dadurch der Verbrauch bei 120 $\frac{km}{h}$?

c) Herr und Frau Tropper überlegen, ob sie auf dem Dachträger des Autos ihre beiden Fahrräder in den Urlaub nach Schweden mitnehmen. Herr Tropper fährt im Schnitt 100 $\frac{km}{h}$. Erstelle einen Graphen, der den Gesamtverbrauch für beide Varianten (mit und ohne Fahrräder) in Abhängigkeit von der zurückgelegten Strecke beschreibt.
Benutze dafür das rechts abgebildete Koordinatensystem.

Zu a)
Lennards **Aussage ist falsch,** da die y-Achse nicht bei 0 beginnt. Die Graphen beginnen auf der y-Achse bei 3,9 Liter bzw. 4,9 Liter pro 100 km, was nicht das Doppelte ist.

Zu b)
Bei 120 $\frac{km}{h}$ lesen wir ab:
Der Verbrauch mit leerem Dachgepäckträger liegt bei ca. 5,7 Liter pro 100 km, mit zwei Fahrrädern auf dem Dach bei ca. 7,2 Liter pro 100 km.
Nun kann man den prozentualen Anstieg bestimmen:
7,2 Liter – 5,7 Liter = 1,5 Liter
p % = 1,5 : 5,7 ≈ 0,263
Also steigt der Verbrauch um **ungefähr 26 %.**

Zu c)

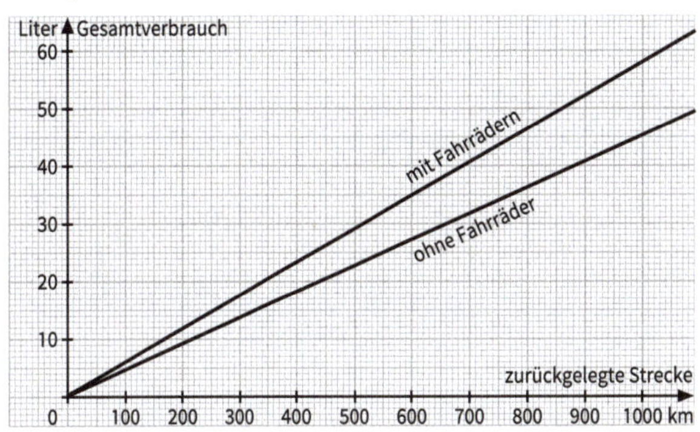

Bei 100 $\frac{km}{h}$ verbraucht das Auto auf 100 km ohne Fahrräder 4,5 *l* und mit Fahrrädern 5,8 *l*. Auf 1000 km Fahrt verbraucht es 45 *l* bzw. 58 *l*.

http://nale.fi/qddg

5 Herzogstandbahn (von S. 45)

Der Kartenausschnitt (siehe S. 45) zeigt ein Wandergebiet in der Nähe von München. Anhand der Höhenlinien kann man erkennen, wie steil das Gelände ist. Eine Höhenlinie verbindet jeweils Punkte der Erdoberfläche, die auf gleicher Höhe über dem Meeresspiegel (ü. M.) liegen. Wer sich den anstrengenden Aufstieg auf den Fahrenberg sparen will, benutzt den Sessellift. Die Herzogstandbahn bringt in nur 4 Minuten ihre Gäste von der Talstation am Walchensee auf den Fahrenberg.
Wie lang ist die Strecke, die eine Kabine bei ihrer Fahrt auf den Berg zurücklegt?

Die Länge der gesuchten Strecke ermittelt man mithilfe des Satzes des Pythagoras.

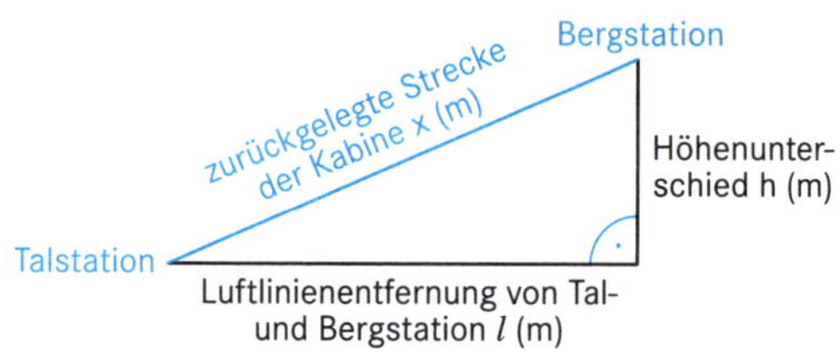

Zunächst bestimmen wir den Höhenunterschied zwischen Tal- und Bergstation.
An den Höhenlinien lesen wir ab:
Talstation 830 m ü. M.
Bergstation 1580 m ü. M.
Der Höhenunterschied h beträgt also 750 m.

Die Luftlinienentfernung (Entfernung über Grund) l zwischen Tal- und Bergstation bestimmt man in zwei Schritten:
(1) Entfernung der beiden Orte in der abgebildeten Karte messen
(2) Kartenmaßstab nutzen

Zu (1) Der Abstand zwischen Tal- und Bergstation in der Karte beträgt 5 cm.
Zu (2) Der Maßstab 1 : 20 000 bedeutet:
1 cm auf einer Karte entsprechen 20 000 cm in der Wirklichkeit. Man muss die gemessene Strecke also mit 20 000 multiplizieren:
$5\text{ cm} \cdot 20\,000 = 100\,000\text{ cm}$.
Die Entfernung l zwischen den beiden Orten beträgt in der Realität also etwa 1000 m.
Jetzt lässt sich die gesuchte Strecke x mit dem Satz des Pythagoras ermitteln:
$x^2 = h^2 + l^2$
$x^2 = (750\text{ m})^2 + (1000\text{ m})^2 = 1\,562\,500\text{ m}^2$
$x \approx 1250\text{ m}$
Die Kabine legt also eine Strecke von ungefähr **1250 m** zurück.

1 Bestimme die Länge der blau eingetragenen Strecke im Dreieck. Runde auf mm.

a)
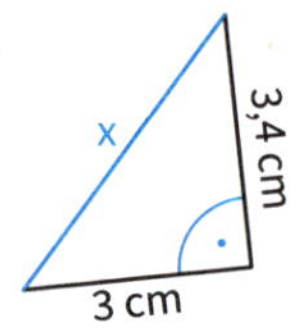

b)
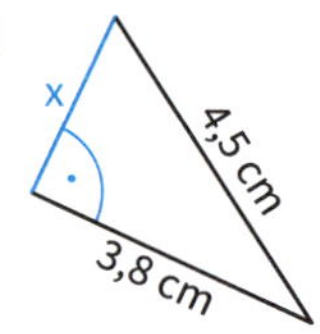

c)
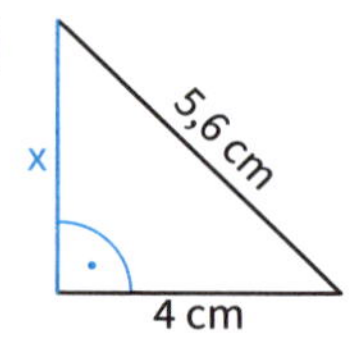

d)
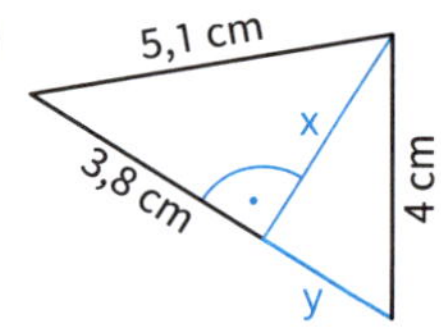

2 Das sogenannte „Haus des Nikolaus“ ist ein bekanntes Zeichenspiel und Rätsel. Man löst es, wenn man es schafft, das Haus in einem Zug zu zeichnen und dabei keine Strecke zweimal zu durchlaufen.

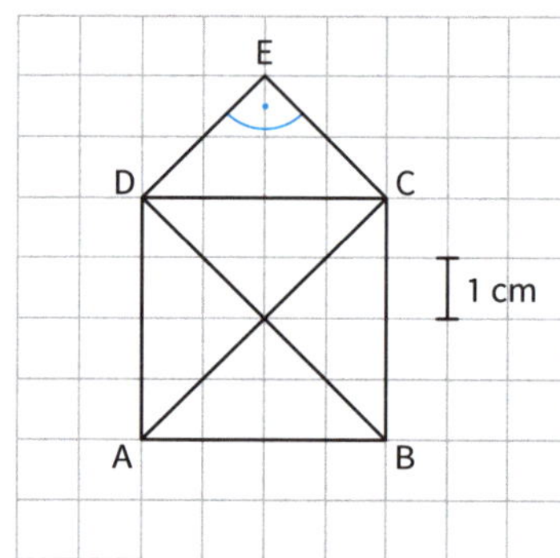

Bestimme rechnerisch die Länge des gesamten Streckenzuges. Runde das Ergebnis auf mm.

3 Bei Skisprungwettbewerben werden häufig Seilkameras eingesetzt. Sie liefern Aufnahmen der Skispringer aus der Vogelperspektive und übertragen diese an verschiedene Fernsehsender. In der Skizze ist eine Seilkamera an einem Tragseil befestigt, das zwischen zwei 12 m hohen Stahlpfosten über die Sportstätte gespannt ist.
Wie lang ist das Tragseil?

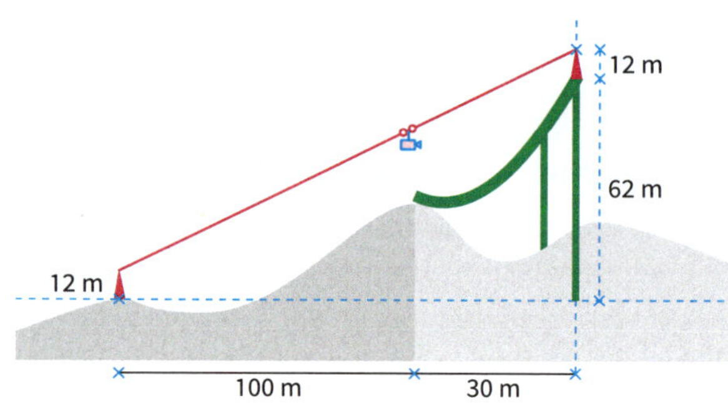

1 Vier Konservendosen werden von einem Plastikband umfasst. Jede Dose hat einen Radius von 5 cm.
Berechne die Länge des Plastikbandes.

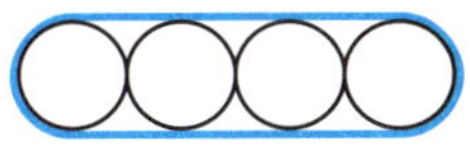

2 Sechs Konservendosen werden wie in der Abbildung gezeigt von einem Plastikband umfasst. Jede Dose hat einen Radius von 6 cm. Berechne die Bandlänge.

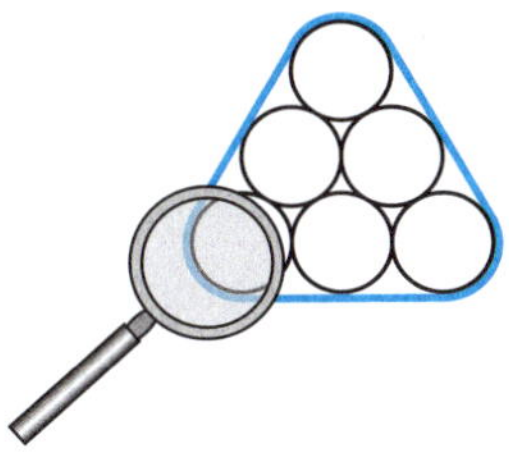

Hinweis: Das Lupenbild hilft dir bei der Lösung der Aufgabe. Überlege dazu, wie groß der Winkel α und demzufolge der Winkel β ist.

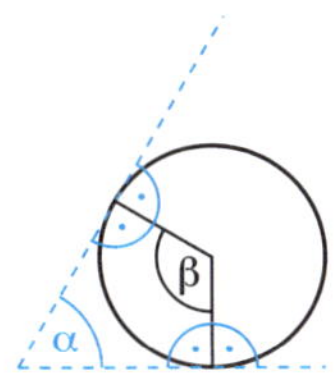

3 Der Kreis hat einen Radius von r = 8 cm.

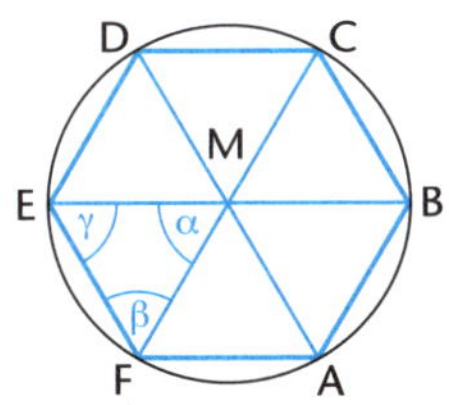

a) Berechne im Dreieck FME die Größe der Winkel.

b) Berechne den Umfang des regelmäßigen Sechsecks ABCDEF.

c) Um wie viel Prozent ist der Umfang des Kreises größer als der Umfang des regelmäßigen Sechsecks?

d) Welche Höhe hat das Trapez BCDE? Ermittle diese Höhe mit einer Zeichnung und berechne anschließend den Flächeninhalt des Trapezes.

e) Wie vergrößert sich der Flächeninhalt des Sechsecks, wenn der Radius des Umkreises verdoppelt wird? Wie vergrößert sich gleichzeitig der Umfang des Sechsecks?

4 Aus einer quadratischen Sperrholzplatte mit einer Fläche von 0,25 m² wird der größtmögliche Kreis ausgeschnitten.

a) Berechne Flächeninhalt und Umfang des Kreises.

b) Wie viel Prozent der ursprünglichen Platte sind Abfall?

---

6 Konservendosen (von S. 46)

http://nale.fi/cvwa

Sechs Konservendosen werden von einem Plastikband umfasst. Jede Dose hat einen Radius von 4 cm.

a) Berechne die Länge des Plastikbandes.

b) Reicht für Dosen mit doppeltem Radius ein doppelt so langes Plastikband? Begründe deine Antwort.

Zu a)
Zur Berechnung der Länge des Bandes unterteilt man es in gerade und gekrümmte Stücke.

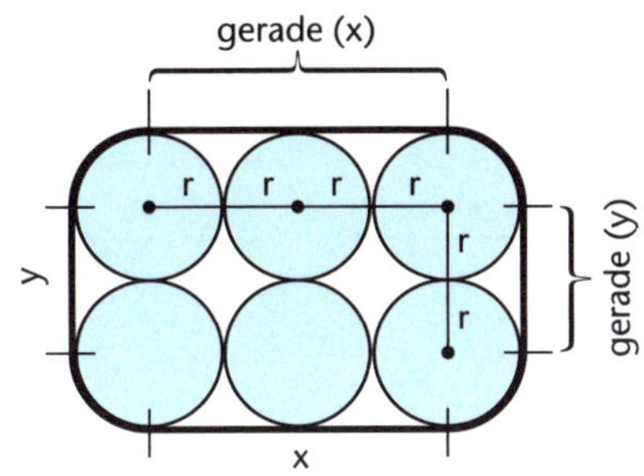

$x = 4 \cdot \text{Radius}$ $\quad$ $y = 2 \cdot \text{Radius}$
$x = 4 \cdot 4\ \text{cm}$ $\quad$ $y = 2 \cdot 4\ \text{cm}$
$x = 16\ \text{cm}$ $\quad$ $y = 8\ \text{cm}$

Die vier gekrümmten Stücke entsprechen jeweils dem Viertelkreis, bilden zusammen also einen ganzen Kreis, dessen Umfang zu berechnen ist.

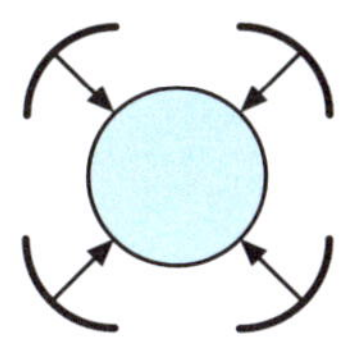

$u = 2 \cdot \pi \cdot r$
$u = 2 \cdot \pi \cdot 4\ \text{cm}$
$u \approx 25{,}1\ \text{cm}$

Die Gesamtlänge des Bandes berechnet sich so: $l = 2x + 2y + u$
$l = 2 \cdot 16\ \text{cm} + 2 \cdot 8\ \text{cm} + 25{,}1\ \text{cm}$
$l = 32\ \text{cm} + 16\ \text{cm} + 25{,}1\ \text{cm}$
$\mathbf{l = 173{,}1\ cm}$

Zu b)
Gesamtlänge l_1 des Bandes mit Radius r:
$l_1 = 2x + 2y + u$ $\quad$ | x und y durch r ausdrücken
$l_1 = 2 \cdot 4r + 2 \cdot 2r + 2\pi r$
$l_1 = 8r + 4r + 2\pi r$
$l_1 = 12r + 2\pi r$
$l_1 = r\,(12 + 2\pi)$

Gesamtlänge l_2 mit doppeltem Radius:
$l_2 = 2r\,(12 + 2\pi)$

Ein doppelt so langes Band reicht also.

http://nale.fi/ktba

7 Gläser (von S. 46)

Ein Likörglas und ein Rotweinglas werden mit Wasser gefüllt.

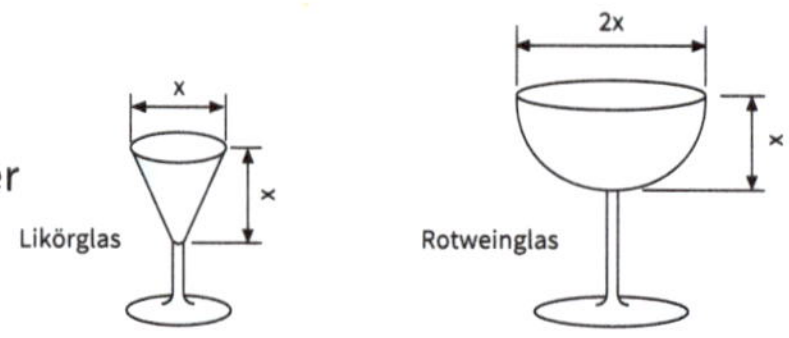

a) Wie viele vollständig gefüllte Likörgläser werden benötigt, um das Rotweinglas bis zum Rand zu füllen?

b) Welcher der abgebildeten Graphen zeigt am besten, wie sich die Höhe h des Flüssigkeitsspiegels beim gleichmäßigen Befüllen des **Rotweinglases** in Abhängigkeit von der Zeit t ändert? Kreuze an.

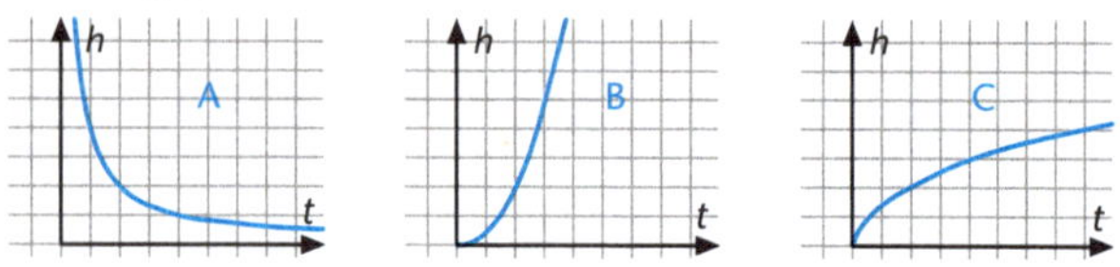

Zu a)

Zunächst muss das Volumen jedes Glases mit einem Term beschrieben werden.

– Der Kelch des Likörglases hat die Form eines auf die Spitze gestellten Kegels mit $r = \frac{1}{2}x$ und $h = x$. Also:

$$V_{\text{Likörglas}} = \frac{1}{3} \cdot \pi \cdot (\frac{1}{2}x)^2 \cdot x = \frac{1}{3} \cdot \pi \cdot \frac{1}{4}x^2 \cdot x = \frac{1}{12}\pi \cdot x^3$$

– Der Kelch des Rotweinglases hat die Form einer Halbkugel mit $r = x$. Also:

$$V_{\text{Rotweinglas}} = \frac{1}{2} \cdot \frac{4}{3} \cdot \pi \cdot x^3 = \frac{2}{3} \cdot \pi \cdot x^3$$

Aus $(\frac{1}{12}\pi \cdot x^3) \cdot \mathbf{8} = \frac{2}{3} \cdot \pi \cdot x^3$ folgt: **8** randvolle Likörgläser füllen das Rotweinglas.

Zu b)

Je höher ein Punkt des Graphen liegt, desto voller ist das Gefäß.

A: Zu Beginn nimmt die Füllhöhe für eine kurze Zeit rapide, später immer langsamer ab.

B: Die Füllhöhe steigt zu Beginn ein wenig, später immer stärker an.

C: Der Flüssigkeitsspiegel steigt für kurze Zeit rasch, später immer weniger stark an.

Da das Rotweinglas nach oben zunehmend breiter wird und in gleicher Zeit stets die gleiche Flüssigkeitsmenge in das Glas fließt, steigt die Füllhöhe immer langsamer an.

Deshalb: **Richtig ist der Graph C.**

1 Ein quaderförmiger Behälter besitzt die in der Zeichnung angegebenen Innenmaße.

Er wird langsam mit einer Flüssigkeit gefüllt. Pro Minute fließen 150 cm^3 in den Behälter.

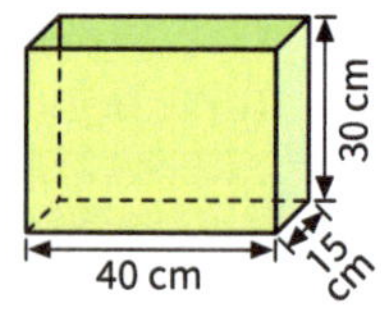

a) Welches Volumen hat der Behälter?

b) Nach wie viel Minuten ist der Behälter voll?

c) Skizziere den Graphen der Funktion f: Zeit x (in min) → Füllhöhe y (in cm).

d) Wie lautet die zu f gehörende Funktionsgleichung?

2 Der abgebildete Behälter wird mit einer Flüssigkeit gefüllt.

In jeder Minute fließen 150 cm^3 in den Behälter.

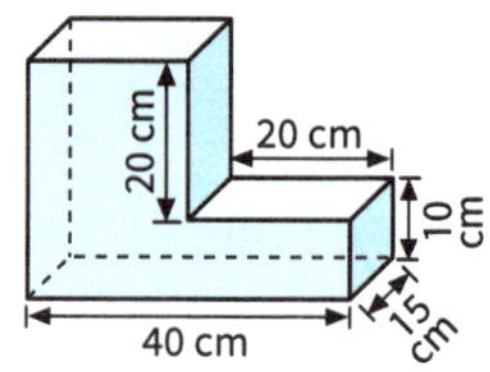

a) Nach wie viel Minuten ist jetzt der Behälter bis zum Rand gefüllt?

b) Skizziere den Graphen dieses Füllvorgangs im Koordinatensystem.

3 Verschiedene Gefäße werden gleichmäßig mit Wasser gefüllt.

a) Ordne jedem Gefäß den Graphen zu, der dessen Füllvorgang am besten darstellt.

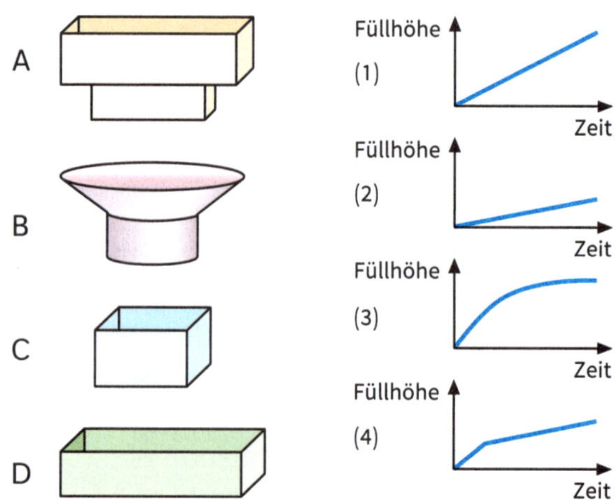

b) Skizziere ein Gefäß, dessen Füllvorgang zu diesem Graphen passt.

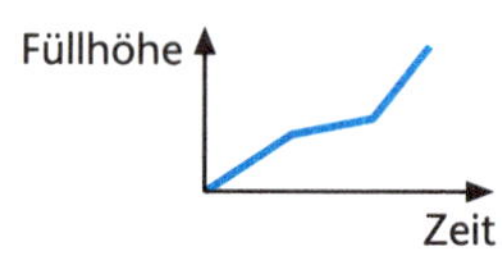

1 Nur zwei Angaben geben den Anteil der hellen Spielsteine auf dem Bild richtig wieder. Ordne zu.

20 %, ein Drittel, jeder Vierte, 40 %, 25 %, jeder Fünfte

2 Zwei Ausdrücke beschreiben denselben Anteil. Ordne die Zahlen den Buchstaben zu.

(1)	jeder Zweite
(2)	fast die Hälfte
(3)	10 %
(4)	niemand
(5)	100 %

(A)	ein Zehntel
(B)	0 %
(C)	alle
(D)	50 %
(E)	49 %

3 Diese Schulnachrichten enthalten Fehler. Zeige rechnerisch, welche mathematische Aussage nicht mit dem Text übereinstimmt und korrigiere den Fehler.

(A) Jeder vierte Junge (4 %) der Klassenstufe 10 ist aktives Mitglied eines Sportvereins.

(B) Ein Zwanzigstel aller Schüler erhielten bei den Bundesjugendspielen eine Siegerurkunde. Letztes Jahr waren es sogar 5 %.

(C) Ein Fünftel aller Siebtklässler kommt mit dem Bus zur Schule. Unter den Achtklässlern sind es mit 25 % deutlich weniger.

4 Aus dem Mitteilungsblatt des FC Dribbel:

In der vorletzten Saison gewann unsere 1. C-Jugend-Mannschaft jedes dritte Spiel. Die letzte Saison verlief deutlich besser. Nach jedem sechsten Spiel verließ unsere Mannschaft als Sieger den Platz. Der Vereinsvorsitzende äußerte daher stolz: „Dies ist eine Steigerung um 50 %."

Was sagst du dazu?

5 Fuhr vor einigen Jahren noch jeder zehnte Autofahrer zu schnell, so ist es heute ‚nur noch' jeder fünfte. Doch auch fünf Prozent sind zu viele, und so wird weiterhin kontrolliert, und die Schnellfahrer haben zu zahlen.

Die Meldung ist fehlerhaft. Begründe.

8 Agenturmeldung (von S. 46)

http://nale.fi/mwfg

Vor allem in Thüringen und Sachsen hängt oder liegt die *weiße Bluse* bei fast jeder neunten Frau (87,4 Prozent) im Schrank, ergab jetzt eine Umfrage.

Die nebenstehende Pressemeldung ist fehlerhaft. Begründe und korrigiere den Text.

Die Meldung ist fehlerhaft, denn „jede neunte Frau" bedeutet:

Bei einer von neun Frauen hängt eine weiße Bluse im Schrank.

1 von 9 $= \frac{1}{9} \approx 0{,}11 = \frac{11}{100} = 11\,\%$

Unter 100 Frauen sind dann etwa elf Frauen zu finden, bei denen eine weiße Bluse im Schrank hängt.

Laut Agenturmeldung ist die weiße Bluse als Kleidungsstück sehr beliebt, nämlich bei 87,4 % der Frauen, d. h. unter 100 Frauen gibt es etwa 87, unter zehn Frauen sind etwa neun zu finden, bei denen eine weiße Bluse im Schrank hängt.

Richtig müsste die Meldung also lauten:
„Vor allem in Thüringen und Sachsen hängt oder liegt die weiße Bluse bei **etwa neun von zehn Frauen (genau sind es 87,4 Prozent)** im Schrank, ergab jetzt eine Umfrage."

Weitere Möglichkeit:
Da $87{,}4\,\% \approx 88\,\% \approx \frac{8}{9}$ gilt, hätte man auch schreiben können:
„Vor allem in Thüringen und Sachsen hängt oder liegt die weiße Bluse **bei etwa acht von neun Frauen (genau sind es 87,4 Prozent)** im Schrank, ergab jetzt eine Umfrage."

http://nale.fi/edqk

★ 9 Kugelstoßen (von S. 47)

Hier siehst du den ersten Teil der Flugbahn einer gestoßenen Kugel (Maße in m).

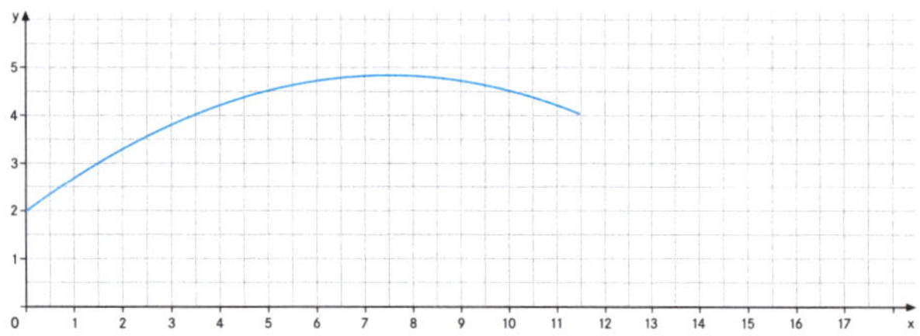

Die Flugbahn kann näherungsweise mit der Funktionsgleichung $f(x) = -0{,}05x^2 + 0{,}75x + 2$ beschrieben werden.

a) Lies am Graphen ab, aus welcher Höhe die Kugel abgestoßen wurde.

b) Berechne, welche maximale Höhe die Kugel erreicht. Kontrolliere dein Ergebnis am Graphen.

c) Berechne die Kugelstoßweite und vervollständige die Flugbahn.

Zu a)
Die Kugel wird aus **2 m Höhe** abgestoßen (Punkt auf der y-Achse).

Zu b)
Die Funktionsgleichung wird auf die Scheitelpunktform gebracht (quadratische Ergänzung).

$f(x) = -0{,}05 \cdot (x^2 - 15x - 40)$

$f(x) = -0{,}05 \cdot (x^2 - 15x + 7{,}5^2 - 7{,}5^2 - 40)$

$f(x) = -0{,}05 \cdot ((x - 7{,}5)^2 - 96{,}25)$

$f(x) = -0{,}05 \cdot (x - 7{,}5)^2 + 4{,}8125$

Die Kugel erreicht eine **Höhe von 4,81 m.**
Das passt zu dem y-Wert, den man am Graphen an der Stelle $x = 7{,}5$ abliest.

Zu c)
Wenn die Kugel am Boden aufprallt, ist die Flughöhe $f(x) = 0$.

$-0{,}05x^2 + 0{,}75x + 2 = 0 \quad |:(-0{,}05)$

$x^2 - 15x - 40 = 0 \quad |$ p-q-Formel

$x_{1/2} = 7{,}5 \pm \sqrt{7{,}5^2 + 40}$

$x_{1/2} = 7{,}5 \pm \sqrt{96{,}25}$

$x_1 \approx 17{,}31 \qquad (x_2 \approx -2{,}31)$

Die Kugel wird **17,31 m** weit gestoßen.
Das ist die **vollständige Flugbahn:**

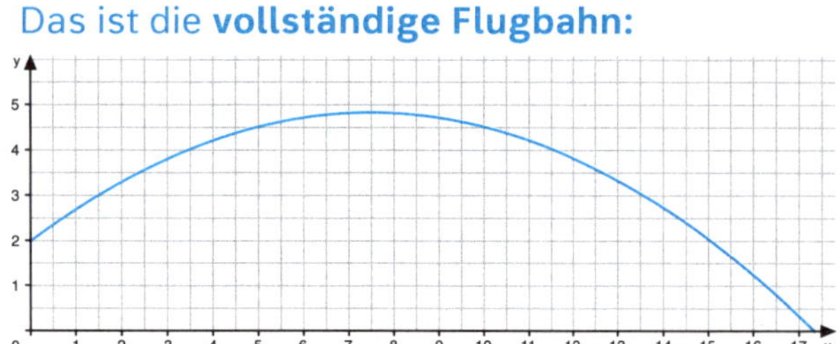

★ 1 Ein Brückenbogen hat die Form einer Parabel mit der Gleichung $f(x) = y = -0{,}04x^2 + 38$

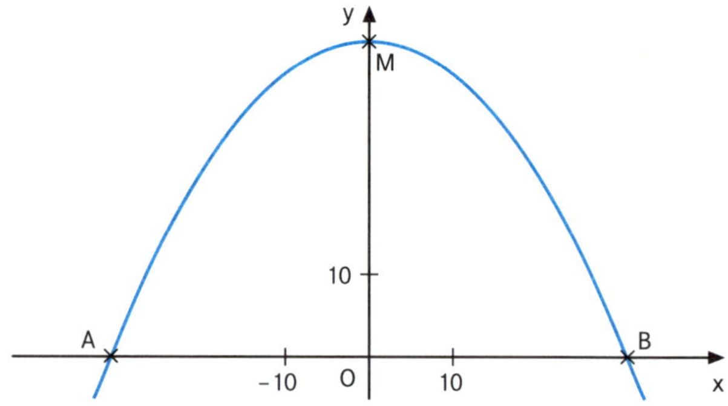

a) Wie lang ist die Strecke $\overline{OM}$?

b) Wie lang ist die Strecke $\overline{AB}$?

★ 2 Die Zeichnung zeigt schematisch den Ablauf eines Weitsprungs. Das Gesäß des Springers bewegt sich etwa auf einer Parabel mit der Gleichung $y = -0{,}08x^2 + 0{,}4x + 0{,}7$.

Wie weit vom Absprung entfernt setzt der Springer im Sand auf?

★ 3 Elke versucht einen Korbwurf. Trifft sie? Begründe.

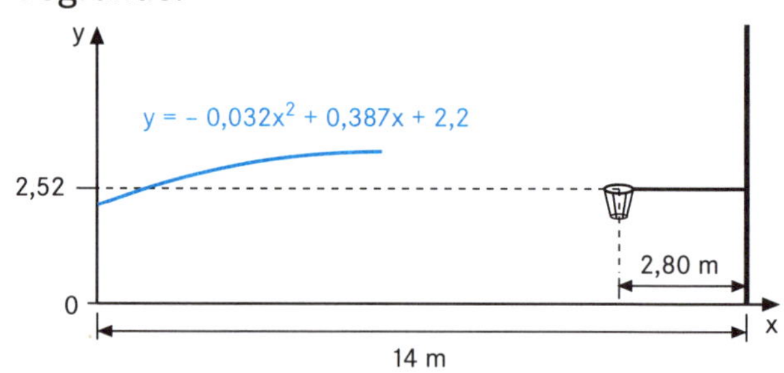

★ 4 Das ist die Flugbahn eines Golfballes. Sie ist eine Parabel der Form $y = ax^2 + bx + c$.

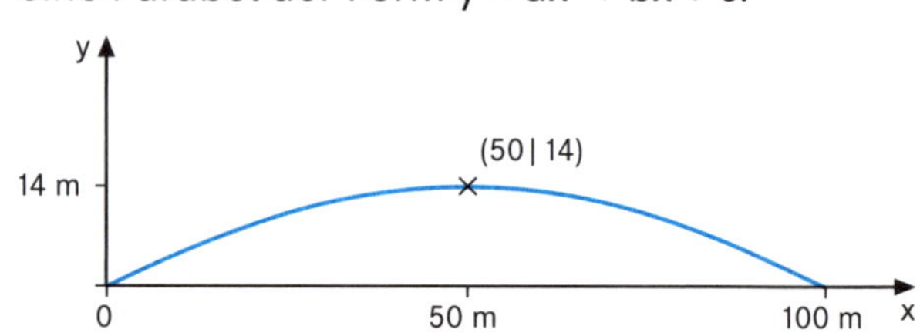

a) Bestimme den Wert von c.

b) Berechne a und b mithilfe der Punkte (50 | 14) und (100 | 0).
Schreibe dann die Funktionsgleichung auf.

1 Abgebildet ist ein gleichschenkliges Dreieck.

a) Berechne den Flächeninhalt des Dreiecks.

b) Berechne die Innenwinkel des Dreiecks.

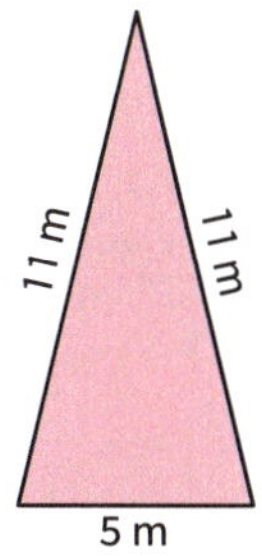

2 Das Werkstück aus Eisen ist ein Prisma mit einem gleichschenkligen Trapez als Grundfläche.

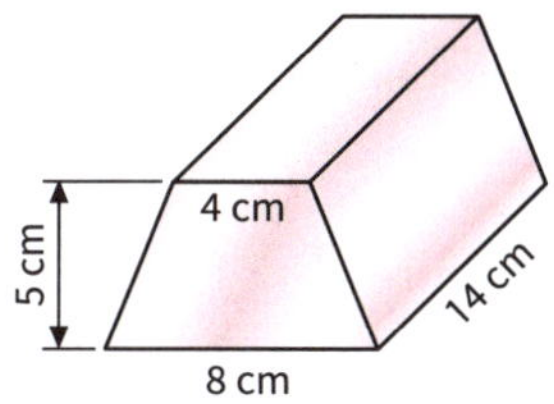

a) Berechne das Volumen des Werkstücks.

b) Berechne den Oberflächeninhalt des Werkstücks.

c) Berechne die Innenwinkel der Trapezfläche.

3 Abgebildet sind die Maße von Tor, Torraum und Strafraum eines Fußballfeldes. Das Tor ist 2,44 m hoch.

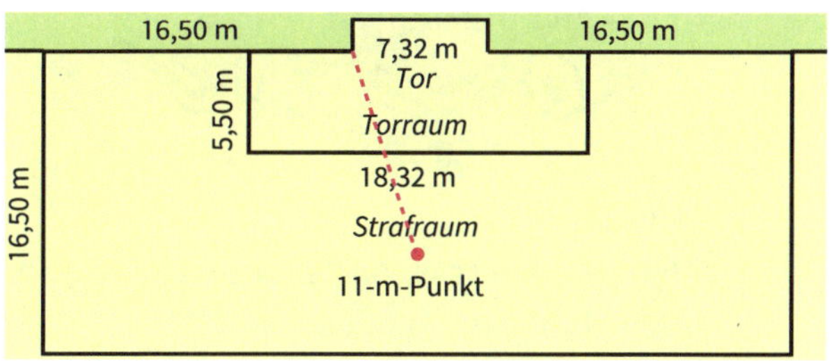

a) Wie groß ist der Strafraum eines Fußballfeldes außerhalb des Torraumes?

b) Vom Elfmeterpunkt wird ein Ball in gerader Linie in die obere linke Ecke geschossen, wo Pfosten und Latte zusammentreffen. Welchen Weg legt der Ball zurück?

c) Mit welchem Winkel hebt der Ball, dessen Weg in Teilaufgabe b) beschrieben ist, vom Boden ab?

4 Berechne den Flächeninhalt und den Umfang des Parallelogramms.

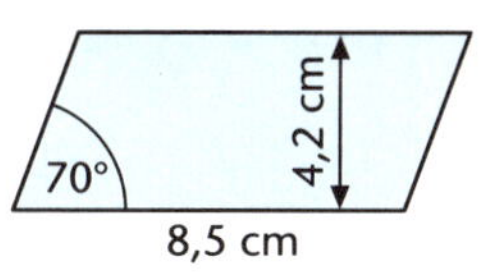

10 Haus mit Satteldach (von S. 47)

Der Zeichnung kannst du die Außenmaße eines Einfamilienhauses entnehmen.

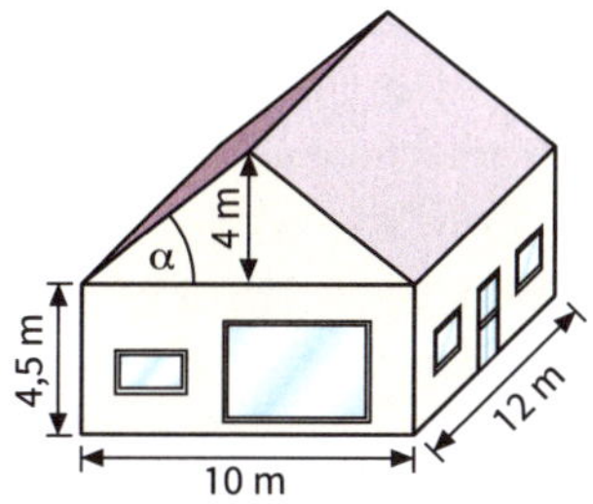

a) Berechne das Volumen des Hauses (umbauter Raum).

b) Wie groß ist die gesamte Dachfläche?

c) Berechne den Neigungswinkel α des Dachs.

Zu a)

Der untere Teil des Hauses ist ein Quader mit dem Volumen V_1, der obere Teil ist ein Prisma mit einem Dreieck als Grundfläche G und dem Volumen V_2.

$V_1 = a \cdot b \cdot c$ $\qquad V_2 = G \cdot h$

$V_1 = 10\text{ m} \cdot 4{,}5\text{ m} \cdot 12\text{ m}$ $\qquad V_2 = \frac{10\text{ m} \cdot 4\text{ m}}{2} \cdot 12\text{ m}$

$V_1 = 540\text{ m}^3$ $\qquad V_2 = 240\text{ m}^3$

$V = V_1 + V_2 = 540\text{ m}^3 + 240\text{ m}^3 = 780\text{ m}^3$

Das Volumen des Hauses beträgt insgesamt **780 m³**.

Zu b)

Die Dachflächen bestehen aus zwei gleichen Rechtecken. Der Flächeninhalt eines Rechtecks berechnet sich aus x · 12 m.

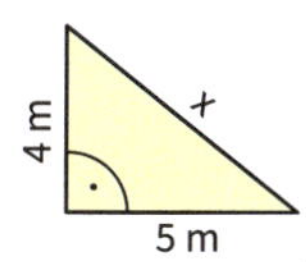

Die Länge der Dachkante x wird mit dem Satz des Pythagoras berechnet.

$x^2 = (4\text{ m})^2 + (5\text{ m})^2$

$x^2 = 41\text{ m}^2$

$x = \sqrt{41\text{ m}^2} \approx 6{,}40\text{ m}$

$A = (6{,}40\text{ m} \cdot 12\text{ m}) \cdot 2 = 153{,}60\text{ m}^2$

Die gesamte Dachfläche ist **153,6 m²** groß.

Zu c)

$\tan\alpha = \frac{\text{Gegenkathete}}{\text{Ankathete}} = \frac{4\text{ m}}{5\text{ m}} = \frac{4}{5}$

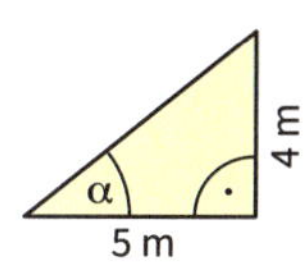

$\tan\alpha = 0{,}8$

$\alpha \approx 38{,}66°$

Der Neigungswinkel des Dachs beträgt ca. **39°**.

http://nale.fi/ovyw

http://nale.fi/ghmq

http://nale.fi/kpqm

★ 11 Nebenjobs (von S. 48)

Bei einer Umfrage unter 580 Zehntklässlern geben 30 % an, neben der Schule zu jobben. Insgesamt nehmen 348 Mädchen an der Umfrage teil. Von den befragten Mädchen haben 25 % einen Nebenjob.

a) Berechne den prozentualen Anteil der Mädchen und Jungen an den befragten Zehntklässlern.
b) Wie viele Mädchen haben keinen Nebenjob?
c) Wie viel Prozent der Jungen haben keinen Nebenjob?

Zu a)
348 der 580 Befragten sind Mädchen.
G = 580 W = 348 p % ist gesucht.
$p\,\% = \frac{W}{G} = \frac{348}{580} = 0{,}6 = 60\,\%$
Der prozentuale Anteil der **Mädchen** an den befragten Zehntklässlern beträgt **60 %.**
Also sind 40 % der befragten Zehntklässler Jungen. Das sind 232 (= 580 – 348).

Zu b)
25 % (ein Viertel) der befragten 348 Mädchen geben an, einen Nebenjob zu haben. Das sind 348 : 4 = 87 Mädchen. Damit haben **261** (= 348 – 87) Mädchen keinen Nebenjob.

Zu c)
30 % der 580 befragten Zehntklässler haben einen Nebenjob.
G = 580 p % = 30 % W ist gesucht.
$W = G \cdot p\,\% = 580 \cdot 30\,\% = 580 \cdot 0{,}3 = 174$
174 der befragten Zehntklässler haben also einen Nebenjob und **406** (= 580 – 174) haben keinen Nebenjob.
Von diesen 406 Zehntklässlern ohne Nebenjob sind 261 Mädchen (s. Teil b)), also haben 145 (= 406 – 261) Jungen keinen Nebenjob.
Da insgesamt 232 Jungen an der Befragung teilgenommen haben, entspricht dies einem Anteil von $\frac{145}{232} = 0{,}625 = 62{,}5\,\%$.

62,5 % der Jungen haben keinen Nebenjob.
In der folgenden Tabelle sind noch einmal alle Daten zusammengestellt.

	mit Nebenjob	ohne Nebenjob	
Mädchen	87	261	348
Jungen	87	145	232
	174	406	**580**

★ 1 An einer Schule sind 55 % der Schülerinnen und Schüler Mädchen. 35 % der Mädchen kommen mit dem Fahrrad zur Schule. Insgesamt fahren 40 % mit dem Rad zur Schule.

a) Vervollständige das Baumdiagramm.

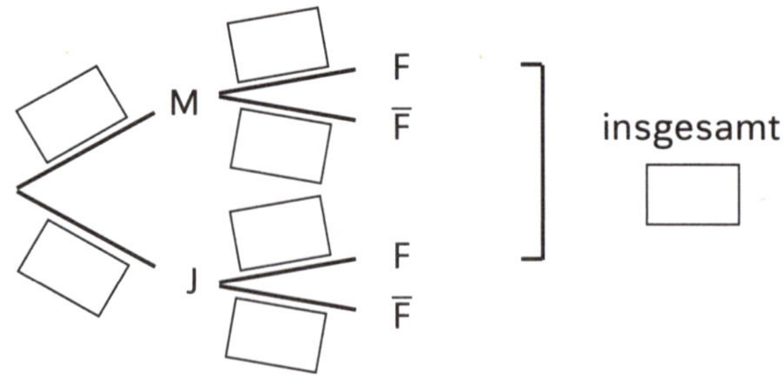

F: mit dem Fahrrad F̄: ohne Fahrrad

b) Berechne, wie viel Prozent der Jungen mit dem Fahrrad zur Schule kommen.

★ 2 Eine Tüte Lakritzkonfekt enthält 60 Stücke in zwei Geschmacksrichtungen: Kakao und Kokos. Zwei Drittel der Konfektstücke besitzen die Form eines Quaders, der Rest ist zylinderförmig. Ein Drittel des Konfekts hat Kakaogeschmack, 12 Konfektstücke sind zylinderförmig und schmecken nach Kokos.

a) Wie viel Prozent der Konfektstücke sind zylinderförmig?
b) Wie viele Konfektstücke sind zylinderförmig und schmecken nach Kakao?
c) Wie hoch ist die Wahrscheinlichkeit, ein quaderförmiges Konfekt mit Kokosgeschmack aus der vollen Tüte zu ziehen?

★ 3 Ein Hersteller für Tiefkühlkost befragte 300 Personen, darunter 120 Jugendliche, ob ihnen eine neue Pizzasorte schmeckt. Die Tabelle zeigt das Ergebnis der Umfrage.

	schmeckt	schmeckt nicht	gesamt
Erwachsene			
Jugendliche		48	120
gesamt	196		300

a) Ergänze die fehlenden Daten der Umfrage.
b) Gib die Wahrscheinlichkeit dafür an, dass einem Erwachsenen die Pizza nicht schmeckt.

1 Ein Routenplaner zeigt für die Strecke von Köln nach Dortmund mit dem Auto 95 km an und nennt eine Fahrtzeit von 1 Stunde 30 Minuten. Der Regionalexpress fährt die etwas längere Bahnstrecke mit einer Durchschnittsgeschwindigkeit von 72 $\frac{km}{h}$ in der gleichen Zeit. Wie lang ist die Bahnstrecke?

2 Das Schaubild gibt an, wie viel die Bundesbürger für Waren und Dienstleistungen des täglichen Bedarfs ausgeben, wenn 1 000 € zu Grunde liegen.

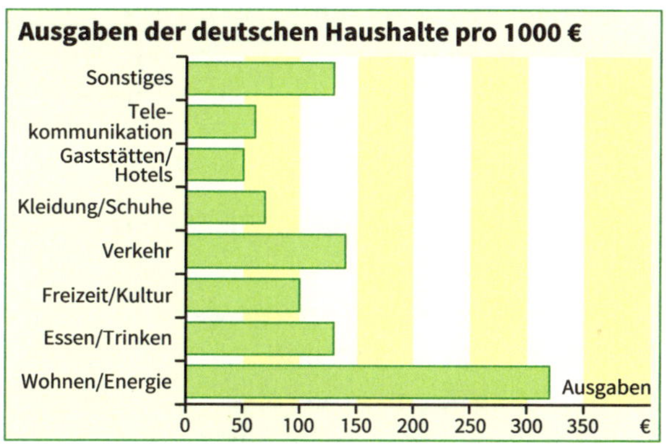

a) Aus dem Schaubild kann folgender Vergleich herausgelesen werden: „Für Wohnen/Energie geben die Bundesbürger etwa dreimal so viel aus wie für Freizeit/Kultur." Stelle mithilfe des Schaubilds mindestens drei weitere Vergleiche an.

b) Familie Wagner gibt jährlich rund 30 000 € aus. Ihre Ausgaben entsprechen ungefähr den durchschnittlichen Ausgaben deutscher Haushalte. Wie viel Geld würde Familie Wagner nach dem abgebildeten Modell für Wohnen/Energie im Jahr ausgeben, wie viel für Verkehr?

12 Pkw-Antriebe und Kosten (von S. 48)

http://nale.fi/okqw

Fahrzeughersteller bieten ihre Modelle mit alternativen Antrieben an (siehe S. 48).

a) Berechne, wie weit man mit den verschiedenen Antrieben für 100 € kommen könnte. Stelle die Ergebnisse in einem geeigneten Diagramm dar.

b) Für den Antrieb mit einem Benzinmotor wurde ein Preis von 2,04 € pro Liter Super angenommen. Kann das Fahrzeug mit einer Tankfüllung (50 *l*) die Strecke Hamburg – München (775 km) zurücklegen? Begründe rechnerisch.

c) Im Preis von einem Liter Super (2,04 €) ist eine Energiesteuer von 65,45 ct enthalten. Berechne den Anteil in Prozent.

Zu a) Benzin: 14,28 € → 100 km

$1\text{ €} \rightarrow \frac{100\text{ km}}{14{,}28\text{ €}}$

$100\text{ €} \rightarrow \frac{100\text{ km} \cdot 100}{14{,}28} \approx$ **700 km**

Diesel: 10,74 € → 100 km

$1\text{ €} \rightarrow \frac{100\text{ km}}{10{,}74\text{ €}}$

$100\text{ €} \rightarrow \frac{100\text{ km} \cdot 100}{10{,}74} \approx$ **931 km**

Elektro: 5,95 € → 100 km

$1\text{ €} \rightarrow \frac{100\text{ km}}{5{,}95\text{ €}}$

$100\text{ €} \rightarrow \frac{100\text{ km} \cdot 100}{5{,}95} \approx$ **1681 km**

Autogas: 7,10 € → 100 km

$1\text{ €} \rightarrow \frac{100\text{ km}}{7{,}10\text{ €}}$

$100\text{ €} \rightarrow \frac{100\text{ km} \cdot 100}{7{,}10} \approx$ **1408 km**

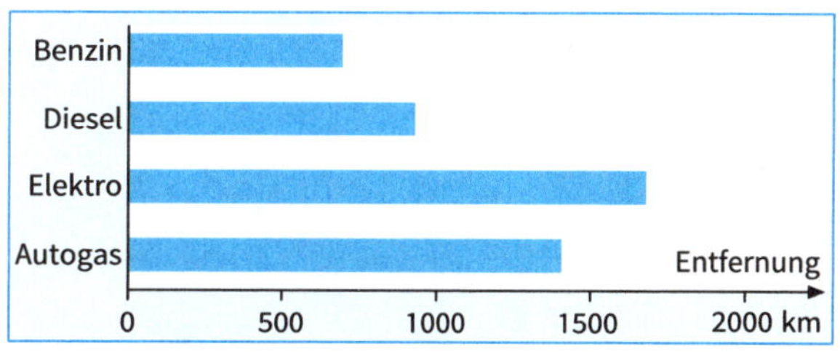

Zu b) Zunächst muss der Verbrauch für 100 km berechnet werden: 14,28 € : 2,04 € = 7
Für 100 km braucht der Benzinmotor 7 *l* Super-Benzin.

7 *l* → 100 km

$1\,l \rightarrow \frac{100\text{ km}}{7}$

$50\,l \rightarrow \frac{100\text{ km}}{7} \cdot 50 \approx 714\text{ km}$

Die **Tankfüllung reicht also nicht** für die (einfache) Strecke Hamburg – München.

Zu c) $p\,\% = \frac{0{,}6545\text{ €}}{2{,}04\text{ €}} \approx 0{,}32$

Der Anteil der Energiesteuer beträgt **32 %.**

http://nale.fi/pfmw

13 Seitenlängen beim Quadrat (von S. 49)

Welche Aussagen sind falsch? Begründe, warum sie falsch sind.

(1) Verdoppelt man die Seitenlänge eines Quadrats, so vervierfacht sich der Umfang.
(2) Verdoppelt man die Seitenlänge eines Quadrats, so vervierfacht sich der Flächeninhalt.
(3) Verdreifacht man die Seitenlänge eines Quadrats, so verdreifacht sich der Umfang.
(4) Verdreifacht man die Seitenlänge eines Quadrats, so verdreifacht sich der Flächeninhalt.

Aussage (1) ist **falsch:**
$u_1 = 4a \quad u_2 = 4 \cdot 2a = 8a$
8a ist nur das Doppelte von 4a.

Aussage (2) ist **richtig:**
$A_1 = a^2 \quad A_2 = (2a)^2 = 2a \cdot 2a = 4a^2$
$4a^2$ ist das Vierfache von a^2.

Aussage (3) ist **richtig:**
$u_1 = 4a \quad u_3 = 4 \cdot 3a = 12a$
12a ist das Dreifache von 4a.

Aussage (4) ist **falsch:**
$A_1 = a^2 \quad A_3 = (3a)^2 = 3a \cdot 3a = 9a^2$
$9a^2$ ist sogar das 9-Fache von a^2.

Verdreifacht man dagegen bei einem Würfel die Kantenlänge, hat das folgende Auswirkung auf das Volumen:

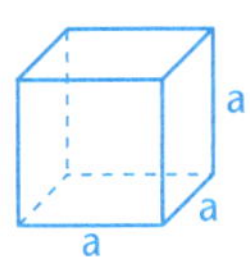

$\mathbf{V = a^3} \quad V_3 = (3a)^3 \quad \mathbf{V_3 = 27a^3}$

Verlängert man bei einer Fläche oder einem Körper alle Kanten um den Faktor k, so wächst:
- der Umfang der Fläche um das k-Fache,
- der Flächeninhalt bzw. die Oberfläche um das k^2-Fache,
- das Volumen des Körpers um das k^3-Fache.

Beispiel:
Bei einem Kegel mit dem Radius r und der Höhe h werden beide Maße verdoppelt. Wie ändert sich das Volumen?
Der vergrößerte Kegel hat den Radius 2r und die Höhe 2h.

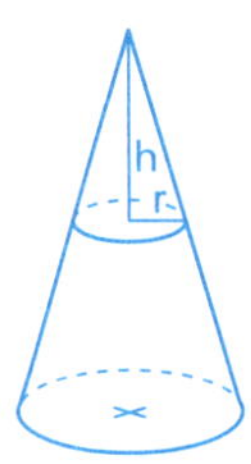

Es gilt: $V = \frac{\pi}{3} \cdot r^2 \cdot h \quad V = \frac{\pi}{3} \cdot (2r)^2 \cdot 2h$

$\mathbf{V = \frac{\pi}{3} \cdot 8r^2h}$

Das Volumen ist 8-mal so groß.

1 Wie ändert sich der Umfang eines Rechtecks, wenn man Länge und Breite verdoppelt?
- ☐ Der Umfang verdoppelt sich.
- ☐ Der Umfang vervierfacht sich.
- ☐ Der Umfang verachtfacht sich.

2 Wie ändert sich der Flächeninhalt eines Kreises, wenn man den Radius vervierfacht?
- ☐ Der Flächeninhalt verdoppelt sich.
- ☐ Der Flächeninhalt vervierfacht sich.
- ☐ Der Flächeninhalt verachtfacht sich.
- ☐ Der Flächeninhalt versechszehnfacht sich.

3 Wie ändert sich das Volumen eines Würfels, wenn man seine Kantenlänge halbiert?

★ **4** Abgebildet sind eine große Kugel und vier kleine Kugeln, die nur halb so hoch sind.

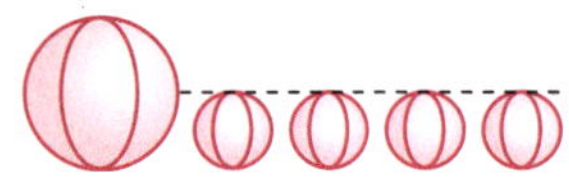

Die fünf Kugeln sind aus demselben Material. Die große Kugel wiegt 7 kg. Wie viel wiegen die vier kleinen Kugeln zusammen?

5 Beim abgebildeten Quader werden die Kantenlängen a, b und c verdoppelt.

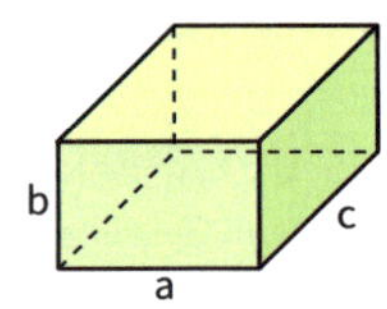

a) Wie ändert sich der Oberflächeninhalt des Quaders?

b) Wie ändert sich das Volumen des Quaders?

6 Die abgebildete Holzpyramide ist 24 cm hoch und wiegt 2 kg. 6 cm unterhalb der Spitze wird parallel zur Grundfläche ein Schnitt durch die Pyramide gelegt.

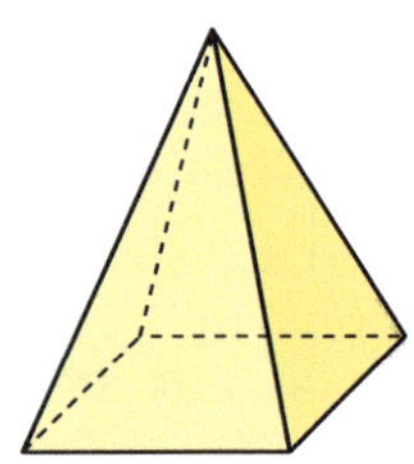

a) Wie schwer ist die abgeschnittene Spitze, die ja ebenfalls eine Pyramide ist?

★ b) Welchen Bruchteil von der Oberfläche der gesamten Pyramide beträgt die Oberfläche der Spitze?

☐ $\frac{1}{2}$	☐ $\frac{1}{16}$
☐ $\frac{1}{4}$	☐ $\frac{1}{32}$
☐ $\frac{1}{8}$	☐ $\frac{1}{64}$

★ 1

LOS ANGELES, 21. Mai 2010
Für die Rekordsumme von 7,85 Mio. Dollar (6,36 Mio. €) ist in Kalifornien jetzt ein Silberdollar aus dem Jahr 1794 verkauft worden. Von den Münzen wurden 1758 geprägt. Die jetzt verkaufte ist die älteste von den 150, die es noch gibt.

Flowing Hair Dollar	
Masse	27 g
Durchmesser	39 bis 40 mm
Zusammensetzung	90% Silber 10% Kupfer
Prägung	1794 bis 1795

a) Bestimme anhand der Angaben im Nachrichtentext den Wechselkurs zwischen Euro und Dollar im Mai 2010.

b) Silber besitzt eine Dichte von $10{,}5\,\frac{g}{cm^3}$, Kupfer von $8{,}9\,\frac{g}{cm^3}$. Für die Silberlegierung des Flowing Hair Dollars wird die Dichte mit $10{,}34\,\frac{g}{cm^3}$ angegeben. Erkläre.

c) Bestimme die Dicke der Münze.

d) 1 Gramm der Silberlegierung hatte Ende Mai 2010 einen Materialwert von etwa 0,80 €. Wie viel Prozent des Materialwerts des Flowing Hair Dollars entspricht die Rekordsumme aus dem Verkauf?

★ 2

Beim Aufschütten von Salz, Getreide, Sand usw. entstehen Schüttkegel. Wie hoch und wie breit ein Kegel wird, hängt von dem so genannten Böschungswinkel des Materials ab. Bei Mehl beträgt dieser Winkel zwischen Seitenlinie und Durchmesser ca. 45°. Der abgebildete Mehlkegel besteht aus 250 g Mehl, sein Durchmesser beträgt etwa 12 cm.

a) Berechne ungefähr die Masse von 1 cm³ Mehl.

b) Wie hoch wäre der Kegel, wenn statt 250 g die doppelte Menge verwendet worden wäre?

★ 14 Tonnenschwere Goldmünze (von S. 49)

Zwei Zeitungen berichteten im Oktober 2011 über die größte Goldmünze der Welt.

(1) „Eine Tonne schwer und 80 cm Durchmesser, reines Gold im Wert von 55 Millionen US-Dollar."
(2) „... sie ist 80 cm hoch, 12 cm dick, 1 Tonne schwer und zu 99,99 Prozent aus Feingold. Ihr Materialwert liegt bei 34 000 000 €."

a) Bestimme aus den Angaben zum Materialwert in den Meldungen (1) und (2) den Wechselkurs zwischen Euro und Dollar für Oktober 2011.

b) Stimmt die angegebene Dicke in (2) mit den in (1) genannten Maßen überein? Rechne bei Gold mit einer Dichte von $19{,}3\,\frac{g}{cm^3}$.

c) Löse die Formel für das Volumen eines Zylinders nach r auf. Berechne damit den Radius r einer solchen Goldmünze, die dieselbe Dicke hat, aber nur halb so schwer ist.

http://nale.fi/hzup

Zu a)

Euro	US-Dollar
34 000 000	55 000 000
34	55
1	$\frac{55}{34} \approx 1{,}6176$

Im Oktober 2011 betrug der Wechselkurs zwischen Euro und Dollar 1,6176. Für 1 Euro erhielt man **ca. 1,62 US-Dollar.**

Zu b)

(1) $V = \frac{\text{Masse}}{\text{Dichte}} = \frac{1\,t}{19{,}3\,\frac{g}{cm^3}} = \frac{1\,000\,000\,g}{19{,}3\,\frac{g}{cm^3}}$

$\mathbf{V \approx 51\,813{,}5\,cm^3}$

Wegen $V = \pi \cdot r^2 \cdot h$ gilt:

$h = \frac{V}{\pi \cdot r^2} \approx \frac{51\,813{,}5\,cm^3}{\pi \cdot (40\,cm)^2}$, $\mathbf{h \approx 10{,}3\,cm}$

Dabei ist h die Dicke der Münze. Die Angaben **stimmen also nicht überein.**

Zu c)

$V = \pi \cdot r^2 \cdot h \rightarrow r^2 = \frac{V}{\pi \cdot h} \rightarrow r = \sqrt{\frac{V}{\pi \cdot h}}$

Halbe Masse bedeutet halbes Volumen.

$V = \frac{51\,813{,}5\,cm^3}{2} = 25\,906{,}75\,cm^3$

$h = 10{,}3\,cm$

$\mathbf{r} = \sqrt{\frac{25\,906{,}75\,cm^3}{\pi \cdot 10{,}3\,cm}} \approx \mathbf{28{,}3\,cm}$

Der Radius beträgt etwa **28,3 cm.**

http://nale.fi/gvbm

★ 15 Kapitalanlage (von S. 49)

Zur Konfirmation erhält Henrik 1 000 € von seinen Großeltern. Er legt das Geld zu 1,5 % an und will den Betrag so lange unangetastet lassen, bis sich sein Anfangskapital verdoppelt hat.

a) Wie viele Jahre muss Henrik warten?

b) In welcher Zeit würde sich bei gleicher Verzinsung ein Kapital von 10 000 € verdoppeln?

Zu a)

Um zu berechnen, in wie vielen Jahren das Anfangskapital von 1 000 € bei einem Zinssatz von 1,5 % auf ein Endkapital von 2 000 € anwächst, überlegt man sich:

Anfangskapital	1 000,0 €
	↓ · 1,015
Kapital nach 1 Jahr	1 015,00 €
	↓ · 1,015
Kapital nach 2 Jahren	1 030,225 € (· $1{,}015^2$)
Kapital	⋮
nach x Jahren	**2 000,00 €** (**· $1{,}015^x$**)

Die Anzahl der Jahre bis zur Verdoppelung des Anfangskapitals auf 2 000 € liefert demnach die Gleichung:

$$1\,000\text{ €} \cdot 1{,}015^x = 2\,000\text{ €} \quad |:1\,000\text{ €}$$

$$1{,}015^x = \frac{2\,000\text{ €}}{1\,000\text{ €}}$$

$$1{,}015^x = 2$$

Lösen der Gleichung durch probierendes Einsetzen von ganzzahligen Exponenten:

$1{,}015^{40} \approx 1{,}81$

$1{,}015^{45} \approx 1{,}95$

$1{,}015^{46} \approx 1{,}98$

$1{,}015^{47} \approx 2{,}01$

Henrik muss also etwa **47 Jahre** bis zur Verdoppelung seines Anfangskapitals warten.

Zu b)

Die Lösung zu a) zeigt, dass die Höhe des Betrages keinen Einfluss auf die Verdoppelungszeit hat. Richtig ist daher: Auch ein Kapital von 10 000 € verdoppelt sich bei einem Zinssatz von 1,5 % in etwa **47 Jahren.**

★ 1 Berechne die fehlenden Angaben mithilfe der Zinseszinsformel: $K_n = K_0 \cdot (1 + \frac{p}{100})^n$.

	a)	b)	c)
Kapital (K_0)	2 000 €		1 560 €
Zinssatz (p %)	1,4 %	1,6 %	1,5 %
Laufzeit (n)	4 Jahre	1 Jahr	
Endkapital (K_n)		751,84 €	1 705,77 €

★ 2 Legt man einen Betrag von 2 000 € fest zu 1,6 % Zinsen an, so verdoppelt sich das Kapital durch Zins und Zinseszins nach etwa 44 Jahren. Wie viele Jahre dauert es ungefähr, bis sich das Kapital vervierfacht hat?

☐ etwa 66 Jahre ☐ etwa 100 Jahre
☐ etwa 88 Jahre ☐ etwa 135 Jahre

★ 3 Im Diagramm ist die Entwicklung eines Anfangskapitals von 500 € bei einem festen Zinssatz über mehrere Jahre dargestellt.
Das Endkapital y nach x Jahren kann durch die Gleichung

$y = 500 \cdot \left(1 + \frac{p}{100}\right)^x$ berechnet werden.

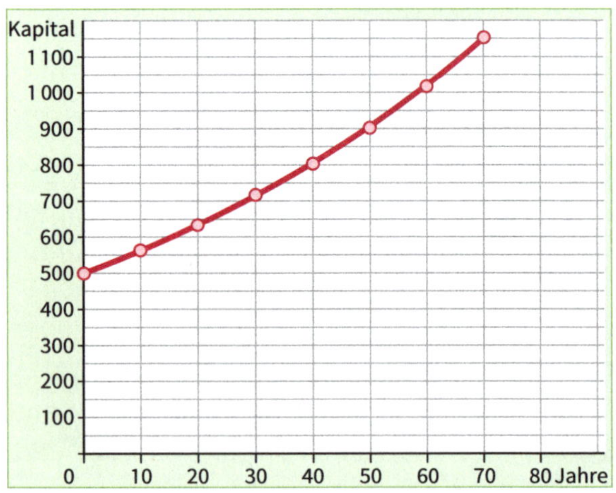

a) Lies aus dem Diagramm ab, nach welcher Zeit sich das Anfangskapital verdoppelt hat.

b) Gib an, zu welchem gleichbleibenden Zinssatz das Anfangskapital angelegt wurde. Notiere deine Rechnung. Runde das Ergebnis auf Zehntel %.

c) Wie lange würde es bei gleicher Verzinsung dauern, bis sich ein Kapital von 50 000 € verdoppelt hätte?

1 Es wird mit den beiden Würfeln aus der nebenstehenden Aufgabe ⑯ gewürfelt. Benutze zur Beantwortung der folgenden Fragen die Tabelle aus der Lösungsspalte der Aufgabe ⑯.

a) Wie groß ist die Wahrscheinlichkeit, zwei verschiedene Zahlen zu würfeln?

b) Wie groß ist die Wahrscheinlichkeit, mindestens die Augensumme 10 zu würfeln?

c) Wie groß ist die Wahrscheinlichkeit, zwei ungerade Zahlen zu würfeln?

★ **2** Julian und Lara würfeln abwechselnd mit zwei Würfeln, Lara beginnt. Sie muss versuchen, die Augensumme 12 zu erzielen, Julian ist erfolgreich mit der Augensumme 7.
Das Spiel ist zu Ende, wenn Lara 3-mal die Augensumme 12 oder Julian 15-mal die Augensumme 7 erzielt hat.
Begründe, wer von den beiden die besseren Gewinnchancen hat.

★ **3** Abgebildet sind die Netze von zwei Würfeln, mit denen gleichzeitig gewürfelt wird.

(1)

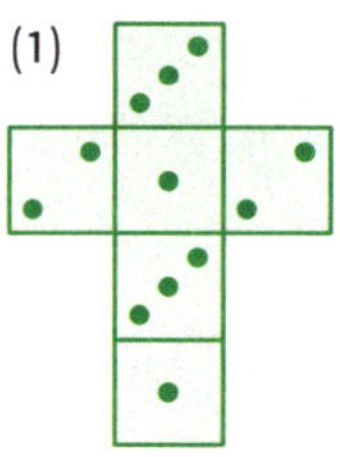

(2)

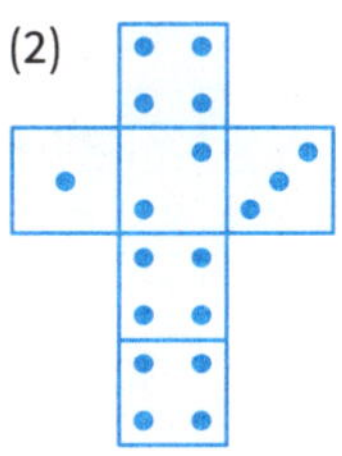

a) Wie groß ist die Wahrscheinlichkeit, eine gerade Augensumme zu würfeln?

b) Wie groß ist die Wahrscheinlichkeit, zwei gleiche Zahlen zu würfeln?

c) Wie groß ist die Wahrscheinlichkeit, die Augensumme 6 zu würfeln?

★ **4** Die vier Könige eines Skatspiels werden gemischt und verdeckt auf den Tisch gelegt. Du drehst nacheinander zwei der vier Spielkarten um. Wie groß ist die Wahrscheinlichkeit,

a) die beiden schwarzen Könige umzudrehen?

b) einen roten und einen schwarzen König in beliebiger Reihenfolge umzudrehen?

16 Zwei Würfel (von S. 48)

Es wird gleichzeitig mit einem gelben und einem roten Würfel gewürfelt.

Das Ergebnis (3;5) bedeutet: Mit dem gelben Würfel wurde eine 3 und mit dem roten Würfel eine 5 gewürfelt.

a) Wie viele Ergebnisse sind möglich?

b) Wie groß ist die Wahrscheinlichkeit für das Ergebnis (3;5)?

c) Wie groß ist die Wahrscheinlichkeit, einen Pasch, d. h. zwei gleiche Zahlen, zu würfeln?

Zu a)

Die möglichen Ergebnisse kann man sich in einer Tabelle darstellen.

	1	2	3	4	5	6
1	(1;1)	(1;2)	(1;3)	(1;4)	(1;5)	(1;6)
2	(2;1)	(2;2)	(2;3)	(2;4)	(2;5)	(2;6)
3	(3;1)	(3;2)	(3;3)	(3;4)	(3;5)	(3;6)
4	(4;1)	(4;2)	(4;3)	(4;4)	(4;5)	(4;6)
5	(5;1)	(5;2)	(5;3)	(5;4)	(5;5)	(5;6)
6	(6;1)	(6;2)	(6;3)	(6;4)	(6;5)	(6;6)

Das blau unterlegte Feld zeigt das Wurfergebnis: gelber Würfel 3, roter Würfel 5.

Es gibt 6 · 6 = **36 mögliche Ergebnisse.**

Zu b)

(1) Von den 36 möglichen Ergebnissen ist nur ein einziges Ergebnis (3;5). **P (3;5) =** $\frac{1}{36}$

(2) Das Würfeln mit zwei Würfeln kann als zweistufiger Versuch aufgefasst werden. Für das Ergebnis (3;5) können wir ein vereinfachtes Baumdiagramm zeichnen.

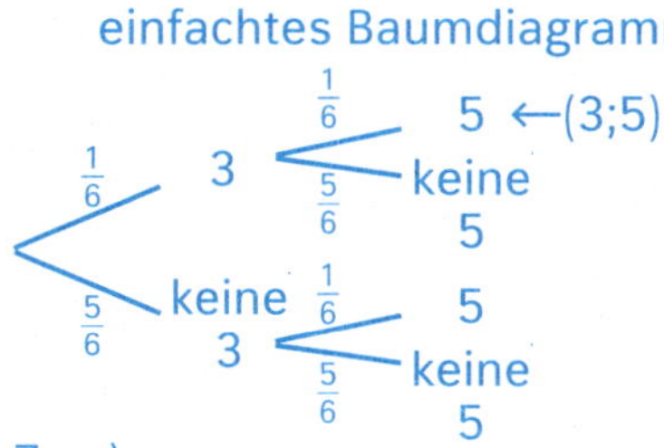

Mit der Pfadregel erhalten wir:
P (3;5) = $\frac{1}{6} \cdot \frac{1}{6} = \frac{1}{36}$

Zu c)

Es gibt die sechs Pasche (1;1), (2;2), (3;3), (4;4), (5;5) und (6;6).

P (Pasch) = $\frac{6}{36} = \frac{1}{6}$

http://nale.fi/awxf

http://nale.fi/qwkt

★ 17 Fußballduell (von S. 50)

Die abgebildete Grafik vergleicht, wie viel Euro in Deutschland und wie viel Euro in England durch internationale und nationale Medienerlöse eingenommen werden.

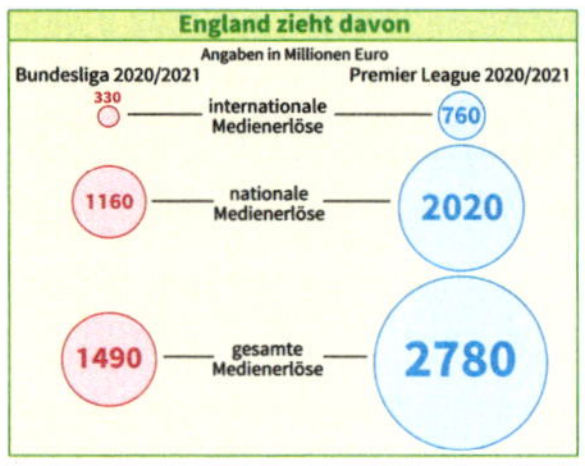

a) Berechne den Anteil der nationalen Erlöse in Deutschland an den gesamten Medienerlösen in Prozent..

b) Angenommen, der internationale Medienerlös wächst jedes Jahr in Deutschland um 10 %. Nach wie vielen Jahren ist er dann ungefähr so groß wie in England im Jahr 2020/2021?

c) Begründe, warum die Darstellung der beiden Kreise zum internationalen Medienerlös irreführend ist.

Zu a)
gesamte Medienerlöse in Deutschland (G): 1 490 000 000 €
nationale Medienerlöse in Deutschland (W): 1 160 000 000 €
Gesucht: p % $p\,\% = \frac{1\,160\,000\,000\text{ €}}{1\,490\,000\,000\text{ €}} \approx 0{,}78 = \mathbf{78\,\%}$

Zu b)
Wenn der internationale Medienerlös in der Bundesliga jedes Jahr um 10 % wächst, entspricht dies einem Wachstumsfaktor von 1,1.
Daraus ergibt sich folgende Gleichung:
$330\text{ Mio. €} \cdot 1{,}1^x = 760\text{ Mio. €}$
Systematisches Probieren liefert für x etwa 9.
Nach 9 Jahren wären die internationalen Medienerlöse in Deutschland ungefähr so hoch wie in England in der Saison 2020/2021.

Zu c)
In der Grafik werden die Werte der Medienerlöse durch die Flächeninhalte der Kreise dargestellt. Der Kreis der Premier League hat einen etwa dreimal so großen Radius und damit den 9-fachen Flächeninhalt wie der Kreis der Bundesliga.
Jedoch sind die internationalen Medienerlöse in England nur etwa 2,3-mal so hoch wie die in Deutschland (760 Mio. : 330 Mio. ≈ 2,3).
Die Darstellung der Kreise ist also irreführend, **der Kreis der internationalen Medienerlöse der Bundesliga müsste größer gezeichnet werden**.

★ 1 Unter günstigen Bedingungen vermehren sich Fruchtfliegen täglich um 25 %. Angenommen, anfangs waren es zehn Fruchtfliegen.

a) Wie viele Fruchtfliegen sind es nach sieben Tagen?

b) Bestimme den Zeitraum, in dem sich die Anzahl der Fruchtfliegen verhundertfacht.

★ 2 Mexiko-Stadt hatte bei der letzten Volkszählung im August 2020 rund 21 Millionen Einwohner. Vorausgesagt wird, dass die Bevölkerungszahl dort jährlich um 4,5 % steigt.

a) Berechne die Zahl der Einwohner, die Mexiko-Stadt im August 2030 hätte.

b) Tokio war 2020 mit rund 38 Millionen Einwohnern die größte Stadt der Welt. Angenommen, Mexiko-Stadt wächst weiterhin mit der angenommenen Wachstumsrate. Bestimme das Jahr, in dem Mexiko-Stadt die 38-Millionen-Grenze erreicht.

★ 3 In der Tabelle ist die Entwicklung des durchschnittlichen Benzinverbrauchs der Autos in Deutschland seit 1997 dargestellt.

Jahr	**1997**	**1999**	**2001**	**2003**	**2005**	**2007**
Verbrauch pro 100 km (in Liter)	8,7	8,4	8,1	8,0	7,8	7,6

Jahr	**2009**	**2011**	**2013**	**2015**	**2017**	**2019**
Verbrauch pro 100 km (in Liter)	7,5	7,4	7,2	7,3	7,4	7,4

a) Berechne, um wie viel Prozent der jährliche Verbrauch im Jahr 2019 kleiner ist als der im Jahr 1997.

b) Der Verbrauch des Jahres 2013 mit 7,2 *l* war 20 % kleiner als der 1993 mit 9 *l*. Kann man deswegen sagen, dass der Verbrauch in diesen 20 Jahren pro Jahr um 1 % abgenommen hat? Begründe deine Antwort.

c) Der Verbrauch in den letzten zehn Jahren blieb fast unverändert. Nenne mögliche Ursachen.

d) Erstelle eine eigene grafische Darstellung, die den Eindruck erweckt, als wäre der Benzinverbrauch seit 1997 drastisch gefallen.

★ **1** Ordne jedem Zahlenrätsel die passende Gleichung zu und bestimme die Lösung.

Die Differenz aus 3 und dem 3. Teil einer Zahl a ist 8. ④

$\frac{3a}{8} = \frac{1}{2}a$ (C)

$3 - \frac{1}{3}a = 8$ (B)

$8 : 3a = 0{,}5a$ (D)

Die Summe aus einer Zahl a und dem Dreifachen dieser Zahl a ergibt 8. ①

Multipliziere das Dreifache einer Zahl a mit 8, so erhältst du 3. ③

$a + 3a = 8$ (E)

$3a \cdot 8 = 3$ (A)

Der Quotient aus dem Dreifachen einer Zahl a und 8 ist gleich der Hälfte von a. ②

★ **2** Mit Termen lassen sich auch geometrische Sachverhalte beschreiben.
Skizziere das vierte Muster und schreibe einen Term auf, mit dem sich die Anzahl der Hölzer im n-ten Muster berechnen lässt.

a)

Nummer	n = 1	n = 2	n = 3
Muster		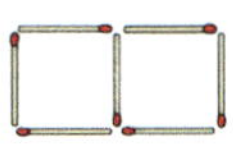	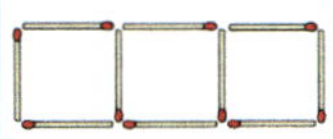
Hölzer	$4 = 1 + 3$	$7 = 1 + 2 \cdot 3$	$10 = 1 + 3 \cdot 3$

b)

Nummer	n = 1	n = 2	n = 3
Muster		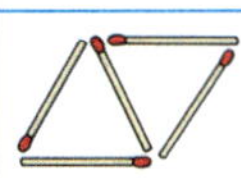	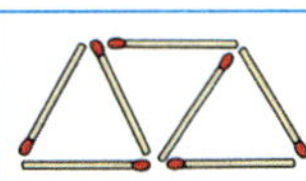
Hölzer	3	$5 = 3 + 2$	$7 = 3 + 2 \cdot 2$

★ **3** a) Schreibe für das Zahlenrätsel eine Gleichung auf und löse sie: „Subtrahiere von der Hälfte einer Zahl ein Drittel der Zahl, dann erhältst du 4.“
b) Erfinde ein Zahlenrätsel zur Gleichung $7x - 48 = 2x$. Löse auch die Gleichung.

★ **4** Subtrahiert man vom dreifachen Alter der Frau Krause 5 Jahre, so erhält man dieselbe Zahl, wie wenn man in 15 Jahren Frau Krauses Alter verdoppelt. Stelle eine Gleichung auf und berechne das heutige Alter von Frau Krause.

★ **18 Zahlenrätsel** (von S. 51)

http://nale.fi/ofxb

(1) Subtrahierst du vom Dreifachen einer Zahl 8, dann erhältst du 5 mehr als die Zahl.
(2) Verdreifachst du die Differenz aus einer Zahl und 8, so erhältst du 5 weniger als die Zahl.
(3) Subtrahierst du 8 von einer Zahl, so erhältst du das Dreifache der Summe aus 5 und der Zahl.

a) Welches Zahlenrätsel gehört zu der Gleichung $x - 8 = 3(5 + x)$?
b) Löse die Gleichung $x - 8 = 3(5 + x)$.
c) Schreibe auch zu den anderen Zahlenrätseln eine passende Gleichung auf.

Zu a)
Um zu überprüfen, welches Zahlenrätsel zu der Gleichung $x - 8 = 3(5 + x)$ gehört, „übersetzen“ wir die Terme rechts und links vom Gleichheitszeichen.
„$x - 8$“ heißt „die Differenz aus einer Zahl und 8“ oder „Subtrahiere 8 von einer Zahl“; „$3(5 + x)$“ heißt „das 3-Fache der Summe aus 5 und einer Zahl“ oder „Verdreifache die Summe aus 5 und einer Zahl“.
Diese Formulierung findet man nur bei **Zahlenrätsel (3)**.

Zu b)
$x - 8 = 3(5 + x)$ | Klammer ausmultiplizieren
$x - 8 = 15 + 3x$ | $+8$
$x = 23 + 3x$ | $-3x$
$-2x = 23$ | $:(-2)$
$x = -11{,}5$
Die gesuchte Zahl lautet **−11,5.**

Zu c)
Zahlenrätsel (1):
„Subtrahierst du vom Dreifachen einer Zahl 8“ heißt in der mathematischen Sprache: „$3x - 8$“.
„5 mehr als die Zahl“ heißt „$x + 5$“.
„Erhältst du“ steht für das Gleichheitszeichen.
Zum **Zahlenrätsel (1)** lautet die passende Gleichung also: $\mathbf{3x - 8 = x + 5}$

Zahlenrätsel (2):
„Verdreifache die Differenz aus einer Zahl und 8“ heißt in mathematischer Sprache: „$3 \cdot (x - 8)$“.
„5 weniger als die Zahl“ heißt „$x - 5$“.
„Erhältst du“ steht für das Gleichheitszeichen.
Zum **Zahlenrätsel (2)** lautet die passende Gleichung also: $\mathbf{3(x - 8) = x - 5}$

http://nale.fi/rfho

19 Smartphone-Nutzung (von S. 51)

Die Schülerinnen und Schüler aller 10. Klassen einer Schule wurden befragt, wie oft sie ihr Smartphone am Tag vor der Befragung zum Telefonieren, Nachrichten verschicken oder Surfen ungefähr benutzt haben. Das Ergebnis wurde in einem Boxplot dargestellt.

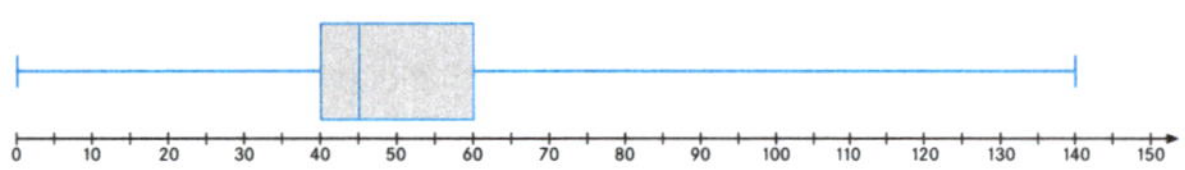

a) Entnimm dem Boxplot folgende Werte: Spannweite, Median (Zentralwert), unteres Quartil, oberes Quartil

b) Felix behauptet: „Die meisten Schülerinnen und Schüler haben mehr als 60-mal mit dem Smartphone telefoniert, Nachrichten verschickt oder gesurft.“ Nimm Stellung.

Zu a)

Spannweite: 140 – 0 = **140**
(größter Wert – kleinster Wert)

Median (Zentralwert): 45
(mittlerer Wert aller Werte)

unteres Quartil: 40
(mittlerer Wert der unteren Hälfte)

oberes Quartil: 60
(mittlerer Wert der oberen Hälfte)

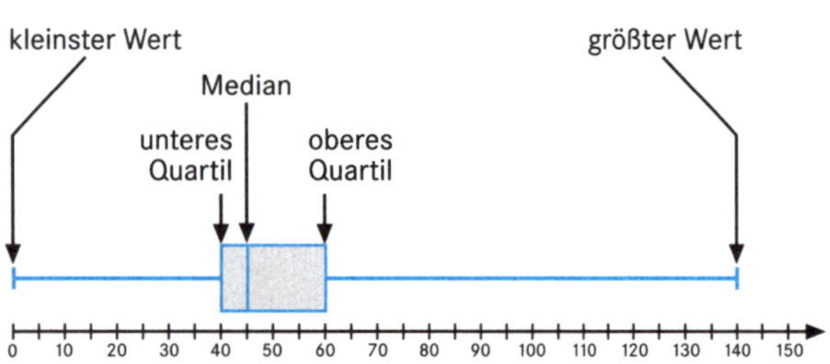

Zu b)
Die Aussage ist falsch. Lediglich ein Viertel aller befragten Schülerinnen und Schüler hat mehr als 60-mal telefoniert, Nachrichten verschickt oder gesurft.
Der Boxplot verdeutlicht die Streuung der gegebenen Werte.
Die Streuung ist im oberen Viertel am größten. Durch die Länge der Strecke zwischen oberem Quartil und größtem Wert hat sich Felix täuschen lassen.

1 In den 10. Klassen der Aufgabe 19 (links abgebildet) haben 79 Schülerinnen und Schüler an der Befragung teilgenommen. Jeweils genau eine Antwort gab es für 40, 45 und 60.

a) Wie viele Antworten liegen unter 40, zwischen 40 und 45, zwischen 45 und 60 sowie über 60?

b) Stelle in einer Tabelle ein mögliches Befragungsergebnis zusammen, das zum abgebildeten Boxplot passt.

2 Notenspiegel einer Klassenarbeit:

Note	1	2	3	4	5	6
Anzahl	3	8	6	4	3	1

Stelle das Ergebnis in einem Boxplot dar.

3 Die Klasse 10a einer Schule hat eine Klassenarbeit mit folgenden Ergebnissen geschrieben:

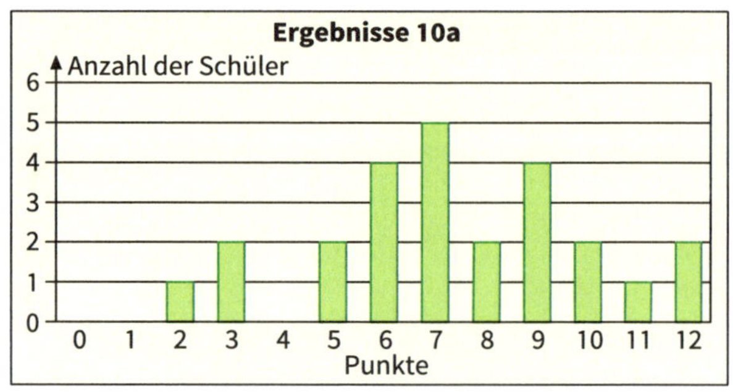

a) Gib an, welcher der abgebildeten Boxplots zur 10a gehört und begründe deine Entscheidung mithilfe geeigneter Kennwerte.

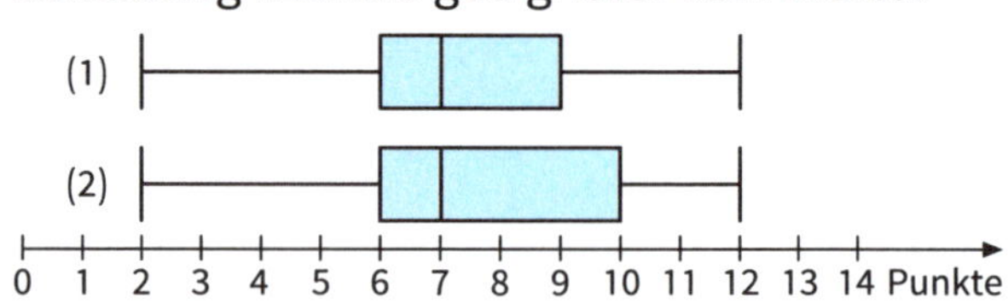

b) Der in Teilaufgabe a) nicht gewählte Boxplot zeigt die Verteilung der Ergebnisse der Klasse 10b (29 Schülerinnen und Schüler). Hier die Tabelle (obere Zeile: Punkte; untere Zeile: Anzahl der Schüler):

2	3	4	5	6	7	8	9	10	11	12
1	2	2	1	4	5	3			1	3

Gib eine mögliche Lösung für die leeren Felder an und begründe deine Lösung.

1 Wie viel Quadratkilometer ist Frankreich ungefähr groß?
Vergleiche dein Ergebnis mit Angaben aus dem Lexikon oder dem Internet.
Beachte: Zu Frankreich gehört auch die Mittelmeerinsel Korsika, die rechts abgebildet ist. Ihre Größe musst du beim Vergleich mit der offiziellen Größe Frankreichs berücksichtigen.

2 Weihnachten 2016 tobte der Sturm „Barbara" und hinterließ an der Sylter Südküste erhebliche Schäden. Bestimme näherungsweise die Größe der rot umrandeten beschädigten Fläche.

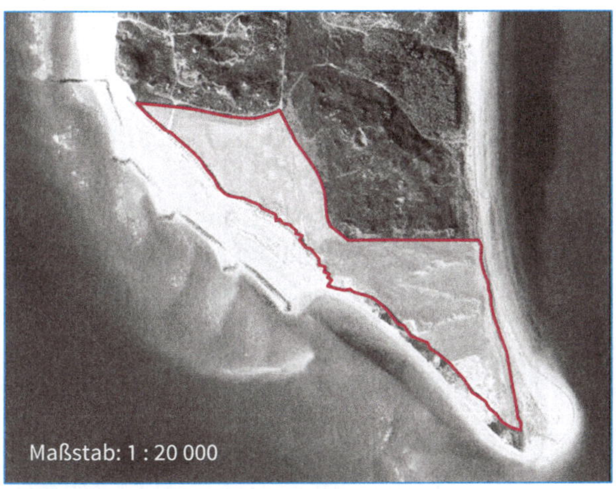

Luftbild vom 26. Dezember 2016:
Die Veränderungen, die Sturm „Barbara" bis zum 28. Dezember hinterließ, sind rot eingezeichnet.

20 Fläche Berlin-Brandenburg (von S. 51)

http://nale.fi/gkpw

Der Kartenausschnitt zeigt die Hauptstadtregion Berlin-Brandenburg. Bestimme näherungsweise die Größe der Fläche der Hauptstadtregion. Benutze den Maßstab der Karte. Begründe dein Vorgehen.

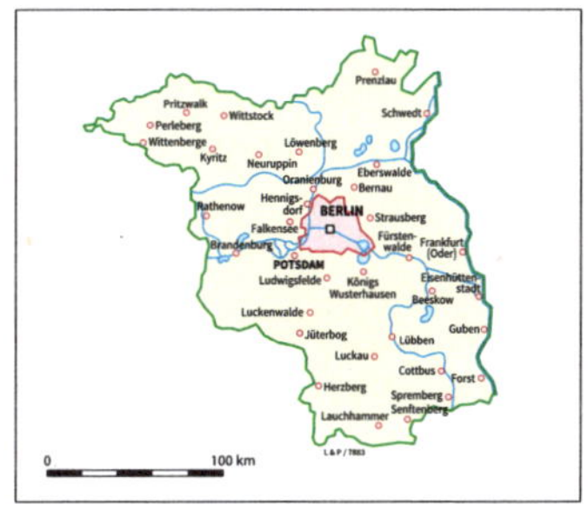

Man versucht, die Fläche so durch berechenbare Figuren abzudecken, dass sich „Gewinne" und „Verluste" ungefähr ausgleichen. Dafür gibt es viele verschiedene Möglichkeiten; hier ist eine dargestellt.

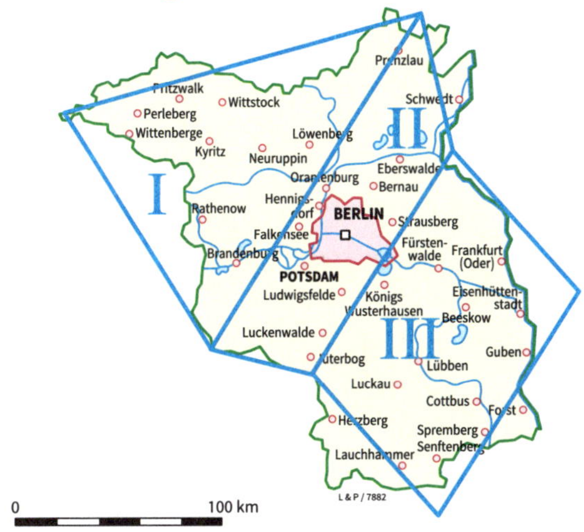

Der Maßstabsleiste ist zu entnehmen:
„2,5 cm auf der Karte" entsprechen „100 km in Wirklichkeit".
Die gemessenen „cm auf der Karte" muss man also mit 40 multiplizieren, um „km in Wirklichkeit" zu erhalten.

Dreieck:

$$A_I = \frac{192\text{ km} \cdot 120\text{ km}}{2} = 11\,520\text{ km}^2$$

Trapez:

$$A_{II} = \frac{192\text{ km} + 128\text{ km}}{2} \cdot 48\text{ km} = 7\,680\text{ km}^2$$

Parallelogramm:

$$A_{III} = 128\text{ km} \cdot 88\text{ km} = 11\,264\text{ km}^2$$

$$A_I + A_{II} + A_{III} \approx 30\,464\text{ km}^2$$

Nach dieser Näherung ist die Hauptstadtregion Berlin-Brandenburg ungefähr **30 500 km²** groß.
Laut offizielle Angaben beträgt die Fläche von Berlin-Brandenburg 30 546 km².

http://nale.fi/qsft

★ 21 Quadratische Gleichungen (von S. 52)

In der Abbildung siehst du, wie zwei Schüler die Gleichung $x^2 - 8x + 20 = 0$ gelöst haben.

a) Prüfe die Lösungswege. Welcher Weg stimmt, welcher Fehler wurde gemacht?

Marcel	Paul
$x^2 - 8x + 20 = 0$	$x^2 - 8x + 20 = 0$
$x_{1/2} = 4 \pm \sqrt{16 + 20}$	$x_{1/2} = 4 \pm \sqrt{16 - 20}$
$x_{1/2} = 4 \pm \sqrt{36}$	$x_{1/2} = 4 \pm \sqrt{-4}$
$x_1 = 4 + 6 = 10$	
$x_2 = 4 - 6 = -2$	keine Lösung

b) Löse folgende Gleichungen. Nicht immer brauchst du eine Lösungsformel.

(1) $(x + 7) \cdot (x - 7) = 0$ (2) $x^2 + 8x + 16 = 0$

(3) $x^2 - 5x = 0$ (4) $4x^2 + 96x - 100 = 0$

Zu a)

Marcels Lösung ist falsch. Der Fehler geschah beim Einsetzen von $q = 20$ in die Formel:

$$x_{1/2} = -\frac{p}{2} \pm \sqrt{\left(\frac{p}{2}\right)^2 - q} = +4 \pm \sqrt{16 - 20} = 4 \pm \sqrt{-4}$$

Pauls Lösung stimmt. Es gibt keine Lösung, da die Diskriminante negativ ist.

Zu b)

(1) $(x + 7) \cdot (x - 7) = 0$ Ein Produkt aus zwei Faktoren ergibt 0, wenn einer der Faktoren gleich 0 ist.
Deshalb: $x + 7 = 0$ oder $x - 7 = 0$.
$\mathbf{x_1 = -7;\ x_2 = 7}$

(2) Lösung mit der pq-Formel:
$x^2 + 8x + 16 = 0$ $p = 8$ $q = 16$
$x_{1/2} = -4 \pm \sqrt{16 - 16}$
$\mathbf{x = -4}$

Lösung mit der 1. binomischen Formel:
$x^2 + 8x + 16 = 0$
$(x + 4)^2 = 0$
$x + 4 = 0$
$x = -4$

(3) $x^2 - 5x = 0$ x ausklammern ergibt
$x \cdot (x - 5) = 0$ also entweder
$x = 0$ oder $x - 5 = 0$
$\mathbf{x_1 = 0;\ x_2 = 5}$

(4) $4x^2 + 96x - 100 = 0 \quad |:4$
$x^2 + 24x - 25 = 0$ $p = 24$ $q = -25$
$x_{1/2} = -12 \pm \sqrt{144 - (-25)}$
$x_{1/2} = -12 \pm \sqrt{169}$
$\mathbf{x_1} = -12 + 13 = \mathbf{1}$ $\mathbf{x_2} = -12 - 13 = \mathbf{-25}$

★ **1** Löse die Gleichung.

a) $(2x - 14) \cdot (15 - 3x) = 0$

b) $4x^2 - 17 - 3x^2 - 8 = 0$

c) $7x^2 - 6x - 5 - 5x^2 + 18x + 5 = 0$

d) $3y^2 - 9y - 37 = 3y - 1$

e) $(5 + a)^2 + a^2 = 3a + 29$

★ **2** Stelle eine Gleichung auf und löse sie.

a) Addiert man zum Quadrat einer Zahl das Dreifache dieser Zahl, so erhält man dasselbe, wie wenn man vom Elffachen der Zahl 7 subtrahiert.

b) Maik subtrahiert 16 vom Doppelten einer Zahl. Fatima subtrahiert diese Zahl von 15. Anschließend multiplizieren Maik und Fatima ihre Ergebnisse und erhalten Null. Welche Zahl können Maik und Fatima gewählt haben?

★ **3**

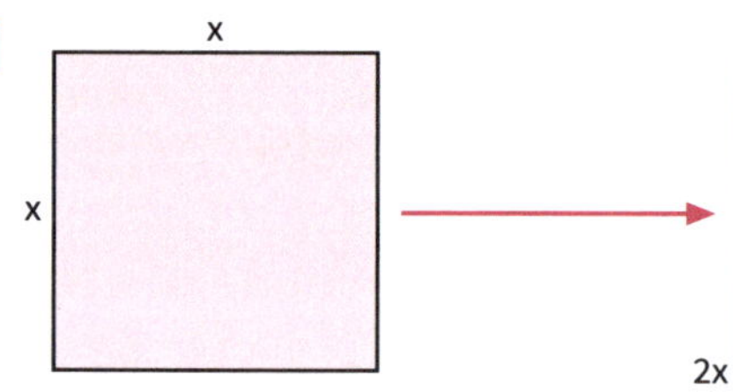

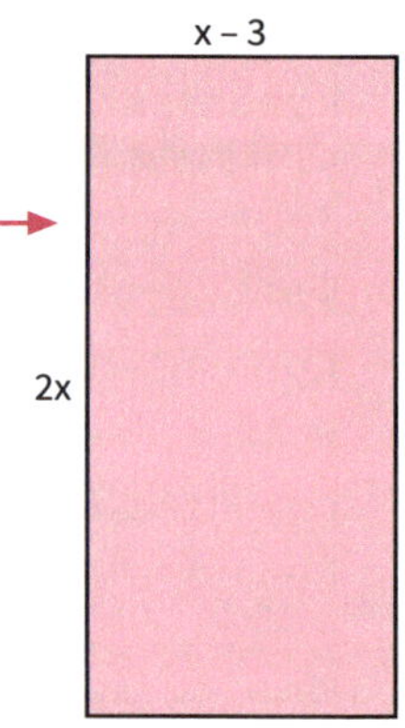

Vom Quadrat wurde die eine Seite verdoppelt, die andere um 3 cm verkürzt. Dadurch wuchs der Flächeninhalt um 55 cm².
Welche Seitenlänge hatte das Quadrat?

★ **4** Ein 6 cm hoher Zylinder hat einen Oberflächeninhalt von 169,646 cm².

a) Wie groß ist der Radius des Zylinders?
Hinweis: 169,646 … = 54π

b) Welches Volumen hat der Zylinder?

★ **5** Der Oberflächeninhalt eines geraden Kreiskegels mit der Kantenlinie s = 6 cm beträgt 172,788 cm³.

a) Berechne den Radius der Grundfläche.

b) Berechne die Höhe des Kegels und anschließend das Volumen.

1 In einem Gefäß sind 4 blaue und 7 rote Kugeln. Es werden nacheinander verdeckt zwei Kugeln gezogen, wobei die erste Kugel vor der zweiten Ziehung wieder zurückgelegt wird.

a) Zeichne ein Baumdiagramm und berechne die Wahrscheinlichkeiten für
(1) zwei blaue Kugeln;
(2) zwei Kugeln verschiedener Farbe;
(3) zwei Kugeln gleicher Farbe.

b) Wie ändern sich die Wahrscheinlichkeiten aus a), wenn die zuerst gezogene Kugel nicht zurückgelegt wird?

2 Das Glücksrad hat abwechselnd gelbe und blaue Felder gleicher Größe. Es wird zweimal nacheinander gedreht. Wie groß ist die Wahrscheinlichkeit für folgendes Ereignis?

a) Es wird zweimal „blau" erzielt.

b) Die letzte Drehung führt zu „blau".

★ c) Keine Farbe tritt zweimal auf.

★ d) Die Farbe „gelb" tritt höchstens einmal auf.

★ 3 Die Klasse 10b hat für das Schulfest einen Stand mit einem Würfelspiel aufgebaut. Im Würfelbecher sind zwei Würfel, die gleichzeitig geworfen werden.
Einen Hauptpreis im Wert von 10 € gibt es bei der Augensumme 12; bei den Augensummen 11 und 10 gibt es einen kleineren Preis im Wert von 2 €. Der Einsatz pro Spiel beträgt 1 €.

Am Ende des Schulfestes hat die Klasse 10b 392 € bei dem Spiel verdient. Wie viele Glücksspiele wurden wahrscheinlich durchgeführt?
Eine Zahl stimmt; begründe deine Entscheidung.

457	893	1116	1431	1599

http://nale.fi/qabg

22 Glücksrad (von S. 52)

Auf einem Schulfest kann man am Stand der Klasse 10a für einen Einsatz von 1 € zweimal das abgebildete Glücksrad drehen. Bleibt es beide Male auf der gleichen Farbe stehen, gewinnt man, und zwar bei „grün" einen Trostpreis im Wert von 0,30 € und bei „orange" einen Sachpreis von 8 €.

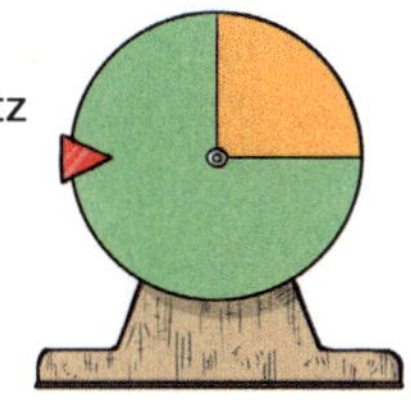

a) Zeichne ein Baumdiagramm und bestimme damit die Wahrscheinlichkeiten für die möglichen Gewinne (1) P(g;g) und (2) P(o;o).
b) Wie groß ist die Wahrscheinlichkeit, bei diesem Spiel zu verlieren?
c) Es werden 400 Spiele durchgeführt. Mit welchem Gewinn kann die Klasse rechnen?

$\frac{1}{4}$ des Glücksrades ist orange und $\frac{3}{4}$ sind grün gefärbt.

Mit einem Baumdiagramm und der Pfadregel kann man die Wahrscheinlichkeiten bei 2 Drehungen darstellen.

Zu a)
Baumdiagramm (g: grün; o: orange)

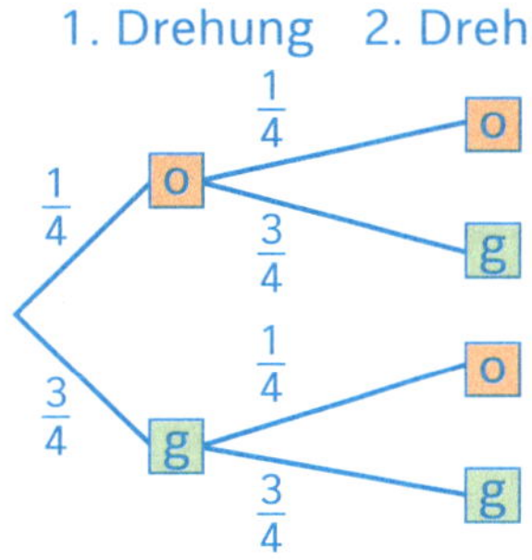

P (o;o) $= \frac{1}{4} \cdot \frac{1}{4} = \mathbf{\frac{1}{16}}$

P (g;g) $= \frac{3}{4} \cdot \frac{3}{4} = \mathbf{\frac{9}{16}}$

Zu b)
Subtrahiert man von 1 alle Gewinnwahrscheinlichkeiten, erhält man die Wahrscheinlichkeit für einen Verlust.

P (Verlust) $= 1 - \frac{9}{16} - \frac{1}{16} = \frac{6}{16} = \mathbf{\frac{3}{8}}$

oder: P (Verlust) = P (o;g) + P (g;o)

$= \frac{1}{4} \cdot \frac{3}{4} + \frac{3}{4} \cdot \frac{1}{4} = \frac{3}{16} + \frac{3}{16} = \frac{6}{16} = \frac{3}{8}$

Zu c)
Bei 400 Spielen kann die Klasse mit ca. 25 Sachpreisen ($25 = 400 \cdot \frac{1}{16}$) und mit ca. 225 Trostpreisen ($225 = 400 \cdot \frac{9}{16}$) rechnen. Diese kosten 200 € und 67,50 €, also insgesamt 267,50 €.
Die Klasse hat **400 € Einnahmen** und kann mit einem **Gewinn von ca. 132,50 €** rechnen (= 400 € – 267,50 €).

http://nale.fi/pwyg

23 Angebote (von S. 52)

Frau Kurt kann für zwei Jahre einen Lottogewinn von 1 000 000,– € sparen. Drei Banken (A, B, C) bieten ihr unterschiedliche Zinssätze an:

A 1. Jahr 1,2 %; 2. Jahr 1,7 %
B 1. Jahr 0,9 %; 2. Jahr 2,0 %
C 1. Jahr 1,4 %; 2. Jahr 1,5 %

a) Welche Bank kannst du empfehlen? Begründe.
b) Würdest du die gleiche Bank auch für jeden anderen Sparbetrag empfehlen? Begründe.

Zu a)

① Ein Lösungsweg besteht darin, für jede Bank die jährlichen Zinsen sowie das Kapital nach zwei Jahren zu ermitteln.

Angebot	Zinsen für das 1. Jahr	Zinsen für das 2. Jahr	Endkapital
A	12 000 €	17 204 €	1 029 204 €
B	9 000 €	20 180 €	1 029 180 €
C	14 000 €	15 210 €	**1 029 210 €**

Zu empfehlen ist also das **Angebot C.**

② Ein zweiter Lösungsweg betrachtet lediglich die auftretenden Wachstumsfaktoren, mit denen das Anfangskapital entsprechend der Zinsformel multipliziert wird:
Angebot A: 1,012 · 1,017 = 1,029204
Angebot B: 1,009 · 1,020 = 1,029180
Angebot C: 1,014 · 1,015 = **1,029210**

Angebot C liefert den größten Faktor, also auch das größte Endkapital:
1,02921 · 1 000 000 € = **1 029 210 €**

Zu b)

Das Angebot C ist auch bei jedem anderen Sparbetrag zu empfehlen. Wie die Überlegung unter ② zeigt, bewirkt der größere Faktor den Vorteil des Angebotes C und dies unabhängig von der Höhe des Sparbetrages.

Die Summe der Zinssätze beträgt bei allen drei Angeboten 2,9 %, die Produkte der Zinssätze jedoch sind verschieden. Dieser Zusammenhang lässt sich auch geometrisch interpretieren.
Für alle Rechtecke mit derselben Summe von Länge und Breite gilt: Der Flächeninhalt ist umso größer, je geringer der Unterschied zwischen Länge und Breite ist.

1 Berechne jeweils den fehlenden Wert mithilfe der Zinsformel:

$$Z = K \cdot p\,\% = K \cdot \frac{p}{100}$$

	a)	b)	c)
Kapital (K)	1 800 €		3 000 €
Zinssatz (p %)	0,5 %	1,8 %	
Zinsen (Z)		81 €	19,50 €

★ **2** Tom hat seine Ersparnisse für ein Jahr fest angelegt. Am Jahresende erhält er 20 € Zinsen. Wie viel Zinsen würde Tom nach einem Jahr erhalten,

a) wenn er doppelt so hohe Ersparnisse bei doppelt so hohem Zinssatz angelegt hätte?

b) wenn er doppelt so hohe Ersparnisse bei halb so großem Zinssatz angelegt hätte?

c) wenn er nur die Hälfte seiner Ersparnisse bei doppelt so hohem Zinssatz angelegt hätte?

3 Welche Person hat in zehn Jahren den höchsten Zinssatz für ihr Kapital bekommen?

	Anfangskapital	Endkapital
☐ Anja	2 400 €	2 925,59 €
☐ Boris	1 800 €	2 281,77 €
☐ Pia	300 €	348,16 €
☐ Luca	600 €	798,83 €

★ **4** Die Hausverwaltung bietet Frau Winter zwei Formen des Staffelmietvertrags an:

Angebot A: 3,5 % Mieterhöhung im 1. Jahr, 4,5 % im 2. Jahr

Angebot B: 4,5 % Mieterhöhung im 1. Jahr, 3,5 % im 2. Jahr

a) Auf den ersten Blick erscheinen ihr beide Angebote gleich gut. Stimmt das? Begründe.

b) Mit welcher gleich bleibenden prozentualen Mieterhöhung könnte die Hausverwaltung nach zwei Jahren dieselbe Miete erzielen?

★ 1 Die Heini-Klopfer-Skiflugschanze in Oberstdorf gilt als eine der größten Skiflugschanzen der Welt. Sie wird im Volksmund auch „Schiefer Turm von Oberstdorf“ genannt.
Welchen Höhenunterschied hat die Anlaufbahn und wie lang ist diese?

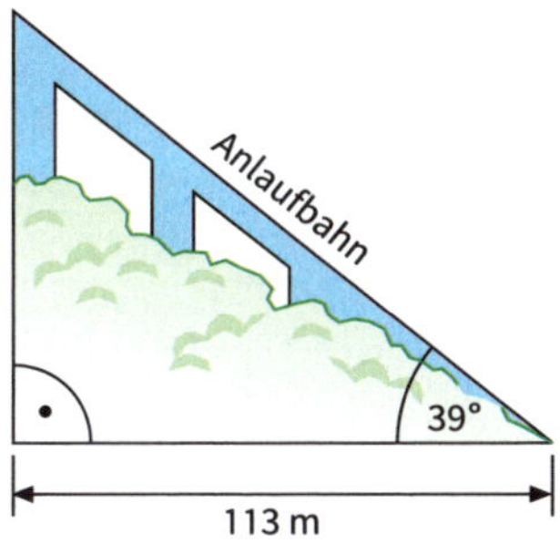

★ 2 Abgebildet ist ein Segelschiff, das von zwei Leuchttürmen angepeilt wird. Wie weit ist es von den beiden Leuchttürmen jeweils entfernt?

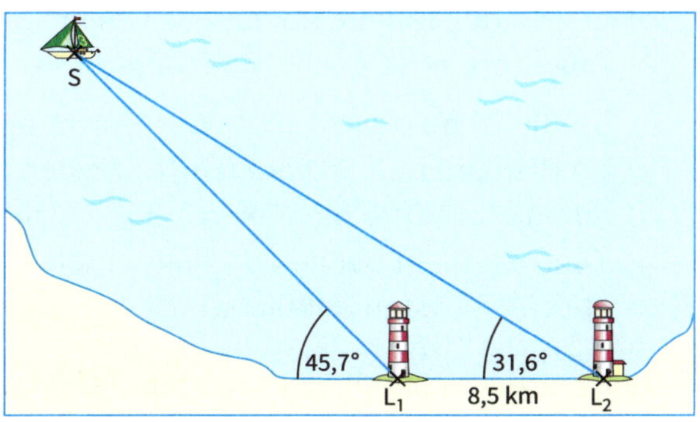

★ 3 Im Maßstab 1:5 000 sieht man eine Passstraße von oben. Sie beginnt an Punkt A und erreicht in einem Punkt B die Passhöhe. Punkt A befindet sich auf einer Höhe von 620 m, die durchschnittliche Steigung beträgt 14 %.
Wie hoch liegt Punkt B und wie weit fährt man von A bis B?

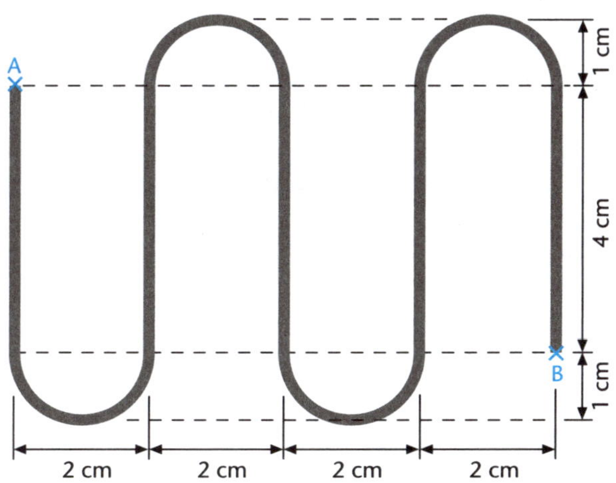

★ **24 Brückenkonstruktion** (von S. 53)

Über den Fluss soll eine Brücke führen, die in A beginnt und B endet. Vermesser haben am unteren Flussufer eine 400 m lange Strecke $\overline{AC}$ abgesteckt und von dort folgende Winkel vermessen:
∡ BAC = 67,8° und ∡ ACB = 49,3°
Bestimme die Länge der Brücke durch eine maßstäbliche Zeichnung und durch Berechnung auf einem extra Blatt.

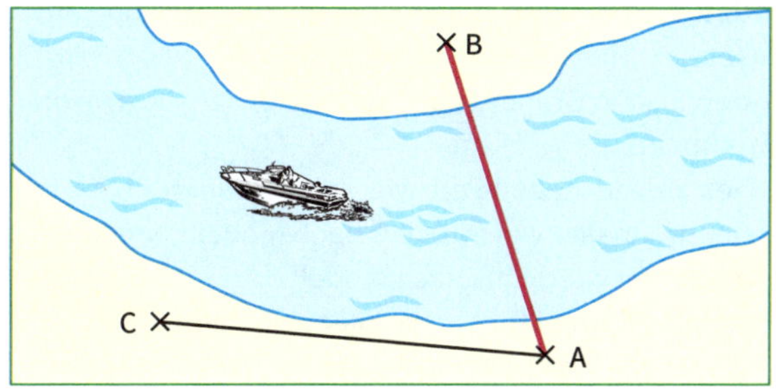

http://nale.fi/zxaw

① *Zeichnerische Lösung*
Maßstab 1 : 10 000
(1 cm ≙ 100 m).
Messung: x = 3,4 cm
In Wirklichkeit:
$\overline{AB}$ = 3,4 cm · 10 000
$\overline{AB}$ = 340 m

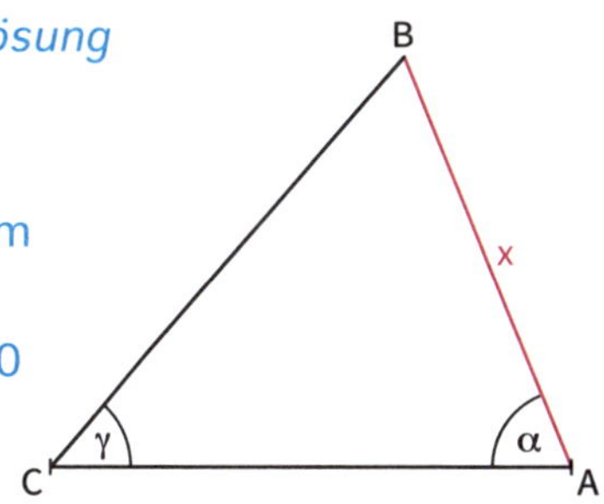

② *Rechnerische Lösung*
$\alpha = ∢BAC = 67{,}8°$
$\gamma = ∢ACB = 49{,}3°$
$\beta = 180° - \alpha - \gamma = 62{,}9°$

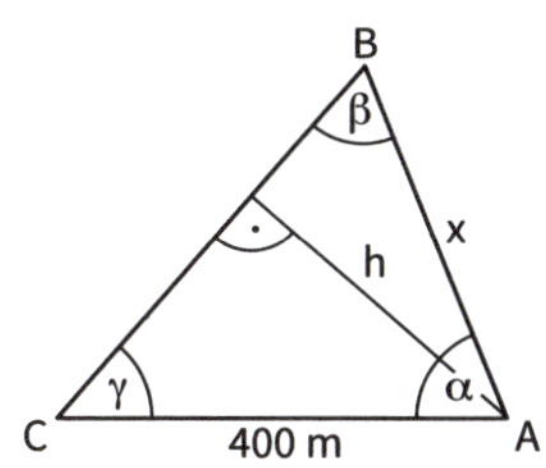

Das Dreieck CAB wird durch die Höhe h in zwei rechtwinklige Dreiecke zerlegt.

$\sin\gamma = \frac{h}{400\text{ m}}$

$h = 400\text{ m} \cdot \sin 49{,}3° \approx 303{,}25\text{ m}$

$\sin\beta = \frac{h}{x} = \frac{303{,}25\text{ m}}{x}$

$x = \frac{303{,}25\text{ m}}{\sin 62{,}9°} \approx 340{,}65\text{ m}$

Die Brücke muss rund **341 m** lang werden.

Falls der Sinussatz bekannt ist, gibt es noch einen kürzeren Weg:

$\frac{x}{\sin 49{,}3°} = \frac{400\text{ m}}{\sin 62{,}9°}$

$x = \frac{400\text{ m} \cdot \sin 49{,}3°}{\sin 62{,}9°}$

$x \approx 340{,}65$ m

http://nale.fi/uhnw

25 Verdienst (von S. 53)

Herr Berger arbeitet als Verkäufer. Er kann sich in seiner Firma entscheiden, wie sein Verdienst berechnet wird:

	A	B	C	D
1	Umsatz	Provision (4%)	Verdienst Modell 1	Verdienst Modell 2
2	- €	- €	2.500,00 €	- €
3	10.000,00 €	400,00 €	2.900,00 €	1.000,00 €
4	20.000,00 €	800,00 €	3.300,00 €	2.000,00 €
5	50.000,00 €	2.000,00 €	4.500,00 €	5.000,00 €
6	100.000,00 €	4.000,00 €	6.500,00 €	10.000,00 €

Modell 1: 2500 € Grundgehalt plus 4 % Provision vom Umsatz;
Modell 2: kein Grundgehalt, aber dafür 10 % Provision vom Umsatz.

a) Lies aus der Tabelle ab, wie viel Herr Berger bei einem Umsatz von 20000 € nach Modell 1 mehr verdienen würde als nach Modell 2.

b) Gib eine Formel für den Verdienst in Zelle D3 an.

c) Kreuze an, welche Formeln den Verdienst in Zelle C3 liefern. ☐ =B3+2500 ☐ =A3+B3 ☐ =A3*4/100 ☐ =A3*0,04+2500

d) Bei welchem Umsatz ist der Verdienst bei beiden Modellen gleich?

Zu a)
Man kann in Zeile 4 ablesen, dass er bei einem Umsatz von 20000 € nach Modell 2 2000 € verdienen würde und nach Modell 1 3300 €, also **1 300 € mehr.**

Zu b)
Der zugehörige Umsatz steht in Zelle A3.
10 % vom Umsatz sind dann **=A3*10/100** oder **=A3*0,1.**

Zu c)
Richtig sind:
☒ **=B3+2500** (Provision + Grundgehalt) und
☒ **=A3*0,04+2500** (mit A3*0,04 als Provision)
Bei der Formel =A3*4/100 wird nur die Provision berechnet, ohne das Grundgehalt.
In der Formel =A3+B3 werden der Umsatz und die Provision addiert.

Zu d)

$$2500\text{ €} + \frac{4}{100} \cdot \text{Umsatz} = \frac{10}{100} \cdot \text{Umsatz}$$
$$2500\text{ €} = \frac{6}{100} \cdot \text{Umsatz}$$
$$250000\text{ €} = 6 \cdot \text{Umsatz}$$
$$\text{Umsatz} \approx 41667\text{ €}$$

Bei einem Umsatz von **41 667 €** verdient man mit beiden Modellen gleich viel.

1 Tim möchte für seinen Umzug einen Transporter mieten. Er vergleicht zwei Angebote.
Angebot A: 0,42 €/Kilometer + 38 € Pauschale
Angebot B: 0,32 €/Kilometer + 66 € Pauschale

	A	B	C
1	**Strecke in km**	**Angebot A**	**Angebot B**
2	50	59,00 €	82,00 €
3	100	80,00 €	98,00 €
4	150	101,00 €	114,00 €
5	200	122,00 €	130,00 €
6	250	143,00 €	146,00 €
7	300	164,00 €	162,00 €
8	350	185,00 €	178,00 €
9	400	206,00 €	194,00 €

a) Welche Formeln liefern das korrekte Ergebnis in Zelle B7?
☐ =A7*0,42 ☐ =A7*0,42+38 ☐ =B2+B5

b) Lies in der Tabelle ab, für wie viel km die Angebote etwa gleich sind. Begründe.

c) Stelle für beide Angebote die Gleichungen für die Funktion *Strecke (km) → Kosten (€)* auf und ermittle rechnerisch, für welche Kilometerzahl bei beiden Angeboten die gleichen Kosten anfallen.

2 Tanja untersucht mit einer Tabellenkalkulation die Veränderung des Würfelvolumens beim Anwachsen der Kantenlänge.

	A	B	C	D	E	F	G
1	**Kantenlänge a**	2	3	4	5	6	7
2	**Volumen V**	8	27				

a) Durch welche Eingabe berechnet das Programm den Wert in Zelle D2?

b) Welche Zellen würdest du vergleichen, um die folgende Frage zu beantworten: Wie verändert sich das Würfelvolumen, wenn sich die Kantenlänge verdoppelt?

3 Wie entwickelt sich der Preis von 80 € für ein Paar Schuhe, wenn er abwechselnd um 20 % herauf und um 20 % herabgesetzt wird?

	A	B
1	**q**	**80**
2	1,2	
3	0,8	
4	1,2	
5	0,8	
6	1,2	
7	0,8	

a) Die Zahl in Zelle B2 wird mit der Formel =B1*A2 berechnet. Erkläre.

b) Erkläre die Zahl in A3.

c) Welche Formel steht in Zelle B5? Welche in Zelle B6?

1 Im Jahr 1834 bekam Frankreich vom ägyptischen Vizekönig den abgebildeten Obelisken aus Granit geschenkt. Der Obelisk wurde auf einen Sockel gestellt und mit einer 3,6 m hohen goldenen Spitze versehen.

a) Wie hoch ist der Obelisk ungefähr?

b) Durch welche geometrische Form kann das Volumen des Obelisken ungefähr bestimmt werden?

c) Berechne die ungefähre Masse des Obelisken (Dichte Granit: 2,8 Tonnen pro m³).

2 Auf dem Fotokunstpfad in Zingst ist die Brille ein beliebtes Motiv.

a) Schätze die Maße der Brille (Breite, Höhe, Länge der Bügel).

b) Wie groß müsste eine Person ungefähr sein, zu der diese Brille passt?

3

Wie viele Personen sind auf dem Foto ungefähr versammelt?

26 Riesentasse (von S. 53)

http://nale.fi/qafg

In Koblenz steht vor einem Café die rechts (siehe S. 53) abgebildete Riesentasse.

a) Schätze folgende Größen:
Tassenhöhe; oberer/unterer Tassendurchmesser

b) Jenny hat die folgenden drei Körper gezeichnet, um das Volumen der Riesentasse damit abzuschätzen. Welcher der drei Körper wird das beste Ergebnis liefern? Kreuze an und begründe deine Antwort.

☐ 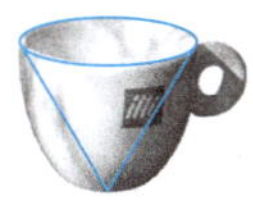 ☐ 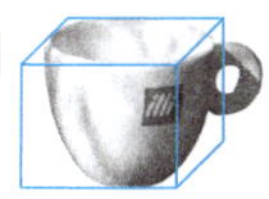 ☐ 

c) Wie teuer wäre ein Cappuccino in dieser Riesentasse, wenn 0,2 *l* Cappuccino in diesem Café 2,80 € kosten?

Die folgenden Maßangaben beziehen sich auf das Foto vorn im Text.

Zu a)
Die Frau dient als Vergleichsgröße. Die Maße der Tasse werden also mit der Größe der Frau verglichen. Die Frau ist ungefähr dreimal so groß wie die Tasse hoch ist. Unter der Annahme, dass die Frau 1,65 m groß ist, beträgt die Tassenhöhe 1,65 m : 3 = **55 cm.** Der obere Tassendurchmesser ist etwa gleich der Tassenhöhe, also auch **55 cm,** der untere (innere!) Tassendurchmesser wird auf **25 cm** geschätzt.

Zu b)
Der **Zylinder** nähert die Form der Tasse am besten an, denn sein Durchmesser ist zwar oben zu klein, aber dafür unten zu groß. Als Durchmesser des Zylinders könnte der Mittelwert aus oberem und unterem Tassendurchmesser gebildet werden. Der Kegel würde einen zu kleinen Wert, der Würfel einen zu großen Wert liefern.

Zu c)
Für den Zylinder aus Aufgabenteil b) ergibt sich mit einer Höhe von 55 cm und einem mittleren Radius von 20 cm folgendes Volumen:
$V = \pi \cdot r^2 \cdot h = \pi \cdot (20\text{ cm})^2 \cdot 55\text{ cm} \approx 69\,115\text{ cm}^3$
Das sind fast 70 Liter. Bei einer Tassengröße von 0,2 *l* im Café wären das also fast 350 Tassen. Bei einem Preis von 2,80 € pro Tasse kosten 350 Tassen 980 €. Da alle Maße nicht ganz genau sind, kann man feststellen, dass eine Riesentasse Cappuccino **ungefähr 1 000 €** kosten würde.

Abschlusstest

Im Abschlusstest zu den komplexen Aufgaben kannst du zeigen, wie viel du im Vergleich zum Eingangstest dazugelernt hast. Die Lösungen zu diesen Aufgaben findest du im Lösungsheft.

1 Neue Preise

a) Vor einem Monat kostete ein BMX-Fahrrad, für das Anna sich interessiert, noch 639 €. Inzwischen ist es 15 % teurer geworden.

Wie hoch ist der neue Preis gerundet auf Euro? Neuer Preis: ______________

b) Der Preis für einen Sturzhelm wurde von 59 € auf 49 € gesenkt. Berechne die Preisänderung in Prozent. Runde auf ganze Prozent. Preissenkung: ______________

c) Eine orange Sicherheitsweste kostet nach einer Preissenkung um 5 % jetzt 14,80 €. Wie teuer war sie vor der Preissenkung? Runde auf eine Stelle nach dem Komma. Alter Preis: ______________

2 Autofarben

Ein Autohändler führt Statistik darüber, welche Fahrzeugfarben von den Käufern bevorzugt werden. Am beliebtesten sind silbergrau und schwarz (s. Tabelle). Im letzten Jahr verkaufte der Autohändler 228 Autos.

Farbe	Anzahl	Anteil	
		als Bruch	in %
silbergrau	76		
schwarz	57		
Sonstige			

a) Rechne und ergänze die Häufigkeitstabelle. Gib die Anteile als vollständig gekürzten Bruch und in Prozent an.

b) Der Autohändler will in diesem Jahr 300 Autos verkaufen. Mit wie vielen schwarzen Autos kann er dann rechnen?

____

★ c) Angenommen, die Farbe silbergrau wird mit einer Wahrscheinlichkeit von $\frac{1}{3}$ und die Farbe schwarz mit einer Wahrscheinlichkeit von $\frac{1}{4}$ gewählt. Wie groß ist dann die Wahrscheinlichkeit, dass bei zwei verkauften Autos
(1) beide Autos silbergrau sind, (2) ein Auto silbergrau und das andere schwarz ist?
Vervollständige und beschrifte zunächst das Baumdiagramm

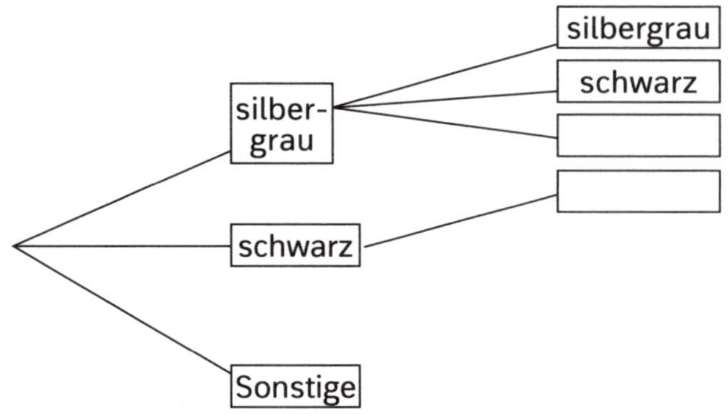

____

____

3 Busfahrt

Das Reiseunternehmen „Grenzenlos" bietet Busfahrten nach Paris an. Die Abbildung zeigt die Tankfüllung des Reisebusses während der Fahrt von Köln nach Paris.

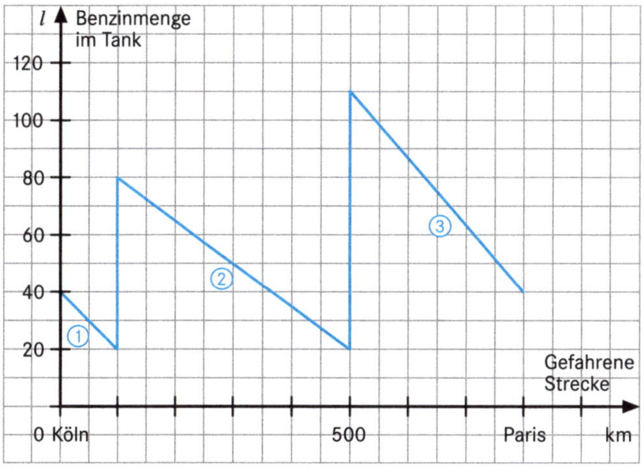

a) Wie oft wurde angehalten, um zu tanken?

____

b) Wie groß ist die Entfernung von Köln nach Paris ungefähr? ______________________

c) Auf welcher Teilstrecke ①, ② oder ③ war der Benzinverbrauch pro 100 km am größten?

____

d) Wie viel Liter Benzin verbrauchte der Bus auf der gesamten Fahrt? ______________________

4 Behälter mit Kugeln

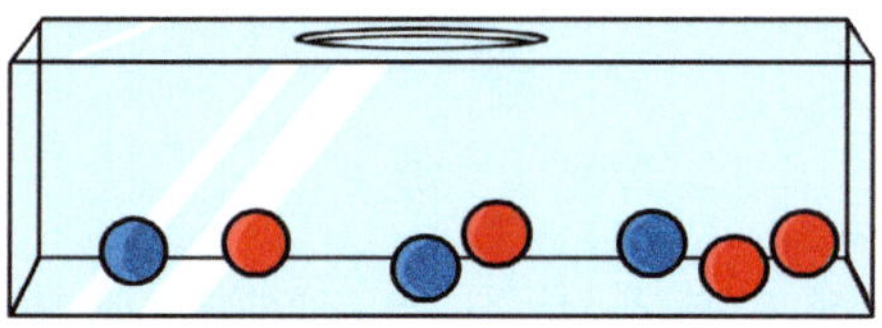

In einem Behälter sind 3 blaue und 4 rote Kugeln. Marc schlägt Björn folgendes Spiel vor:

„Du darfst verdeckt nacheinander zwei Kugeln ziehen, ohne die zuerst gezogene Kugel in den Behälter zurückzulegen. Du gewinnst, wenn die beiden Kugeln die gleiche Farbe haben, sonst gewinne ich."

Zeichne ein Baumdiagramm und berechne die Gewinnwahrscheinlichkeiten.

Baumdiagramm:

Gewinnwahrscheinlichkeit für Marc: __________

Gewinnwahrscheinlichkeit für Björn: __________

5 Lotterie

Die 2 000 Lose einer Lotterie setzen sich so zusammen:

- 80 % Nieten
- 15 Hauptgewinne von je 50,00 €
- 4 % Preise von je 6,00 €
- Rest Trostpreise von je 0,50 €

Ein Los kostet 1,00 €.

a) Hat der Losverkäufer recht? Begründe.

____

____

b) Es wurden alle Lose verkauft. Berechne den Gewinn der Lotterie.

____

★ **6** **Flugzeug**

Nach 26,3 km Flug befindet sich das Flugzeug über Alsburg.

a) In welcher Höhe überfliegt es Alsburg?

___

b) Berechne den Steigungswinkel und gib die Steigung in Prozent an.

___

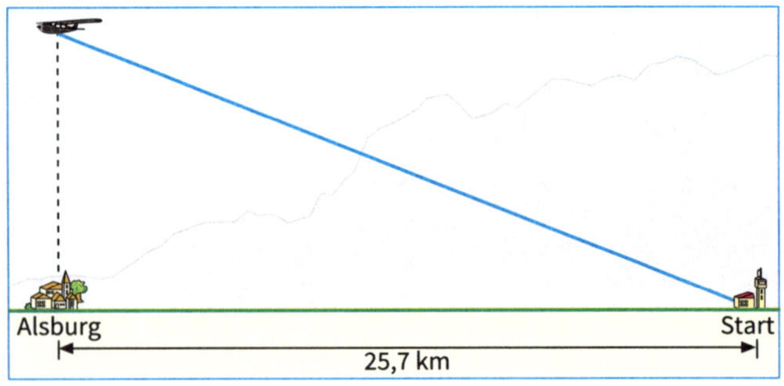

★ **7** **CD**

a) Wie groß ist der Datenbereich, also die beschreibbare Fläche einer CD?

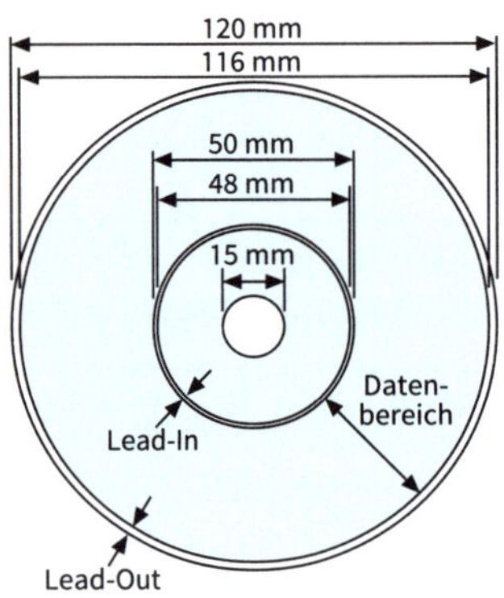

___

b) Eine CD wird von innen nach außen beschrieben. Diesen beschriebenen Anteil kann man sehen. Wie weit muss die CD beschrieben sein, damit der Datenbereich zur Hälfte gefüllt ist? (Wann ist die CD „halb voll"?)

___

8 **Reisepreis**

Ein Reiseveranstalter verlangt bei der Buchung einer Reise sofort eine Anzahlung von 20 % des Reisepreises und vier Wochen vor Abfahrt den Restbetrag.

a) Ergänze in Zeile 4 der Tabelle die Werte für die Anzahlung und den Restbetrag.

	A	B	C
1	**Reisepreis**	**Anzahlung (20%)**	**Restbetrag**
2	500,00 €	100,00 €	400,00 €
3	750,00 €	150,00 €	600,00 €
4	998,00 €		
5	1.437,00 €	287,40 €	1.149,60 €

b) Gib für die Zellen B4 und C4 Formeln an, mit denen diese Werte berechnet werden können.

B4: ___ C4: ___

9 Ferienplanung

Die vierköpfige Familie Dogan sucht eine Ferienwohnung in Österreich. Die drei abgebildeten Angebote kommen in die engere Wahl.

Ferienwohnung Sonne
70 € pro Nacht · pauschale Nebenkosten (Strom und Endreinigung: 40 € pro Person)

Ferienwohnung Alpenblick
Endreinigung EUR 50,00 pro Aufenthalt, keine weiteren Nebenkosten
EUR 80 pro Nacht

Ferienappartement Höhenluft
90 € pro Nacht · Keine weiteren Nebenkosten

a) Beschreibe den Preis y des Angebots „Ferienwohnung Sonne“ durch eine Funktionsgleichung (x – Anzahl Nächte).

y = ____________________

b) Stelle die Zuordnungen der drei Angebote im Koordinatensystem dar.

c) Familie Dogan will genau zwei Wochen bleiben. Begründe mithilfe der Grafik, für welches Angebot sich die Familie entscheiden sollte.

____

____

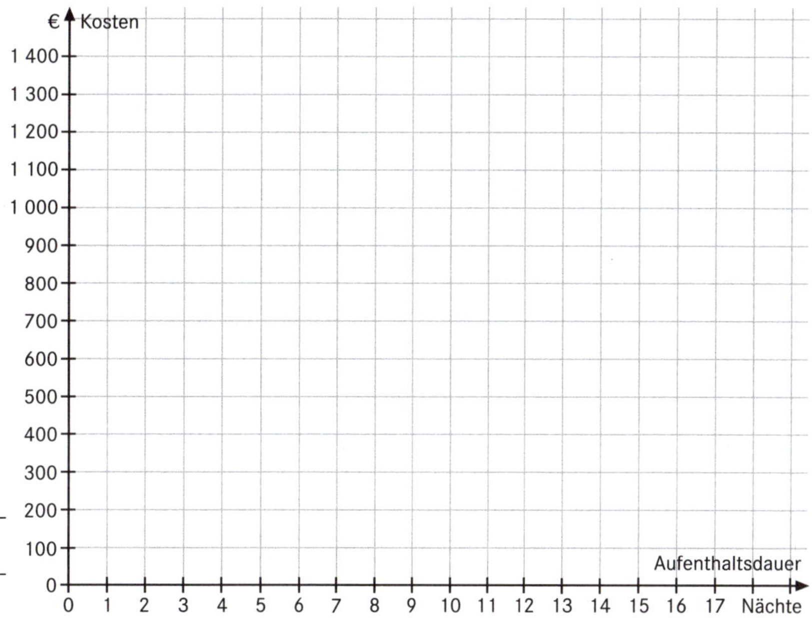

10 Sonnenfinsternis

Am 19. März 2015 berichtete ein Internetdienst:

Stromnetz vor Härtetest
Während der morgigen Sonnenfinsternis werden die Solaranlagen in Deutschland (Gesamtleistung: ca. 18 Gigawatt) maximal 6 Gigawatt liefern. Das sind gerade mal 3 % der normalen Leistung!

Die nebenstehende Meldung ist fehlerhaft. Begründe.

____

____

____

★ 11 Verein

Rechts abgebildet siehst du eine Umfrage unter 325 Jugendlichen, die in ihrer Freizeit Fußball spielen.

	spielen in ihrer Freizeit Fußball	davon im Verein
Mädchen	75	15
Jungen	250	35

a) Wie viel Prozent der befragten Jugendlichen sind auch Mitglied im Fußballverein?

____

b) Helena meint dazu: „Von allen Befragten, die in einem Verein Fußball spielen, sind nur 30 % Mädchen.“
Stimmt das? Begründe deine Antwort.

____

c) Justus ergänzt: „Wenn Jungen in ihrer Freizeit Fußball spielen, dann sind sie auch deutlich häufiger im Verein als Mädchen, die in ihrer Freizeit Fußball spielen.“ Hat Justus recht? Begründe.

____

★ **12** **Zahlenrätsel**

a) Finde zu den Zahlenrätseln eine passende Gleichung und löse sie.

(1) Verdoppelst du die Summe aus dem Fünffachen einer Zahl und 7, so erhältst du das um 53 vermehrte Produkt aus der Zahl und –3.

(2) Subtrahierst du von einer Zahl –8, so erhältst du das Fünffache der Zahl vermehrt um 64.

(3) Max verringert das Vierfache einer Zahl um 17, Moritz verdreifacht die Differenz zwischen der Zahl und 2. Beide erhalten das gleiche Ergebnis.

(A) $2(5x+7) = -3x+53$	(D) $x-8 = 5x+64$	(G) $4x-17 = 3x-2$
(B) $2 \cdot 5x+7 = -3x+53$	(E) $x:8 = 5x+64$	(H) $4x-17 = 3(x-2)$
(C) $2(5x+7) = -3x \cdot 53$	(F) $x-(-8) = 5x+64$	(I) $4(x-17) = 3(x-2)$

(1) ______ (2) ______ (3) ______

13 **Haus mit Pultdach**

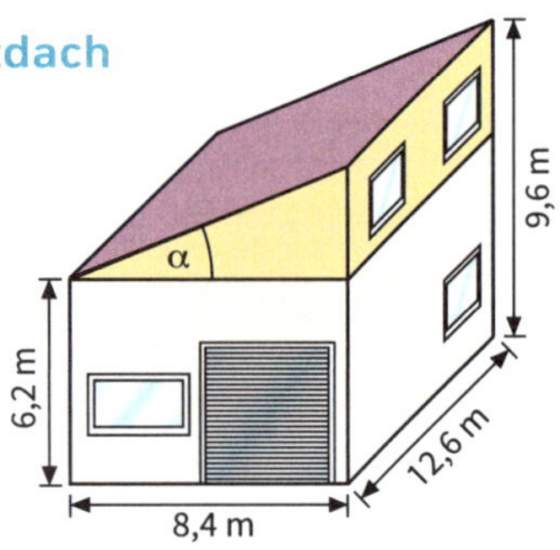

a) Berechne den umbauten Raum des Hauses.

______

b) Wie groß ist der Flächeninhalt der Seitenflächen?

______

★ c) Berechne den Neigungswinkel α des Daches.

14 **Taschengeld**

Eine Gruppe von Jugendlichen wurde nach der Höhe ihres monatlichen Taschengeldes befragt. Das Ergebnis wurde in einem Boxplot dargestellt. Formuliere einige Aussagen, die du am Boxplot ablesen kannst. Benutze dabei auch die Begriffe *Spannweite, Median, unteres Quartil, oberes Quartil* und *Streuung*.

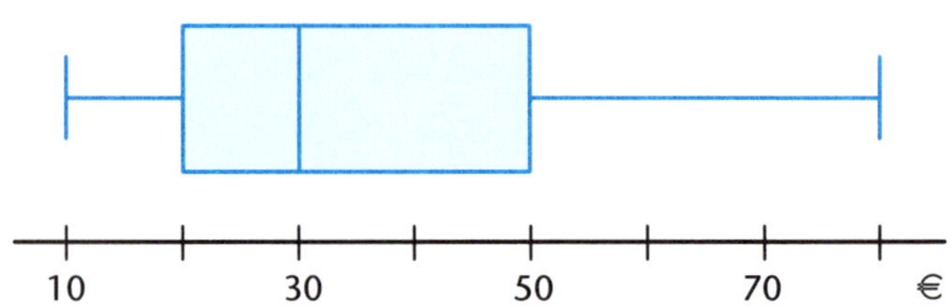

______

______

______

15 Aralsee

Der Aralsee war ein großer, abflussloser Salzsee in Kasachstan und früher der viertgrößte Binnensee der Erde.
Vor etwa 60 Jahren begann der See auszutrocknen. Mittlerweile ist die Austrocknung so stark fortgeschritten, dass der Aralsee in mehrere Teile zerfallen ist. Das linke Bild zeigt die Größe des Sees im Jahr 1960, das rechte Bild die Größe im Jahr 2010.

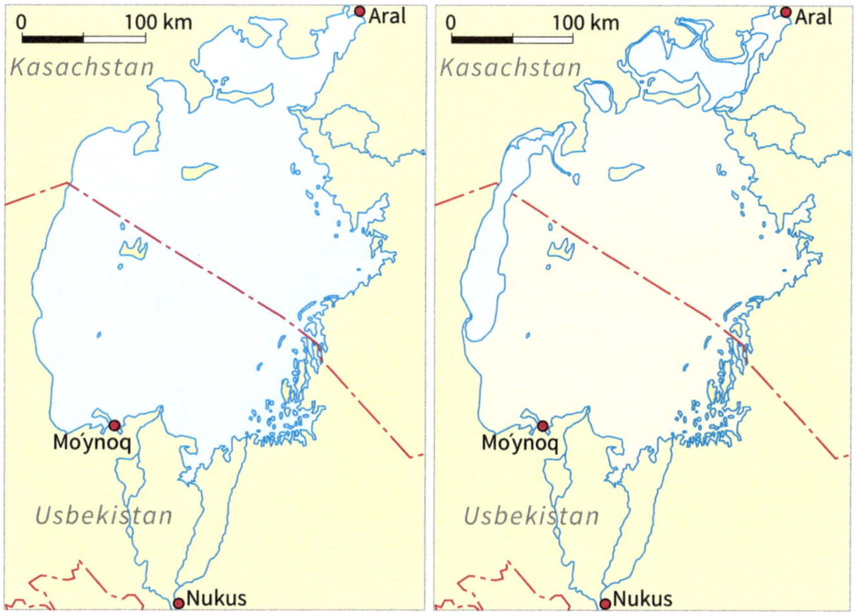

a) Bestimme näherungsweise die Fläche des Sees im Jahr 1960.

____

b) Bestimme näherungsweise die Fläche des Sees im Jahr 2010.
Wie viel Prozent seiner Größe von 1960 hatte der Aralsee zu diesem Zeitpunkt verloren?

____

16 Ernährung

Auf Lebensmittelverpackungen finden sich zahlreiche Informationen für den Verbraucher.

1 Portion enthält:
Zucker 4,9 g*

*5,6 % der empfohlenen Tagesmenge eines Erwachsenen

a) Welche Tagesmenge Zucker wird empfohlen?

____

b) Welcher prozentuale Anteil der empfohlenen Tagesmenge an Zucker ist in folgendem Frühstück enthalten?
(1) eine Scheibe Vollkorntoast mit Butter und Marmelade ______________________________
(2) zwei Scheiben Vollkorntoast mit Schokobrotaufstrich ______________________________
(3) ein Glas Kakaomilch ______________________________

Lebensmittel	1 Portion sind:	Zuckergehalt pro Portion (in g)
Vollkorntoast	1 Scheibe	0,5
Butter	Butter für eine Scheibe Toast	0,5
Schokobrotaufstrich	Brotaufstrich für eine Scheibe Toast	10,0
Marmelade	Marmelade für eine Scheibe Toast	15,0
Kakaomilch	1 Glas	20,0

★ 17 Gleichungen

Löse die Gleichungen. Überlege zuerst, ob du eine Lösungsformel brauchst.

(1) $(x + 3) \cdot (8 - 2x) = 0$
Lösungen: ____________________

(2) $x^2 + 5x = 0$
Lösungen: ____________________

(3) $3x^2 - 8 = 4$
Lösungen: ____________________

(4) $2x^2 - 12x + 4 = 18$
Lösungen: ____________________

★ 18 Gebäude

Das Foto zeigt die Front einer Ausstellungshalle. In dem eingezeichneten Koordinatensystem lässt sich die Außenlinie im oberen Teil durch eine Parabel mit der Funktionsgleichung

$y = -\frac{1}{9}x^2 + 18$

beschreiben (x und y in Meter).

a) Gib die Höhe der Ausstellungshalle (in Meter) an. ____________________

b) Zeige, dass in einer Höhe von 9 m die Ausstellungshalle genau doppelt so breit wie hoch ist.

c) Berechne die Nullstellen der Parabel und beurteile damit, ob auch im unteren Teil der Außenlinie der Halle die Beschreibung durch diese Parabel geeignet ist.

19 Nerobergbahn

Seit mehr als 120 Jahren fährt in Wiesbaden die Nerobergbahn, die ausschließlich durch Schwerkraft einen Höhenunterschied von 83 m überwindet. Und das geht so: Der talwärts fahrende Wagen zieht den anderen Wagen nach oben. Das nötige Gewicht liefert das sogenannte Ballastwasser, das jeweils der nach unten fahrende Wagen in einem Tank mit sich führt.
Ermittle die Länge der roten Gleisstrecke von Nerotal nach Neroberg.

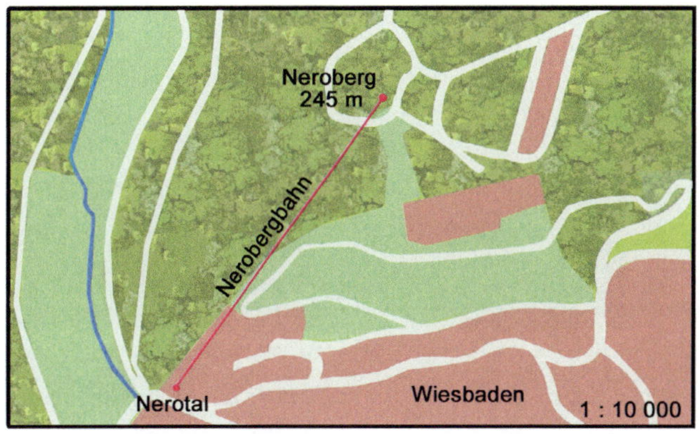

★ 20 Felswand

Um die Höhe einer Felswand zu bestimmen (in der Zeichung die Strecke $\overline{AF}$), wird diese von den zwei Punkten B und C, die 30 Meter voneinander entfernt sind, angepeilt.
Bestimme die Höhe der Felswand durch eine maßstäbliche Zeichnung und durch Berechnung.

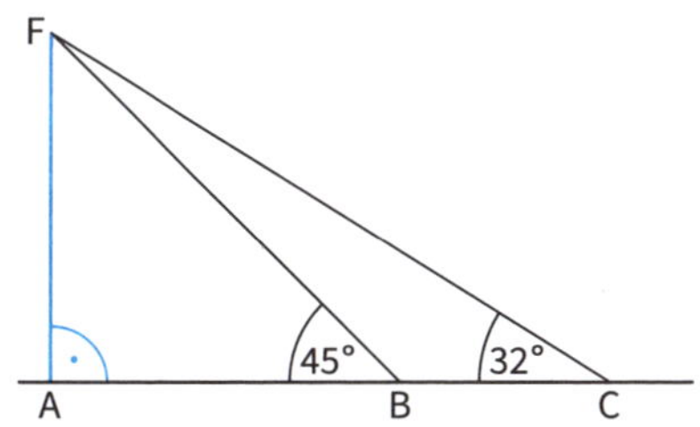

21 Maßänderungen

a) Richtig oder falsch? Korrigiere falsche Aussagen und begründe.

(1) Verdreifacht man den Radius eines Kreises, verdreifacht sich auch der Umfang.
(2) Verdoppelt man den Radius eines Kreises, verdoppelt sich auch der Flächeninhalt.

b) Wie verändert sich das Volumen eines Kegels, wenn man seine Höhe und zugleich seinen Radius verdoppelt? Schreibe auf, wie du rechnest.

22 Wucherzins

Private Kredite können teuer werden. Rechts ist der Schuldenverlauf für einen Kredit von 5 000 € dargestellt.

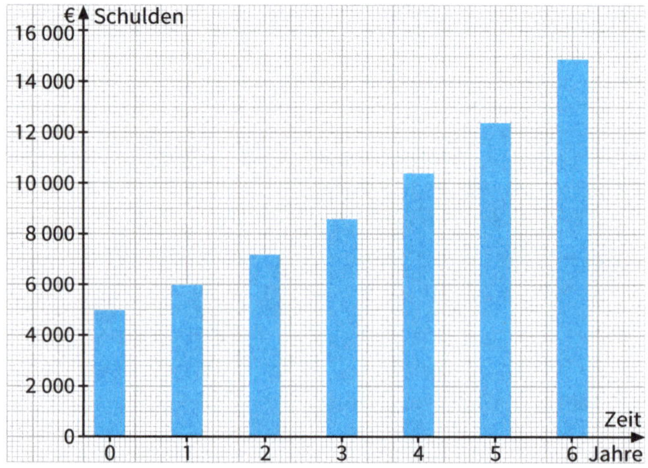

a) Erstelle eine Wertetabelle für die ersten sechs Jahre. (Runde die Euro-Beträge.)

b) Berechne den Zinssatz, den der Kreditgeber verlangt.

c) Es wird nichts zurückgezahlt. Wie lange dauert es, bis die Schulden 30 000 € übersteigen?

23 Sonderpreis

a) Kreuze an, mit welchen Methoden (1), (2) oder (3) der Mofapreis bei Barzahlung richtig berechnet wird.

☐ (1) Man berechnet 15 % von 1 500,– € und subtrahiert das Ergebnis von 1 500,– €.

☐ (2) Man berechnet 85 % von 1 500,– € und zieht noch 3 % des gesenkten Preises ab.

☐ (3) Den Preis bei Barzahlung kann man so berechnen: 1 500 € · 0,85 · 0,97.

b) Was kostet das Mofa bei Barzahlung?

Preis: ______________________

24 Werkstück

In ein zylindrisches Werkstück aus Messing (Dichte $\rho = 8{,}73\ \frac{g}{cm^3}$) sind zwei gleichgroße kegelförmige Vertiefungen gefräst.

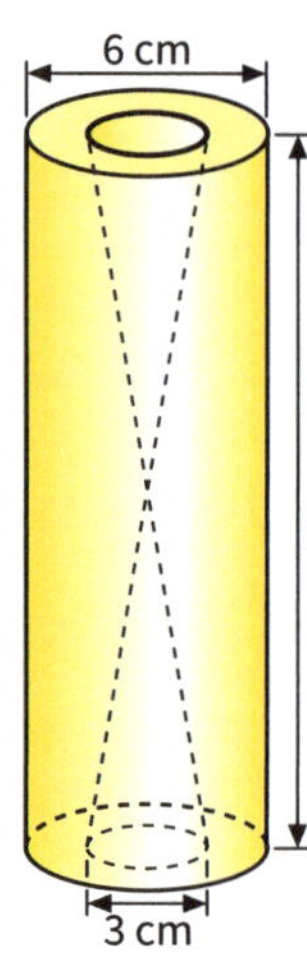

a) Berechne die Masse des Werkstücks.

b) Berechne den Oberflächeninhalt des Werkstücks.

25 Lustige Abfallbehälter

In einem Ort auf Sardinien fordern diese bunten Behälter zur Mülltrennung auf.

a) Schätze folgende Größen:

Höhe h der Behälter (ohne „Kopf"): ________

Höhe k der Behälter (mit „Kopf"): ________

oberer Durchmesser d_o: ________

unterer Durchmesser d_u: ________

b) Entscheide und begründe, mit welchem der drei abgebildeten Körper sich das Volumen am besten abschätzen lässt.

(1)

(2)

(3)

26 Kreise

Hier siehst du eine Folge von Figuren, die aus blauen und weißen Kreisen bestehen.

Figur	1	2	3	4	5	6
		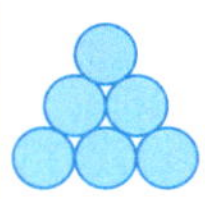	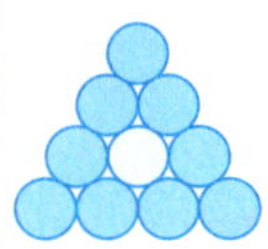	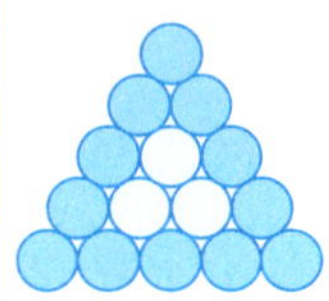	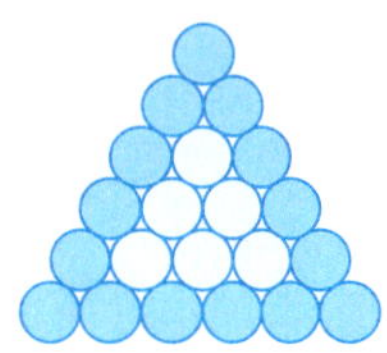	
Anzahl aller Kreise						
Anzahl der blauen Kreise						
Anzahl der weißen Kreise						

a) Skizziere die Figur 6 und fülle die Tabelle aus.

b) Begründe, dass die Anzahl der blauen Kreise in der n-ten Figur mit dem Term $3 \cdot n$ berechnet werden kann.

____

____

____

____

Die Anzahl aller Kreise in der Figur n kann mit dem Term $\frac{1}{2} \cdot (n + 2) \cdot (n + 1)$ berechnet werden.

c) Wie viele Kreise hat die Figur 15 insgesamt? ________

d) Wie viele weiße Kreise hat die Figur 20? ________

Mittlerer Schulabschluss und erweiterte Berufsbildungsreife 2022

Bearbeitungshinweis: Die Bearbeitungszeit beträgt 135 Minuten. Um pandemiebedingte Nachteile zu berücksichtigen, standen 2022 weitere 30 Minuten Bearbeitungszeit zur Verfügung.
In Berlin wurde im Jahre 2022 die Prüfungsarbeit für den Mittleren Schulabschluss und für die erweiterte Berufsbildungsreife als Lernerfolgskontrolle mit zentralen Aufgaben (LEKZA) durchgeführt.
Alle Lösungswege müssen nachvollziehbar dokumentiert sein. Denken Sie* an Begründungen und bei Textaufgaben an den Antwortsatz.
Erlaubte Hilfsmittel sind: eine Formelsammlung, ein Nachschlagewerk der deutschen Rechtschreibung, Standard-Zeichenwerkzeuge und ein wissenschaftlicher Standard-Taschenrechner; nicht grafikfähig, nicht programmierbar, nicht symbolisch rechnend.
Aufgaben auf dem Erweiterungsniveau (E-Niveau) sind mit einem Stern (*) gekennzeichnet.

Mittlerer Schulabschluss und erweiterte Berufsbildungsreife 2022

Aufgabe 1: Basisaufgaben (10 Punkte)

a) Markieren Sie 20 % der nebenstehenden Fläche. (1 P)

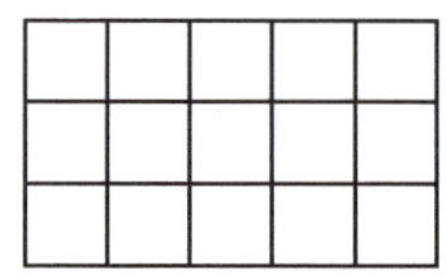

b) Auf dem Markt kosten 3 kg Äpfel 4,80 €.
Geben Sie den Preis für 5 kg Äpfel an. (1 P)

c) Gegeben ist die Gleichung $5 - 2x = 3x - 25$. (1 P)
Kreuzen Sie an, welche Zahl die Lösung der Gleichung ist.

☐ $x = 2$ ☐ $x = 4$ ☐ $x = 6$ ☐ $x = 8$

d) In der dargestellten Woche waren es im Durchschnitt 20 °C. (1 P)
Ergänzen Sie die fehlende Temperatur.

Montag	Dienstag	Mittwoch	Donnerstag	Freitag	Samstag	Sonntag
21 °C	20 °C	19 °C	22 °C	20 °C		20 °C

e) Geben Sie eine Gleichung zur Berechnung des Flächeninhalts des Dreiecks an. (1 P)

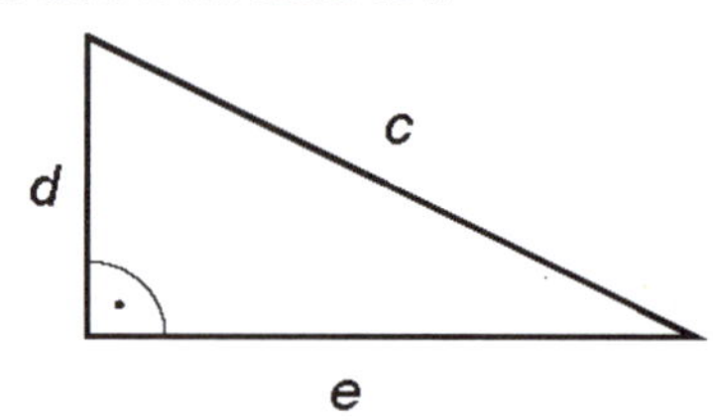

f) Jeder fünfte Jugendliche bekommt kein Taschengeld. (1 P)
Kreuzen Sie an, wie viel Prozent das sind.

☐ 5 % ☐ 20 % ☐ 25 % ☐ 50 %

(*) In den MSA-Prüfungsarbeiten von Berlin und Brandenburg werden die Schülerinnen und Schüler mit „Sie“ angesprochen.

Quelle (Aufgaben): Lisum Landesinstitut für Schule und Medien Berlin-Brandenburg, 2022

Die Abbildung S. 97 Aufgabe 6 weicht aus lizenzrechtlichen Gründen von der Darstellung in der Original-Prüfungsarbeit ab.

g) Kreuzen Sie an, welche Aussage in einem rechtwinkligen Dreieck gilt. (1 P)

☐ Dem rechten Winkel liegt eine Kathete gegenüber.

☐ $c = a + b$

☐ Die Summe der Flächeninhalte der Kathetenquadrate ist gleich dem Flächeninhalt des Hypotenusenquadrates.

h) Max trinkt am Tag 1,5 Liter Wasser. Er benutzt ein 300 ml Glas. (1 P)
Geben Sie an, wie viele volle Gläser Wasser das sind.

i) Diese Figur ist ein gleichschenkliges Trapez. (1 P)
Kreuzen Sie an, wie viele Symmetrieachsen die Figur hat.

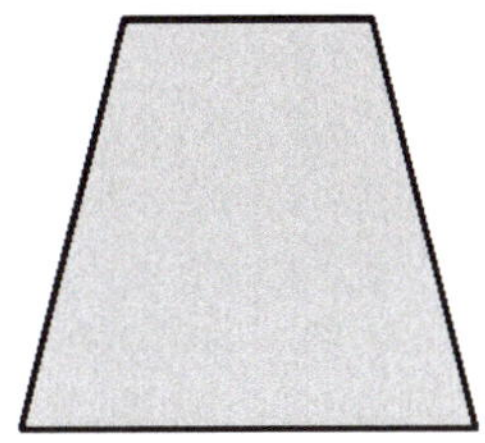

☐	☐	☐	☐	☐	☐
0	1	2	3	4	5

j) Setzen Sie das richtige Zeichen (<, =, >) ein. (1 P)

2^{-5} ☐ 0,25

Aufgabe 2: Becher

(11 Punkte)

Gegeben ist ein zylinderförmiger Becher ohne Deckel.
Die Höhe beträgt $h = 7$ cm und der Radius $r = 3{,}2$ cm.

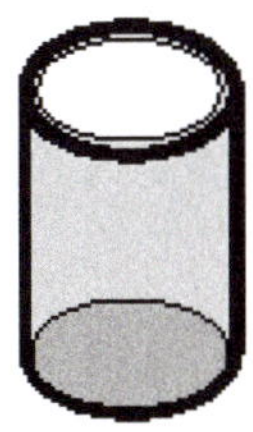

(Skizze nicht maßstabsgerecht)

a) Wählen Sie aus den vorgegebenen Skizzen das Netz aus, das zum Becher passt. Kreuzen Sie an. (3 P)

☐ 

☐ 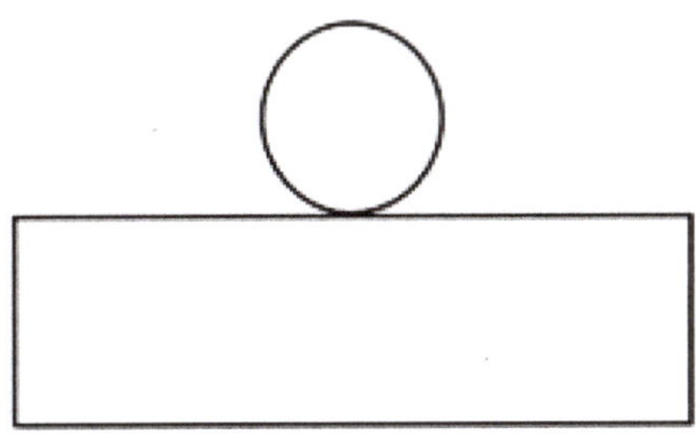

☐ 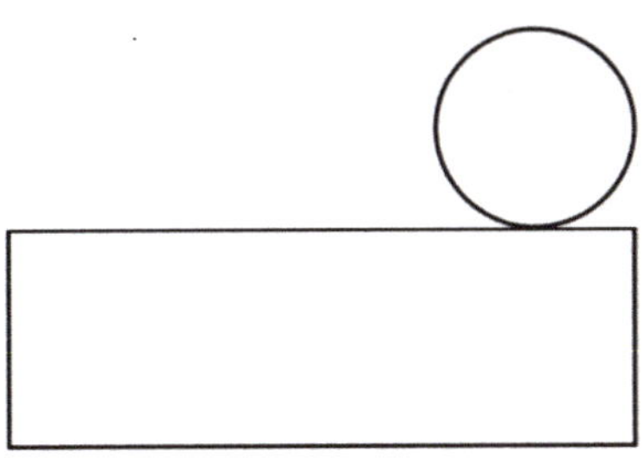

Ermitteln Sie die Länge und die Breite der Mantelfläche.

b) Zeigen Sie, dass in den Becher 200 ml Flüssigkeit passen. (2 P)
Hinweis: 1 cm^3 entspricht 1 ml

* **c)** Ein Stab wird zum Umrühren genutzt. Von dem Stab sind 2 cm außerhalb des Bechers, wenn er diagonal im Becher steht (siehe Skizze). Bestimmen Sie die Länge des Stabes. (3 P)

(Skizze nicht maßstabsgerecht)

* **d)** Ein größerer Becher soll ein Volumen von 425 ml haben. Die Höhe von 7 cm wird beibehalten. Berechnen Sie den Radius dieses Bechers. (3 P)

Aufgabe 3: Funktionen

(8 Punkte)

Gegeben ist eine lineare Funktion mit der Gleichung $f(x) = -2x + 3$.

a) Zeichnen Sie den Graphen f der gegebenen linearen Funktion in das Koordinatensystem. (3 P)

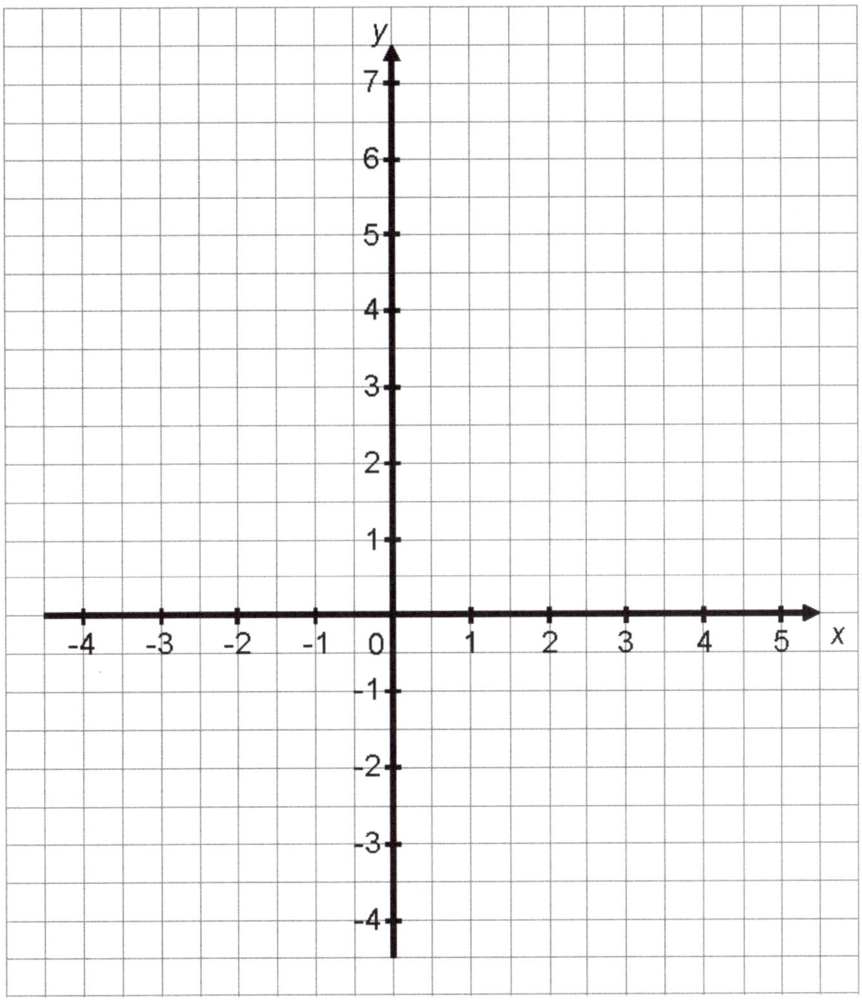

Geben Sie die Nullstelle der Funktion f an.

Gegeben ist die Funktionsgleichung $p(x) = (x - 2)^2 - 4$ einer verschobenen Normalparabel p.

b) Geben Sie die Koordinaten des Scheitelpunktes S an. (1 P)

* **c)** Ermitteln Sie die Koordinaten der Schnittpunkte der Geraden f mit der Parabel p. (4 P)

Aufgabe 4: Bücher (10 Punkte)

In den Jahren 2017 bis 2021 wurden jeweils 1 200 Jugendliche in Deutschland befragt, wie oft sie Bücher lesen.
Das Diagramm zeigt, wie viele der Befragten mehrmals pro Woche Bücher lesen.

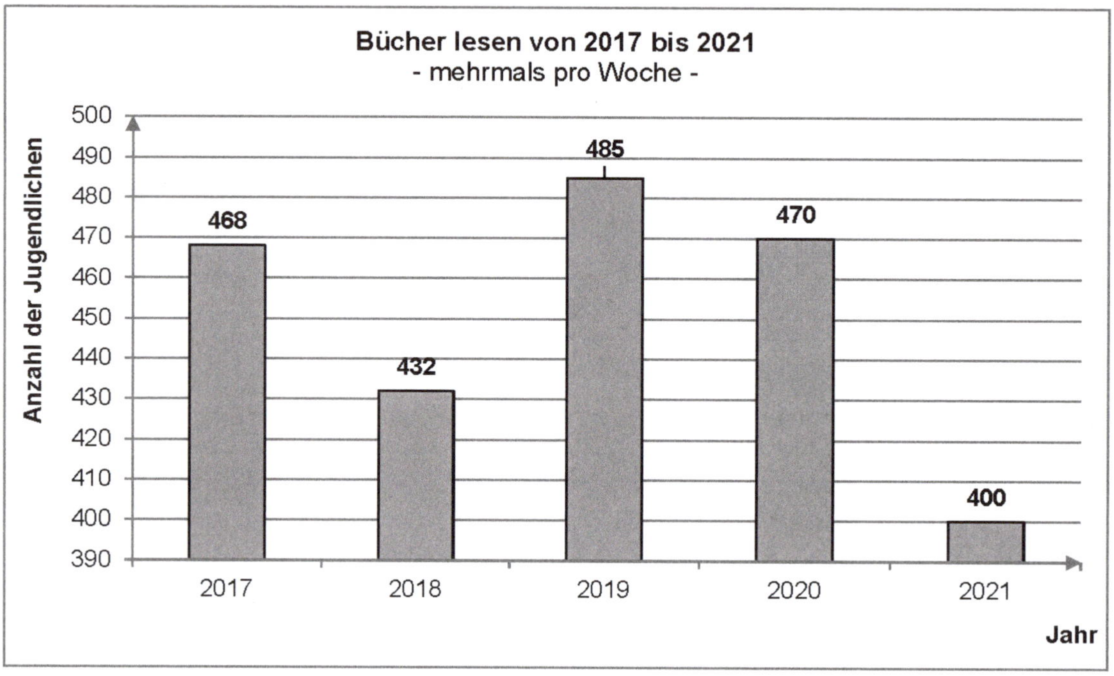

a) Geben Sie das Minimum und das Maximum der Anzahl der Jugendlichen an, die mehrmals pro Woche Bücher lesen. (3 P)

Bestimmen Sie die durchschnittliche Anzahl (das arithmetische Mittel) der Jugendlichen, die mehrmals pro Woche Bücher lesen.

b) Ermitteln Sie, um wie viel Prozent die Anzahl der Jugendlichen im Diagramm von 2020 bis 2021 gesunken ist. (3 P)

c) Paolo sieht auf das Diagramm und behauptet: (2 P)

„Von Jahr zu Jahr lesen immer weniger Jugendliche Bücher. Von 2018 bis 2021 hat sich die Anzahl der bücherlesenden Jugendlichen um mehr als die Hälfte reduziert.“

Entscheiden Sie, ob Paolos Aussage wahr ist.
Begründen Sie Ihre Entscheidung.

750 Jugendliche wurden befragt, wie häufig sie Comic-Hefte lesen.
Die folgende Tabelle zeigt die prozentuale Verteilung.

mehrmals pro Woche	39 %
einmal pro Woche	18 %
einmal im Monat	27 %
nie	16 %

d) Beschriften Sie das Kreisdiagramm entsprechend der Tabelle. (3 P)

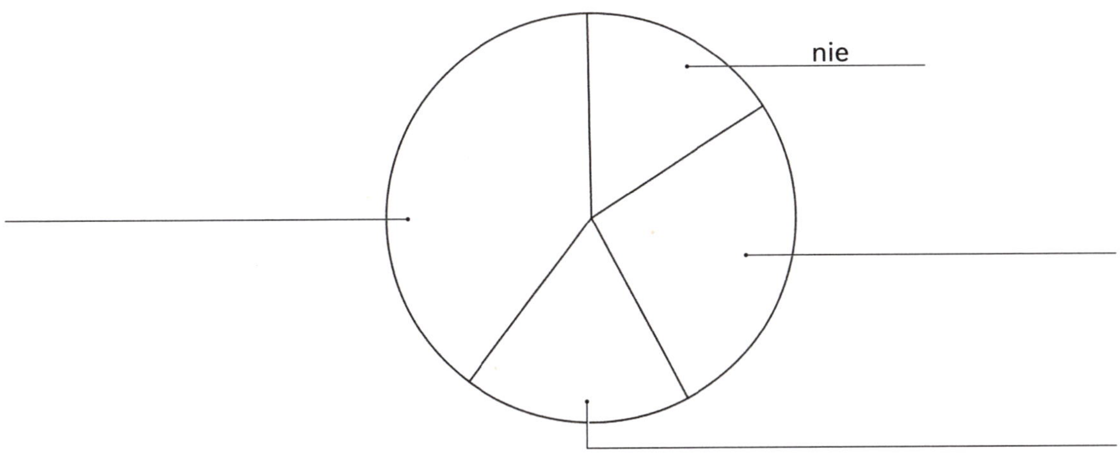

Berechnen Sie die Winkelgröße für den Anteil „nie“.

Aufgabe 5: Dreiecke

(11 Punkte)

Gegeben ist ein Dreieck ABC.
Das Dreieck ist nicht rechtwinklig.
Die Höhe h_c beträgt ca. 7,4 m.

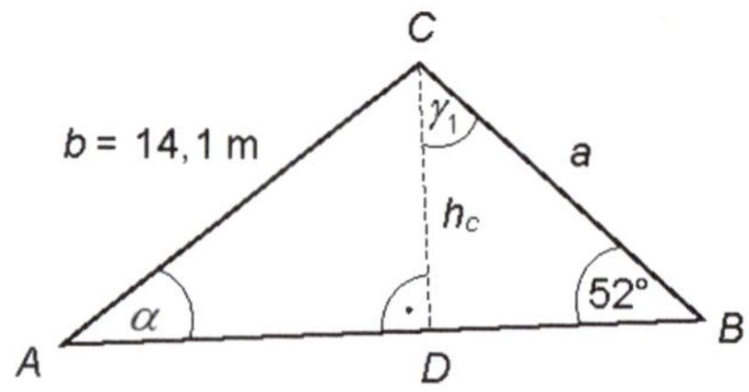

(Skizze nicht maßstabsgerecht)

a) Weisen Sie nach, dass die Länge der Strecke $\overline{AD}$ ca. 12,0 m beträgt. (2 P)

b) Berechnen Sie die Größe des Winkels α. (2 P)

c) Ermitteln Sie die Größe des Winkels γ_1. (2 P)

d) Berechnen Sie die Länge der Seite a. (2 P)

* **e)** Ermitteln Sie den Flächeninhalt des Dreiecks ABC. (3 P)

Aufgabe 6: Führerschein

(5 Punkte)

Zu ihrem 16. Geburtstag haben Maxi und Paula Geld geschenkt bekommen. Sie sparen monatlich weiter, damit sie die Fahrschule für ihren Führerschein bezahlen können.

Maxi	
Anfangsguthaben:	1 472 €
monatlich:	22 €

Paula	
Anfangsguthaben:	990 €
monatlich:	55 €

a) Paula hat nach einem Jahr 1 650 € in der Spardose. (1 P)
Berechnen Sie, wie viel Euro Maxi nach einem Jahr in der Spardose hat.

* **b)** Stellen Sie eine Gleichung auf, mit der Paulas Gesamtguthaben berechnet werden kann. (4 P)

y: Gesamtguthaben in €　　　x: Anzahl der Monate

Für die Fahrschule und die Führerscheinprüfung benötigt Paula 2 000 €.
Ermitteln Sie, wie viele Monate Paula mindestens sparen muss, um ihr Ziel zu erreichen.

Aufgabe 7: Bäume (5 Punkte)

Frau Bauer kauft für ihren Garten Apfelbäume und Pflaumenbäume.
Ein Apfelbaum und ein Pflaumenbaum kosten zusammen 63,00 €.
Für 9 Apfelbäume und 3 Pflaumenbäume zahlt sie 352,20 €.
Frau Bauer stellt folgende zwei Gleichungen zum Sachverhalt auf:

I $x + y = 63$ €
II $9x + 3y = 352{,}20$ €

a) Geben Sie die Bedeutung der Variablen x und y an. (2 P)

* **b)** Berechnen Sie den Preis für einen Apfelbaum und den Preis für einen Pflaumenbaum. (3 P)

Wir arbeiten sehr sorgfältig daran, für alle verwendeten Abbildungen die Rechteinhaberinnen und Rechteinhaber zu ermitteln. Sollte uns dies im Einzelfall nicht vollständig gelungen sein, werden berechtigte Ansprüche selbstverständlich im Rahmen der üblichen Vereinbarungen abgegolten.

Mittlerer Schulabschluss und erweiterte Berufsbildungsreife 2021

Bearbeitungszeit: 1. Prüfungsteil 30 Minuten; 2. Prüfungsteil 90 Minuten

Aufgabe 1: Basisaufgaben (10 Punkte)

a) Eine Zugfahrt dauert 2 Stunden und 35 Minuten. (1 P)
Der Zug fährt um 11:38 Uhr ab.

Geben Sie die Ankunftszeit des Zuges an. ____________________

b) Kennzeichnen Sie einen Anteil von $\frac{3}{8}$ in diesem Rechteck. (1 P)

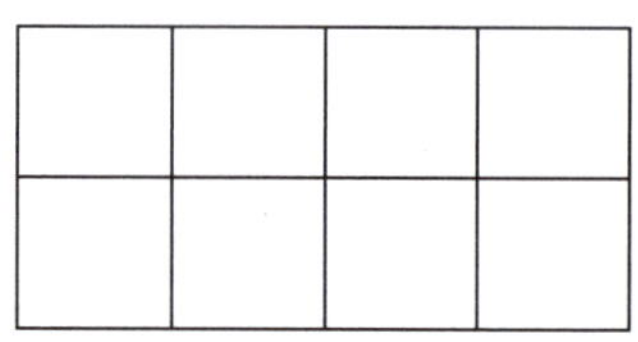

c) Ein Fahrrad kostet 550 €. Eric erhält bei Barzahlung 20 % Rabatt. (1 P)
Kreuzen Sie an, wie viel Eric spart.

☐ 100 € ☐ 440 € ☐ 110 € ☐ 660 €

Quelle (Aufgaben): Lisum Landesinstitut für Schule und Medien Berlin-Brandenburg, 2021

d)

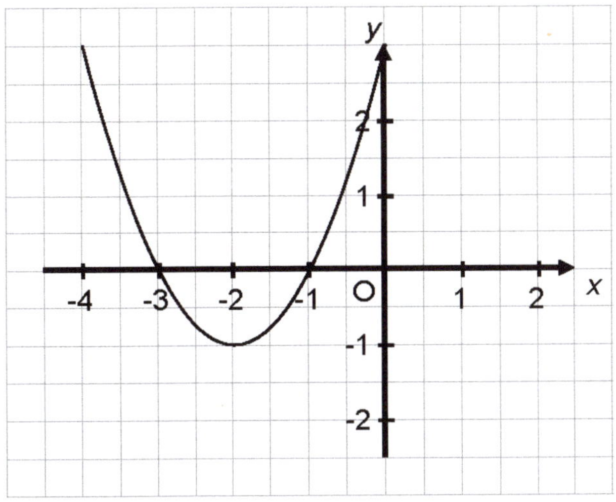

Welcher Scheitelpunkt gehört zur gegebenen Parabel? (1 P)

Kreuzen Sie an.

☐ S (−1 | −2)
☐ S (−1 | 2)
☐ S (−2 | −1)
☐ S (2 | −1)

e) Das Fünffache einer Zahl vermindert um 4 ist gleich 36. (1 P)
Kreuzen Sie die richtige Gleichung an.

☐ $5x = -4 + 36$ ☐ $5 - 4x = 36$ ☐ $5x - 4 = 36$ ☐ $36 - 4 = 5x$

f) Beim Weitsprung erreichte Paul folgende Weiten: (1 P)

4,08 m 3,88 m 3,92 m 4,12 m

Geben Sie die durchschnittliche Weite an. ______________________

g) Gegeben ist der Term $\frac{a+b}{c}$. (1 P)

Bestimmen Sie den Wert des Terms für $a = 8$ $b = -1$ $c = -2$.

____

h) Kreuzen Sie die Formel zur Berechnung der Seite z an. (1 P)

☐ $z = \sqrt{x^2 - y^2}$ ☐ $z = \sqrt{x^2 + y^2}$

☐ $z = \sqrt{y^2 - x^2}$ ☐ $z = \sqrt{y^2 + x^2}$

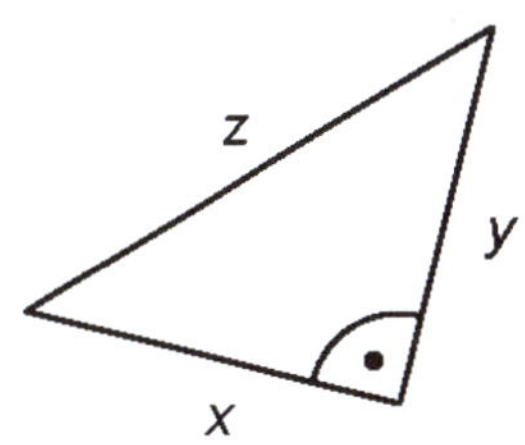

i) Bestimmen Sie die fehlende Winkelgröße α. (1 P)

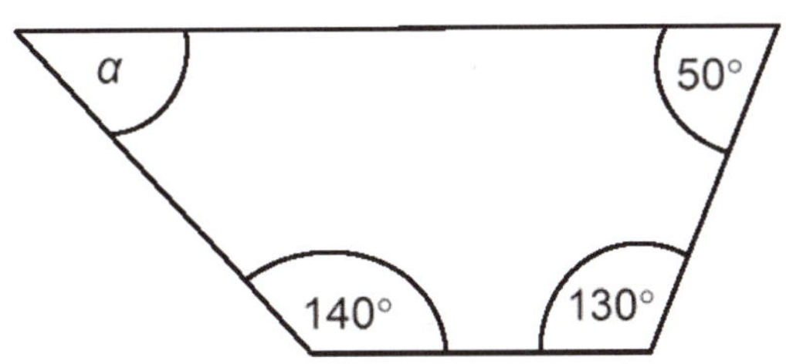

(Skizze nicht maßstabsgerecht)

____

j) Diese Figur ist ein Quadrat. (1 P)

Kreuzen Sie an, wie viele Symmetrieachsen die Figur hat.

☐ 0 ☐ 1 ☐ 2 ☐ 3 ☐ 4 ☐ 5

Aufgabe 2: Funktionen

(8 Punkte)

Gegeben ist die lineare Funktion f mit der Gleichung $y = 3x + 1$.

a) Zeichnen Sie den Graphen der linearen Funktion f in das vorgegebene Koordinatensystem. (2 P)

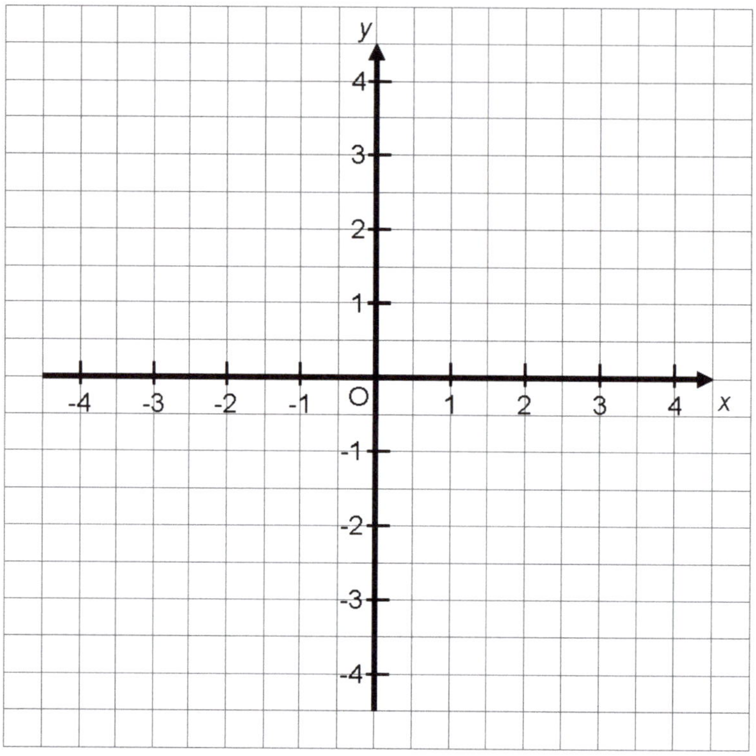

b) Entscheiden Sie, welche Aussagen für die Funktion f zutreffen. (2 P)

Kreuzen Sie die beiden richtigen Aussagen an.

Aussagen	
Der Punkt Q (5|0) liegt auf dem Graphen der Funktion f.	☐
Der Graph der Funktion f ist monoton steigend.	☐
Der Graph der Funktion f schneidet die y-Achse im Punkt P (0|1).	☐
Der Graph der Funktion f verläuft durch den Koordinatenursprung.	☐

* **c)** Der Graph einer quadratischen Funktion mit der Gleichung $y = x^2 + 2x - 1$ ist eine Parabel. (4 P)
Der Graph der Funktion mit der Gleichung $y = 3x + 1$ ist eine Gerade.

Berechnen Sie die Koordinaten der Schnittpunkte der Parabel mit der Geraden.

Aufgabe 3: Viereck (7 Punkte)

Gegeben ist das Viereck ABCD.

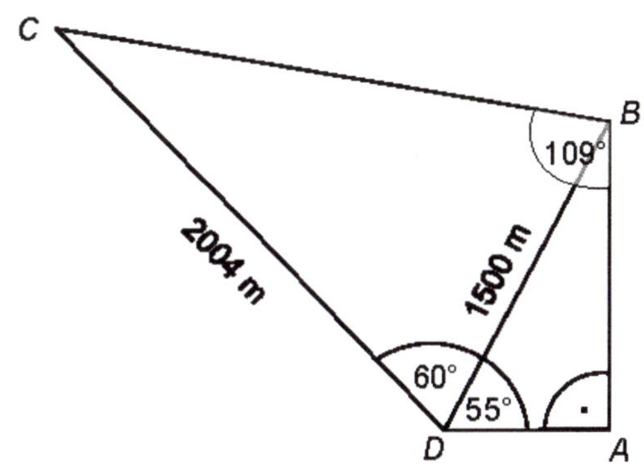

(Skizze nicht maßstabsgerecht)

a) Zeigen Sie mit einer Rechnung, dass die Länge der Strecke $\overline{AB}$ ca. 1 229 m beträgt. (2 P)

b) Berechnen Sie die Länge der Strecke $\overline{AD}$. (2 P)

★ **c)** Prüfen Sie, ob folgende Aussage stimmt: (3 P)
„Die Strecke $\overline{BC}$ ist genauso lang wie die Strecke $\overline{DC}$."

Entscheiden Sie mithilfe einer Rechnung.

Aufgabe 4: Regentonne (9 Punkte)

Herr Gärtner möchte in seinem Garten eine Regentonne aufstellen.

Die zylinderförmige Regentonne hat folgende Maße:
h = 95 cm
r = 29 cm

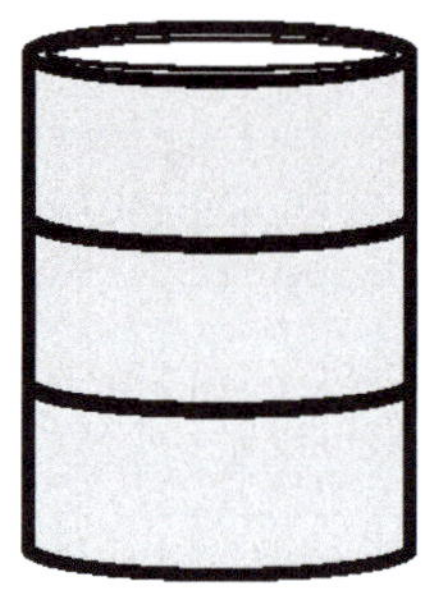
(Skizze nicht maßstabsgerecht)

a) Laut Hersteller passen ca. 250 Liter Wasser in die Regentonne (1 ℓ ≙ 1 dm³). (2 P)

Bestätigen Sie diese Angabe durch eine geeignete Rechnung.

★ **b)** Herr Gärtner möchte gerne mehr Wasser auffangen. (2 P)
Er überlegt:
„Wenn ich eine Regentonne mit dem doppelten Radius hätte, könnte ich genau doppelt so viel Wasser auffangen."

Entscheiden Sie, ob diese Überlegung zutrifft.
Begründen Sie Ihre Entscheidung.

* **c)** Herr Gärtner hat eine rechteckige Platte mit den Maßen 55 cm x 80 cm. (5 P)
Damit möchte er seine Regentonne abdecken.
Kann die Platte die Regentonne vollständig bedecken?

Fertigen Sie zum Sachverhalt eine mögliche maßstabsgerechte Zeichnung als Draufsicht (Ansicht von oben) an. Beschriften Sie Ihre Zeichnung.
Geben Sie den Maßstab Ihrer Zeichnung an.

Maßstab: ______________

Entscheiden Sie, ob die Platte die Regentonne vollständig bedeckt.

____

Aufgabe 5: Hamburger Hafen (7 Punkte)

Im Hamburger Hafen werden viele Schiffe beladen und entladen.

a) Das Diagramm zeigt die Beladungen und Entladungen der Containerschiffe im Hamburger Hafen in den Jahren von 2009 bis 2017. (5 P)

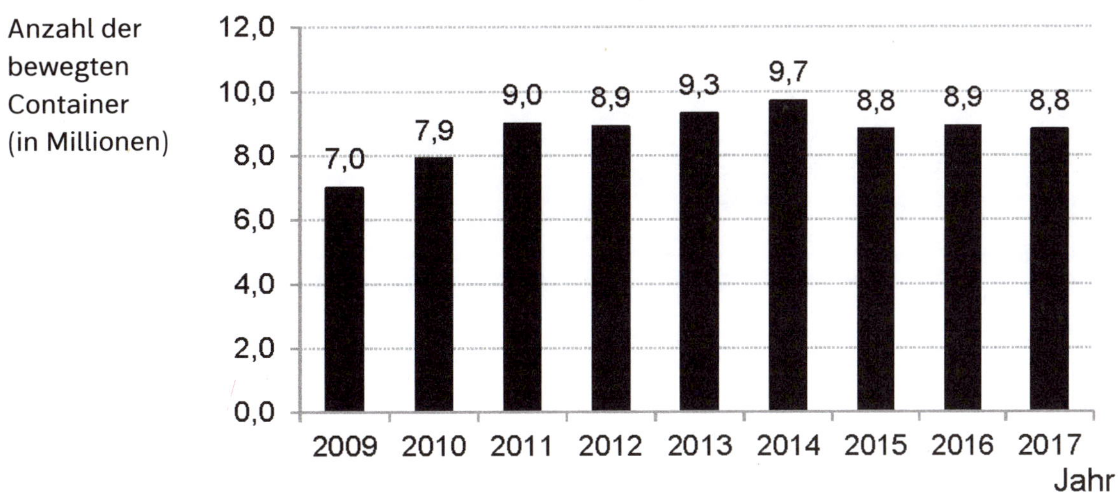

Berechnen Sie für die Anzahl der bewegten Container aus dem Diagramm
- die Spannweite und
- den Durchschnitt (das arithmetische Mittel).

Berechnen Sie, um wie viel Prozent sich die Anzahl der bewegten Container von 2010 bis 2011 erhöht hat.

b) Die Tabelle zeigt die prozentualen Anteile der gesamten Beladungen und Entladungen im Hamburger Hafen. (2 P)

Ergänzen Sie in der Tabelle den fehlenden Prozentsatz für „Flüssigkeiten".

Güter	Schrott	Flüssigkeiten	Container	Getreide	Sonstiges	Gesamt
Angaben in %	17		66	6	1	100

Beschriften Sie das Kreisdiagramm mit den entsprechenden Gütern.

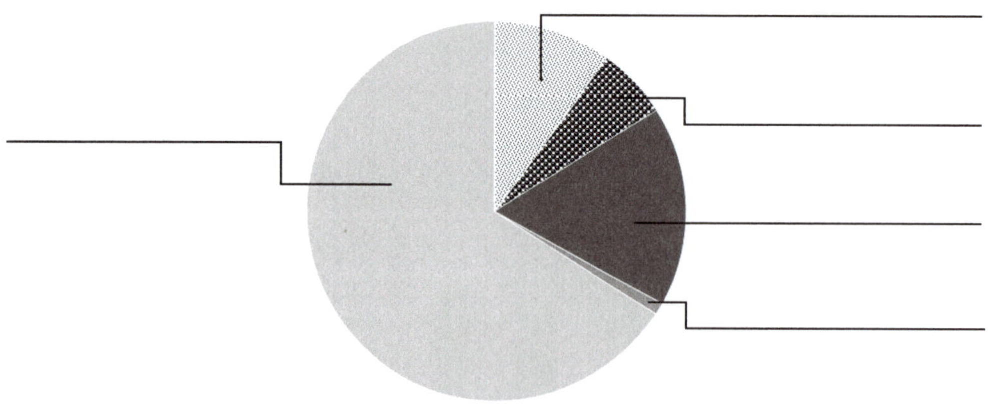

Aufgabe 6: Kerzen

(10 Punkte)

Eine Kerze mit einer Höhe von 40 cm wird angezündet.

Zeit in Minuten	0	10	20	30	40	...	80
Höhe der Kerze in cm		38	36	34	32	...	

a) Ergänzen Sie die beiden fehlenden Werte in der Tabelle. (2 P)

b) Stellen Sie die Daten aus der Tabelle als Graph im Koordinatensystem dar. Vervollständigen Sie dazu die fehlende Achseneinteilung. (3 P)

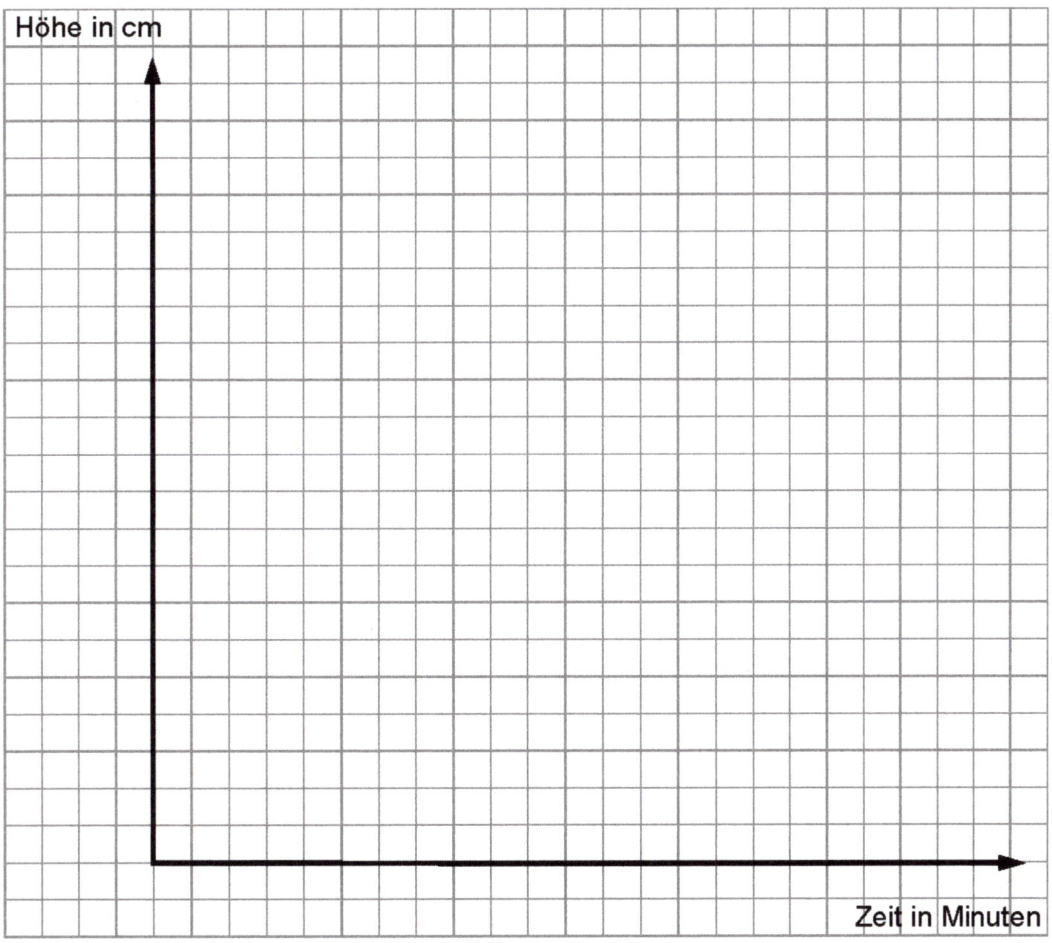

Die Gleichung $y = -0{,}2x + 40$ beschreibt das Abbrennen der Kerze.

* **c)** Geben Sie die Bedeutung der Bestandteile der Gleichung an. (3 P)

y	
−0,2	In einer Minute brennt die Kerze um 0,2 cm ab.
x	
40	

d) Ermitteln Sie, nach welcher Zeit die Kerze vollständig abgebrannt ist. (2 P)

Aufgabe 7: Gleichungen (9 Punkte)

a) Ordnen Sie den Sachverhalten jeweils die passende Gleichung zu. (2 P)
Verbinden Sie die zusammengehörenden Kästen mit einer Linie.

	$y = 20x + 5$
Der Fahrpreis setzt sich aus 5 € Grundgebühr und 20 Cent pro gefahrenen Kilometer zusammen.	
	$y = 5x + 20$
Der Monatspreis in einem Fitnesscenter setzt sich aus 20 € Grundgebühr und 5 € pro gebuchten Kurs zusammen.	
	$y = 0{,}20x + 5$

b) Zwei Familien besuchen in Paris den Eiffelturm. (4 P)
Familie Beyer (zwei Erwachsene und zwei Kinder) zahlt 77,80 € Eintritt.
Familie Gouvan (ein Erwachsener und drei Kinder) zahlt 64,90 € Eintritt.

Ermitteln Sie den Eintrittspreis für Erwachsene und den Eintrittspreis für Kinder.

Stellen Sie zunächst zwei Gleichungen zu diesem Sachverhalt auf.

(I)

(II)

* **c)** Entscheiden Sie, ob die Aussagen wahr oder falsch sind. Kreuzen Sie an. (3 P)

Aussage	wahr	falsch
$(x + 7)^2 = 0$ Diese Gleichung hat genau eine Lösung.	☐	☐
$(x + 8)^2 = 16$ Die Zahlen 4 und 12 sind Lösungen dieser Gleichung.	☐	☐

Geben Sie eine quadratische Gleichung an, die keine Lösung hat.

____

Prüfungsarbeit 2020 Brandenburg

Bearbeitungszeit: 135 Minuten

Aufgabe 1: Basisaufgaben (10 Punkte)

a) Herr Förster sagt: „Nur 4 % meiner Bäume wachsen nicht an." Kreuzen Sie die richtige Aussage an. (1 P)

☐ 4 von 10 Bäumen wachsen nicht an.

☐ Jeder 4. Baum wächst nicht an.

☐ 4 von 100 Bäumen wachsen nicht an.

b) Einer der folgenden Punkte liegt auf der x-Achse des Koordinatensystems. Kreuzen Sie den richtigen Punkt an. (1 P)

☐ A (3 | 2) ☐ B (0 | 2) ☐ C (−3 | −2) ☐ D (3 | 0)

c) Geben Sie die Gleichung für tan α an. (1 P)

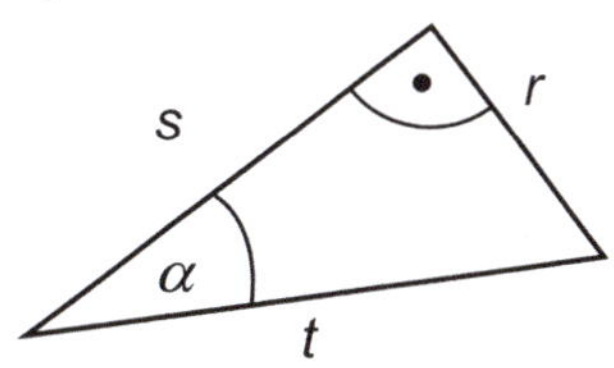

d) Der Flächeninhalt eines Quadrates beträgt 36 cm². Notieren Sie die Seitenlänge des Quadrates. (1 P)

____

e) Geben Sie die Lösung der Gleichung $2(x - 4) = 6$ an. (1 P)

x = ______________

f) Geben Sie die Zahl an, die genau in der Mitte zwischen −0,6 und −0,5 liegt. (1 P)

____

g) Die beiden Geraden g und h sind parallel zueinander.
Geben Sie die Größe des Winkels α an. (1 P)

α = ______________

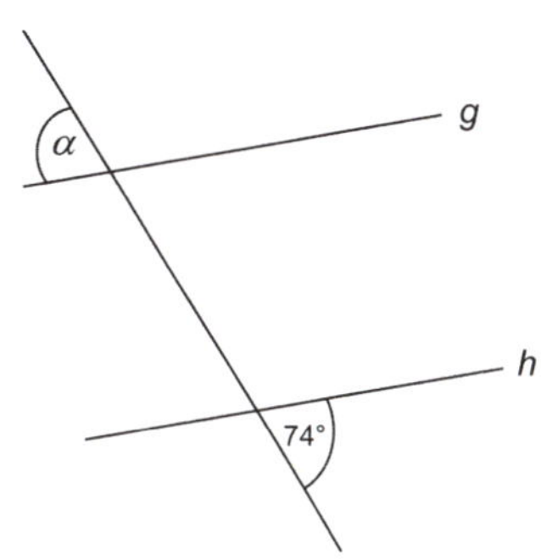

(Skizze nicht maßstabsgerecht)

h) Geben Sie die Zahl x an, für die die Gleichung $2x = 16$ gilt. (1 P)

x = ______________

Quelle (Aufgaben): Lisum Landesinstitut für Schule und Medien Berlin-Brandenburg, 2020

i) Im Dreieck ABC hat die Seite a eine Länge von 10 cm. (1 P)
Für die Summe der Seitenlängen b und c gilt eine der folgenden Aussagen.
Kreuzen Sie die richtige Aussage an.

☐ $b + c > 10$ cm

☐ $b + c = 10$ cm

☐ $b + c < 10$ cm

j) Für x wurde die Gleichung $\sin 30° = \frac{7}{x}$ aufgestellt. (1 P)
Geben Sie den Wert von x an.

Aufgabe 2: Schwimmbad

(9 Punkte)

In dem Diagramm soll die Anzahl der Besucher eines Schwimmbades in der ersten Ferienwoche der Sommerferien dargestellt werden.
Am Donnerstag waren 180 Besucher im Schwimmbad.

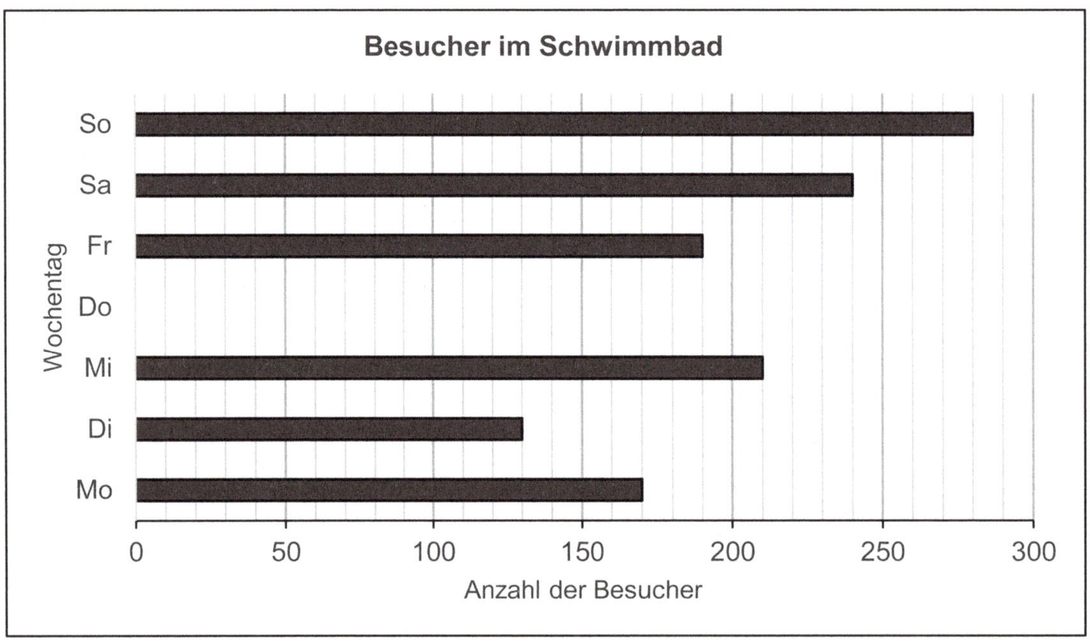

a) Ergänzen Sie im Diagramm den Balken für Donnerstag. (1 P)

b) Notieren Sie, an welchen Tagen mehr als 190 Besucher im Schwimmbad waren. (1 P)

c) Berechnen Sie die durchschnittliche Anzahl der Besucher in der ersten Ferienwoche. (2 P)

d) Die beiden folgenden Aussagen sind wahr. (2 P)
Weisen Sie die Aussagen rechnerisch nach.

Aussage	**Nachweis**
Die Spannweite der Besucherzahlen in der ersten Ferienwoche beträgt 150 Besucher.	
Am Sonntag kamen ein Drittel mehr Besucher als am Mittwoch.	

Am Wochenende kamen 520 Besucher in das Schwimmbad.
An diesen Tagen kostet die Tageskarte 12 € pro Person.

* **e)** Der Betreiber des Schwimmbades behauptet: (3 P)
„Wären am Wochenende x Besucher mehr gekommen, dann hätte ich am Wochenende 7 920 € Einnahmen erzielt."
Stellen Sie eine Gleichung auf, die diesen Sachverhalt beschreibt.

Ermitteln Sie die Anzahl x der Besucher, die dafür gefehlt hat.

Aufgabe 3: Funktionen (10 Punkte)

Im Koordinatensystem ist der Graph der quadratischen Funktion f mit der Gleichung $y = (x + 2)^2 - 4$ dargestellt.

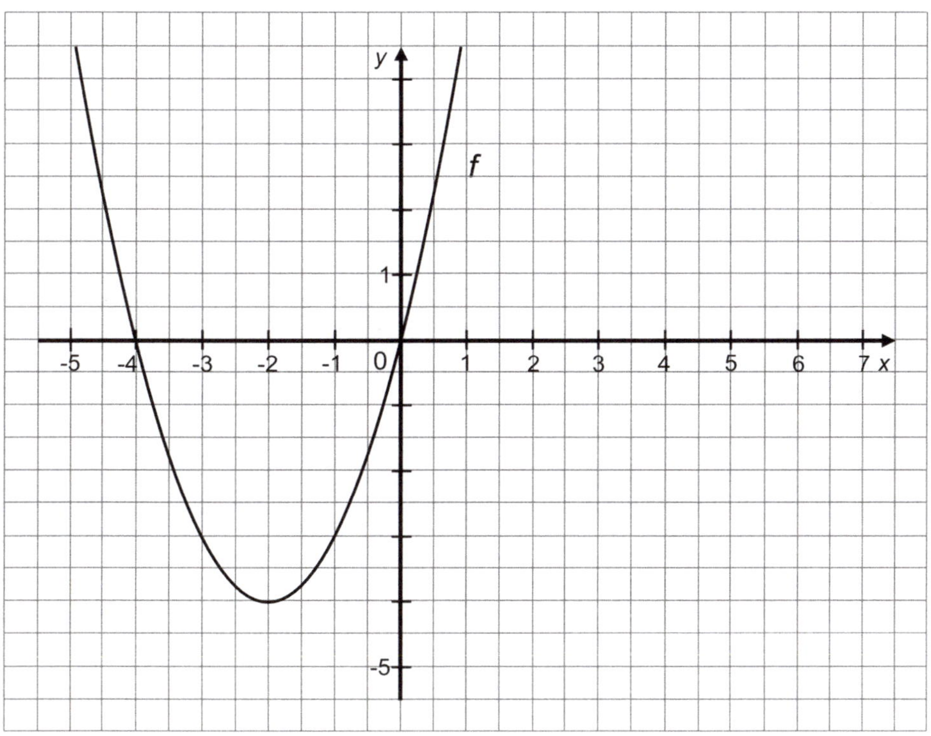

a) S ist der Scheitelpunkt des Graphen von f. (1 P)
Geben Sie die Koordinaten von S an.

____

b) Einer der folgenden Punkte liegt nicht auf dem Graphen von f. (1 P)
Kreuzen Sie an, welcher der folgenden Punkte nicht auf dem Graphen von f liegt.

☐ A (−3 | −3) ☐ B (0 | 0) ☐ C (−1 | −3) ☐ D (−1,5 | −2,5) ☐ E (−2 | −4)

c) Der Punkt A (2 | y) liegt auf dem Graphen von f mit der Gleichung $y = (x + 2)^2 - 4$. (2 P)
Bestimmen Sie den Wert der y-Koordinate des Punktes A.

* **d)** Die Parabel p entsteht durch Spiegelung des Graphen f an der y-Achse. (3 P)
Skizzieren Sie die Parabel p in dem vorgegebenen Koordinatensystem.

Geben Sie eine Gleichung für p an.

* **e)** Berechnen Sie für die Funktion mit der Gleichung $y = 2x^2 + 8x + 6$ (3 P)
die Nullstellen.

Aufgabe 4: Wasserverbrauch (8 Punkte)

Weltweiter Wasserverbrauch

Eine Studie aus dem Jahr 2019 besagt, dass der weltweite Wasserverbrauch pro Person in Zukunft um 3 % pro Jahr steigen wird. Im Jahr 2019 wurde ein jährlicher Wasserverbrauch von durchschnittlich 54 Tausend Liter pro Person ermittelt.

a) Ergänzen Sie die Tabelle entsprechend der Angaben aus dem Text. (2 P)

Jahr	2019	2020	2021	2022
Jährlicher Wasserverbrauch pro Person in Tausend Litern		55,6	57,3	

b) Der Graph zeigt den weltweiten Wasserverbrauch in Tausend Litern pro Person seit dem Jahr 2019. (3 P)

Ermitteln Sie anhand des Graphen, nach wie vielen Jahren sich der Wasserverbrauch pro Person in etwa verdoppelt haben wird.

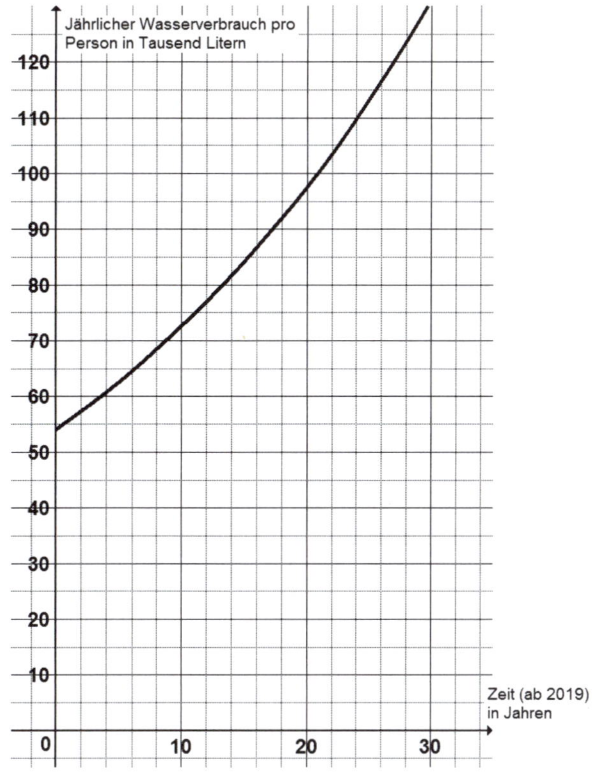

Beschreiben Sie Ihr Vorgehen.

* **c)** Die Vorhersage für den weltweiten Wasserverbrauch pro Person kann durch die Gleichung $y = 54 \cdot 1{,}03^x$ beschrieben werden. (3 P)
(x: Zeit in Jahren, y: Wasserverbrauch pro Person in Tausend Litern).

Eine andere Studie schätzt, dass der jährliche Wasserverbrauch pro Person von 2019 bis 2033 insgesamt um ca. 40 % steigen wird.

Untersuchen Sie, ob beide Studien für das Jahr 2033 den gleichen Wasserverbrauch vorhersagen.

Stichwortverzeichnis

westermann

FiNALE Prüfungstraining

Berlin und Brandenburg

Mittlerer Schulabschluss / Erweiterte Berufsbildungsreife 2024

Mathematik

Lösungen und Formelsammlung

Bernhard Humpert
Dr. Martina Lenze
Dr. Bernd Liebau
Ursula Schmidt
Peter Welzel

6990062
ISBN 978-3-07-172488-4

Prozentrechnung (Grundformel)	$\frac{W}{p} = \frac{G}{100}$	G: Grundwert W: Prozentwert p %: Prozentsatz
Zinsrechnung Kapital nach n Jahren Zinssatz	$K_n = K_0 \cdot \left(1 + \frac{p}{100}\right)^n$ $\frac{p}{100} = \sqrt[n]{\frac{K_n}{K_0}} - 1$	n: Anzahl der Jahre p %: Zinssatz K_n: Kapital nach n Jahren K_0: Anfangskapital
Dichte eines Stoffes	$\rho = \frac{m}{V}$	ρ: Dichte m: Masse V: Volumen
Geschwindigkeit einer gleichförmigen Bewegung	$v = \frac{s}{t}$	v: Geschwindigkeit s: zurückgelegter Weg t: benötigte Zeit
Potenzen und Wurzeln	$a^n = a \cdot a \cdot \ldots \cdot a$ (n-mal) $a^0 = 1$ $\sqrt[n]{a} = a^{\frac{1}{n}}$ für Spezialfall n = 2 gilt: $\sqrt[2]{a} = \sqrt{a} = a^{\frac{1}{2}}$ $a^{-n} = \frac{1}{a^n}$	für $a \in \mathbb{R}$, $a \neq 0$, $n \in \mathbb{N}$
Quadratische Funktionen und Gleichungen Scheitelpunktform der verschobenen Normalparabel Allgemeine Form einer quadratischen Gleichung Lösungsformel für quadratische Gleichungen in der allgemeinen Form und zur Bestimmung von Nullstellen	$f(x) = (x + d)^2 + e$ $0 = x^2 + px + q$ $x_{1,2} = -\frac{p}{2} \pm \sqrt{\left(\frac{p}{2}\right)^2 - q}$	Scheitelpunkt: $S(-d \mid e)$ $p, q \in \mathbb{R}$

Rechtwinkliges Dreieck		
Satz des Pythagoras	$c^2 = a^2 + b^2$	
Umfang	$u = a + b + c$	
Flächeninhalt	$A = \frac{1}{2} a \cdot b = \frac{1}{2} c \cdot h_c$	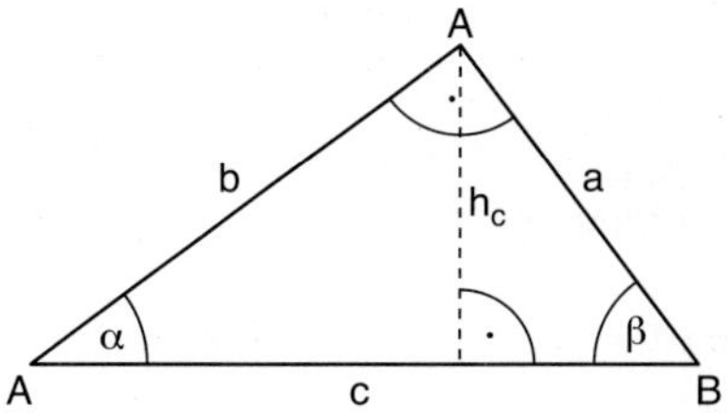
Seiten-Winkel-Beziehungen	$\sin\alpha = \frac{\text{Gegenkathete von } \alpha}{\text{Hypotenuse}} = \frac{a}{c}$ $\cos\alpha = \frac{\text{Ankathete von } \alpha}{\text{Hypotenuse}} = \frac{b}{c}$ $\tan\alpha = \frac{\text{Gegenkathete von } \alpha}{\text{Ankathete von } \alpha} = \frac{a}{b}$	
Beliebiges Dreieck		
Sinussatz	$\frac{a}{\sin\alpha} = \frac{b}{\sin\beta} = \frac{c}{\sin\gamma}$	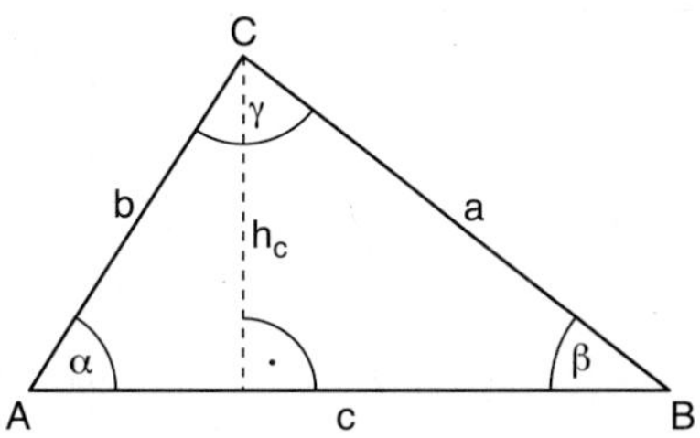
Umfang	$u = a + b + c$	
Flächeninhalt	$A = \frac{1}{2} c \cdot h_c$ bzw. $A = \frac{1}{2} a \cdot b \cdot \sin\gamma$	
Rechteck		
Umfang	$u = 2a + 2b = 2(a + b)$	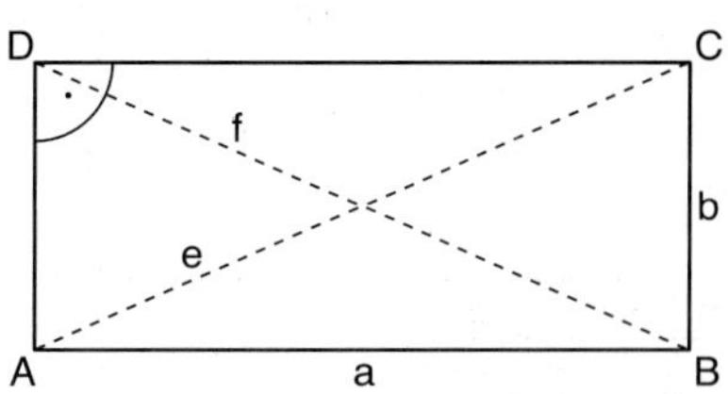
Flächeninhalt	$A = a \cdot b$	
Diagonalen	$e = f = \sqrt{a^2 + b^2}$	
Trapez		
Mittellinie	$m = \frac{1}{2}(a + c)$	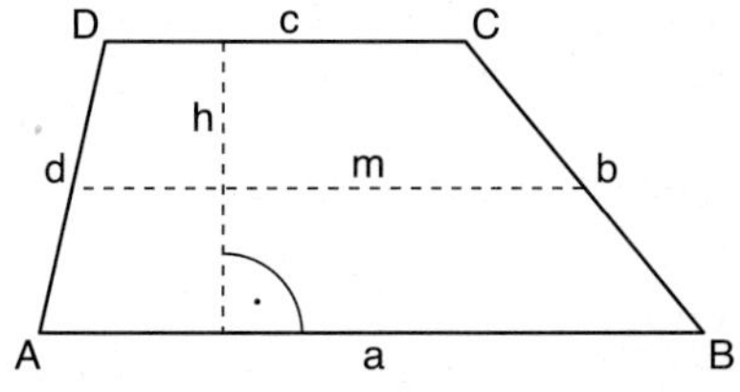
Flächeninhalt	$A = m \cdot h = \frac{1}{2}(a + c) \cdot h$	
Kreis		
Durchmesser	$d = 2 \cdot r$	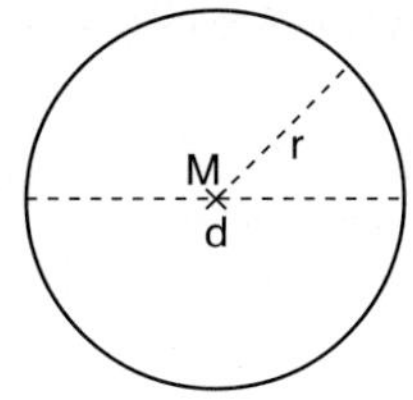
Umfang	$u = 2 \cdot \pi \cdot r$	
Flächeninhalt	$A = \pi \cdot r^2$	

Würfel		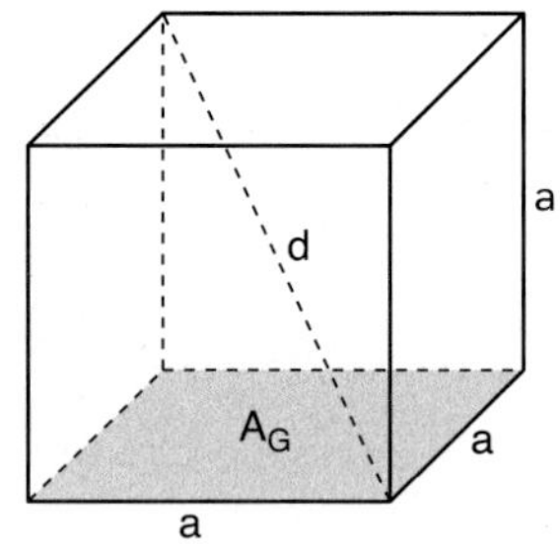
Grundfläche	$A_G = a^2$	
Oberfläche	$A_O = 6 \cdot a^2$	
Volumen	$V = a^3$	
Raumdiagonale	$d = a \cdot \sqrt{3}$	
Quader		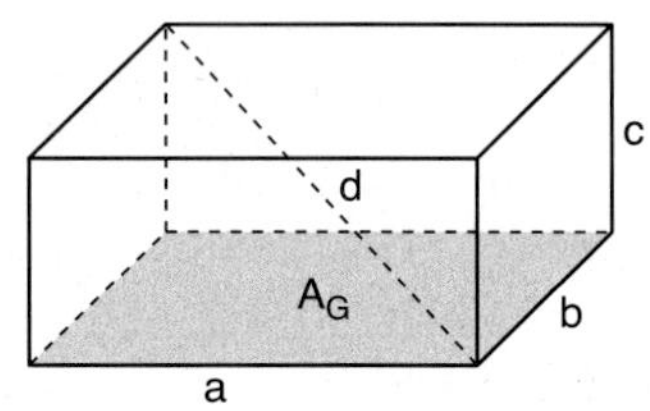
Grundfläche	$A_G = a \cdot b$	
Oberfläche	$A_O = 2ab + 2ac + 2bc$	
Volumen	$V = a \cdot b \cdot c$	
Raumdiagonale	$d = \sqrt{a^2 + b^2 + c^2}$	
Prisma (dreiseitig, gerade)	A_G = Grundfläche	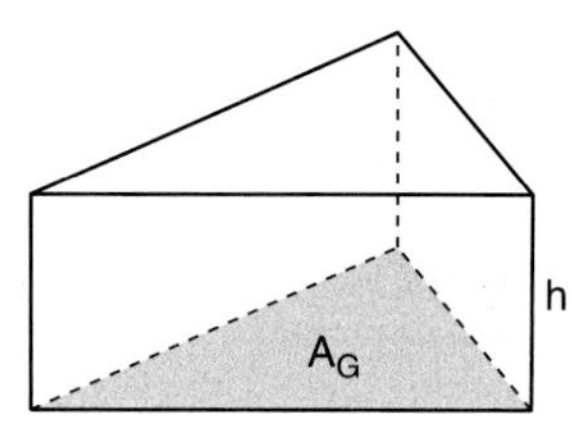
	u_G = Umfang der Grundfläche	
Mantelfläche	$A_M = u_G \cdot h$	
Oberfläche	$A_O = 2A_G + A_M$	
Volumen	$V = A_G \cdot h$	
Pyramide (quadratisch, gerade)		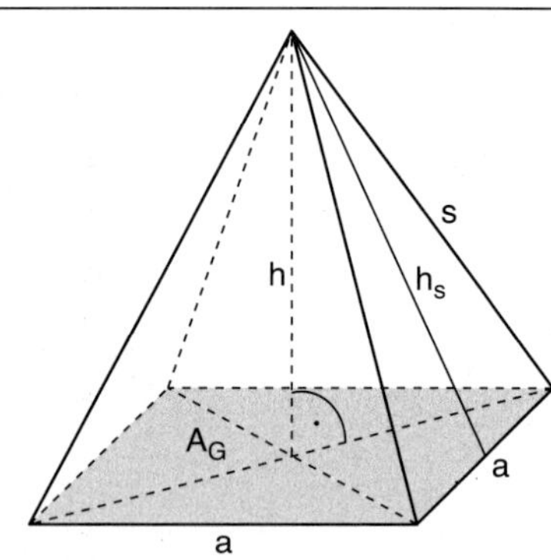
Grundfläche	$A_G = a^2$	
Mantelfläche	$A_M = 2a \cdot h_s$	
Oberfläche	$A_O = A_G + A_M$	
Volumen	$V = \frac{1}{3} A_G \cdot h$	
Zylinder (gerader)		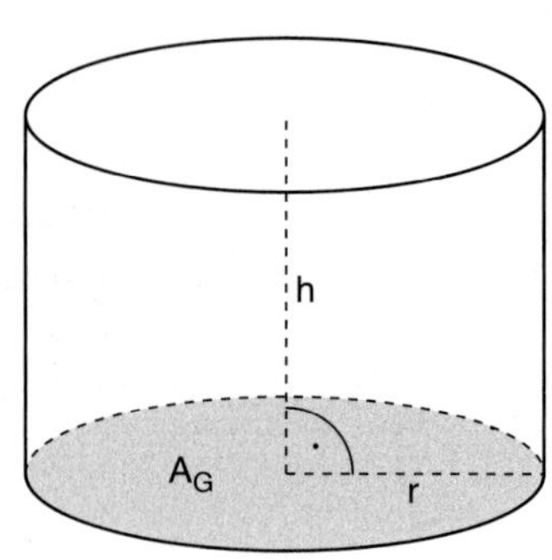
Grundfläche	$A_G = \pi \cdot r^2$	
Mantelfläche	$A_M = 2 \cdot \pi \cdot r \cdot h$	
Oberfläche	$A_O = 2A_G + A_M$	
Volumen	$V = A_G \cdot h = \pi \cdot r^2 \cdot h$	

Kugel		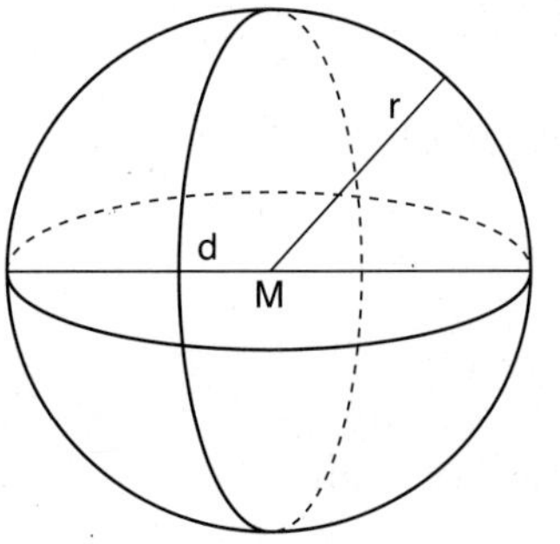
Oberfläche	$A_O = 4\pi \cdot r^2$	
Volumen	$V = \frac{4}{3}\pi \cdot r^3$	
Kegel (gerader)		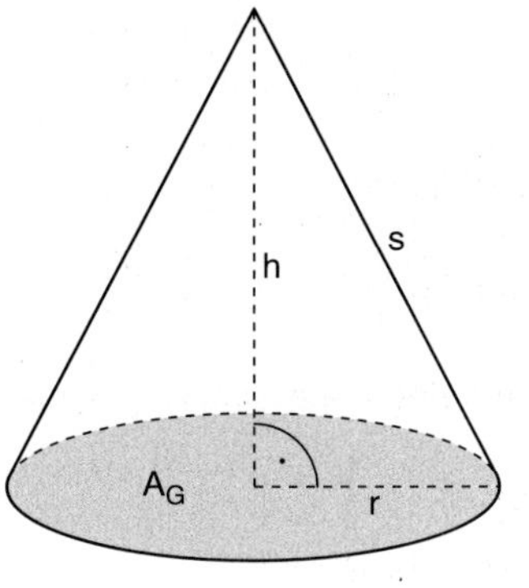
Mantellinie	$s^2 = r^2 + h^2$	
Grundfläche	$A_G = \pi \cdot r^2$	
Mantelfläche	$A_M = \pi \cdot r \cdot s$	
Oberfläche	$A_O = \pi \cdot r(r + s)$	
Volumen	$V = \frac{1}{3}A_G \cdot h = \frac{1}{3}\pi \cdot r^2 \cdot h$	
Stochastik		
Zufallsexperimente	Sind alle Ergebnisse bei einem Zufallsexperiment gleich wahrscheinlich, so gilt für ein Ereignis A: $P(A) = \frac{\text{Anzahl der für A günstigen Ergebnisse}}{\text{Anzahl der möglichen Ergebnisse}}$	P(A): Wahrscheinlichkeit von A
Pfadregel für mehrstufige Zufallsexperimente	Produktregel: Die Wahrscheinlichkeit eines Ergebnisses D ist gleich dem Produkt der Wahrscheinlichkeiten entlang des jeweiligen Pfades im Baumdiagramm. Bsp.: $P(D) = p_1 \cdot p_4$ Summenregel: Die Wahrscheinlichkeiten eines Ereignisses H ist gleich der Summe der Wahrscheinlichkeiten aller Pfade, die für dieses Ereignis günstig sind. Bsp.: $H = \{D, E\}$ $P(H) = p_1 \cdot p_4 + p_2 \cdot p_5$	Baumdiagramm: 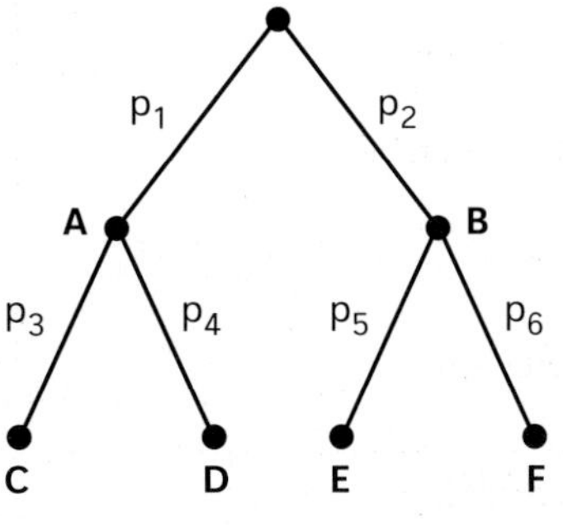

Hier im Lösungsheft befinden sich **Kurzlösungen** zu den Aufgaben des Eingangstests (S. 8 – 13). **Ausführliche Lösungen** zum Eingangstest befinden sich im Arbeitsbuch (S. 16 – 37).

Kurzlösungen – Eingangstest Teil A Basisaufgaben

Arithmetik/Algebra (Eingangstest)

S. 8

1 Rechnen und Ordnen

a) (1) 6 (2) 0,9 (3) 1 (4) 11,9 (5) −2,9 (6) 5

b) $-0{,}7 < -\frac{1}{2} < 0{,}5 < 0{,}6 < \frac{3}{4} < \frac{4}{3} < 1\frac{3}{5}$

2 Prozente

a) 75 € b) 5 % c) 200 kg d) 24,80 €

3 Gleichungssysteme

a) $x = 2$, $y = -1$ b) Breite 6,5 cm, Länge 8,5 cm

4 Schätzen

Oberfläche Schokoladentafel: 30 000 mm^2 Höhe Kirchturm: 0,085 km
Volumen Badewasser: 320 *l*, also ca. 0,300 m^3

S. 9

5 Wintercheck

a) C3 b) 16,50 € c) =Summe(D3:D8) d) =D10*0,19; =D10*B11/100

6 Aussagen

a) (1) Ja (2) Nein (3) Ja (4) Nein
b) $x = 32$ (1) Max 32 Jahre; Vera 28 Jahre (3) 1. Tag 32 km; 2. Tag 28 km

Funktionen (Eingangstest)

7 Zuordnungen

Richtig anzukreuzen ist jeweils ...
a) p (proportional) b) k (keines von beiden)
c) a (antiproportional) d) k (keines von beiden)

S. 10

8 Gleichungen und Graphen

g_1: $y = -x - 2$ g_3: $y = 2x^2$ g_5: $y = x - 2$
g_2: $y = -0{,}5x^2$ g_4: $y = -x + 2$ g_6: $y = x^2 + 2x + 2$

9 Parabeln in verschiedenen Darstellungen

Scheitelpunktform: $f(x) = 2\,(x - 3)^2 - 15$ Allgemeine Form: $f(x) = 2x^2 - 12x + 3$

10 Lineare Funktion – Füllmenge

a) 150 *l* b) Abnahme pro Minute: 2 *l* c) $y = -2x + 150$

11 Exponentielles Wachstum

Nach 5 Jahren hat die Stadt ca. 46 371 Einwohner.

Geometrie (Eingangstest)

S. 11

12 Rechteck

Weil $a = 8$ cm und der Umfang $u = 2a + 2b = 30$ cm, ist $b = 7$ cm.
Damit ist der Flächeninhalt $A = a \cdot b = 56$ cm^2.

S. 11

13 Dreieck im Koordinatensystem

a) P(−1 | 3); Q(−1 | −2); R(4 | −1)

b) $g = 5\text{ cm};\ h = 5\text{ cm};\ A = \frac{5\text{ cm} \cdot 5\text{ cm}}{2} = 12{,}5\text{ cm}^2$

c) Die Figur PQRS ist ein Parallelogramm.

d) $A = g \cdot h \rightarrow A = 5\text{ cm} \cdot 5\text{ cm} = 25\text{ cm}^2$

14 Umzug

Volumen eines Kartons: $V = 0{,}6\text{ m} \cdot 0{,}33\text{ m} \cdot 0{,}34\text{ m} = 0{,}06732\text{ m}^3$
90 Kartons haben das Volumen $90 \cdot 0{,}06732\text{ m}^3 = 6{,}0588\text{ m}^3$.
Zu empfehlen ist der Transporter mit dem Ladevolumen von $9{,}5\text{ m}^3$.

15 Zylinder

a) Netz:

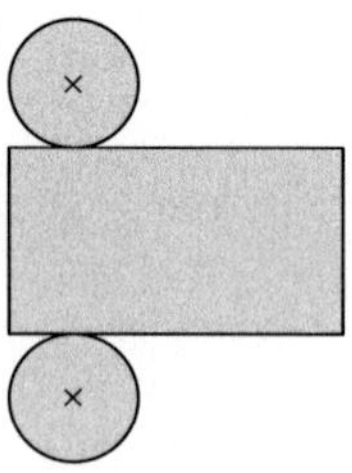

b) $O = 2 \cdot \pi \cdot r^2 + 2 \cdot \pi \cdot r \cdot h$
$O = 2 \cdot \pi \cdot (14\text{ cm})^2 + 2 \cdot \pi \cdot 14\text{ cm} \cdot 8\text{ cm}$
$O \approx 1\,935\text{ cm}^2$

S. 12

16 Buchstaben-Design

$\overline{CD} = \frac{1}{3} \cdot \overline{AB} = \frac{1}{3} \cdot 6\text{ cm} = 2\text{ cm}$

$\overline{SC} = \frac{2\text{ cm} \cdot 6{,}6\text{ cm}}{6\text{ cm}}$ $\overline{SC} = 2{,}2\text{ cm}$ Die Strecke in der Zeichnung sollte ungefähr 2,2 cm lang sein.

17 Drachen

a) $a^2 + b^2 = e^2$ $e \approx 35{,}36\text{ cm}$ $f = 3 \cdot \frac{e}{2} = 3 \cdot 17{,}68\text{ cm} = 53{,}04\text{ cm}$

b) $c^2 = \left(\frac{e}{2}\right) + e^2$; $c \approx 39{,}53\text{ cm}$

$u = 2 \cdot 25\text{ cm} + 2 \cdot 39{,}53\text{ cm} \approx 129\text{ cm}$
Die Schnur rund um den Drachen ist ungefähr 130 cm lang.

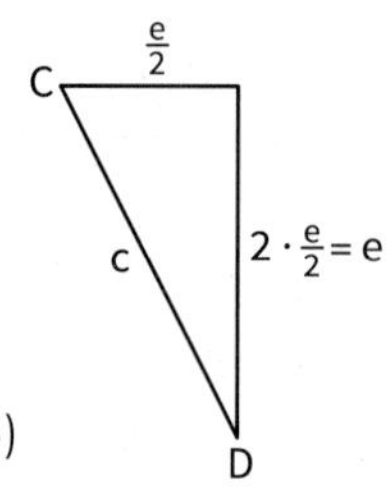

18 Winkel

a) $\beta = 180° - 40° = 140°$ (Nebenwinkel von α) $\delta = 140°$ (Stufenwinkel zu β)
$\gamma = 40°$ (Scheitelwinkel zu α) $\varepsilon = 140°$ (Wechselwinkel zu β)

b) $\alpha = 105°$, also $\beta = 75°$, $\gamma = 105°$, $\delta = \varepsilon = \beta = 75°$

Daten und Zufall (Eingangstest)

19 Tablet

a) Median: 269 €, Spannweite: 68 €, arithmetisches Mittel: 275,20 €
b) Beim sechsten Angebot kostet das Tablet 208 €.

S. 13

20 Nutzflächen in Deutschland

a) 1 mm ≙ 4000 km²

b) / c)

	(1) Flächen-inhalt (in km²)	(2) Relative Häufigkeit (in %)	(3) Winkel im Kreis-diagramm	(3) mm im Streifen-diagramm
Landwirtschaft	181 000	50,6	182°	51 mm
Wald	107 000	30,0	108°	30 mm
Siedlung und Verkehr	51 500	14,4	52°	14 mm
sonstige Fläche	18 000	5,0	18°	5 mm
Gesamtfläche	357 500	100,0	360°	100 mm

21 Farbige Kugeln

a) P(blau) = 20 %
b) P(nicht rot) = 70 %

22 Würfel

a) $P(4) = \frac{1}{3}$

b) $P(\text{größer als } 3) = \frac{5}{6}$

c) Das war vermutlich der Würfel (1).

Übungsaufgaben Teil A Basisaufgaben

Arithmetik/Algebra (Übungsaufgaben)

S. 16

1 a) $1{,}2 \cdot 7{,}6 = 9{,}12$ c) $\frac{2}{5} + \frac{3}{10} = \frac{4}{10} + \frac{3}{10} = \frac{7}{10}$ e) $\frac{1}{3} \cdot \frac{2}{5} = \frac{2}{15}$

b) $0{,}45 \cdot 10{,}5 = 4{,}725$ d) $\frac{1}{3} + \frac{2}{5} = \frac{5}{15} + \frac{6}{15} = \frac{11}{15}$ f) $\frac{1}{3} : \frac{2}{5} = \frac{1}{3} \cdot \frac{5}{2} = \frac{5}{6}$

2 (1) $(11 - 8) : 5 = 0{,}6$ (2) $\frac{1}{5} \cdot (-2)^3 = \frac{1}{5} \cdot (-8) = -1{,}6$ (3) $(2{,}9 - 5{,}7) : 2 = -1{,}4$

(4) $2{,}5 + (-3) \cdot 1{,}5 = 2{,}5 - 4{,}5 = -2$ (5) $4{,}8 \cdot x = -1{,}2 \quad x = -\frac{1}{4}$

(6)

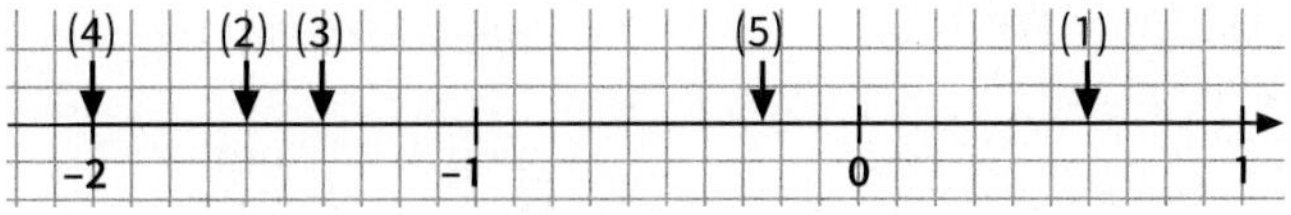

3 Es ist besser, die Zahlen zum Vergleich dezimal zu schreiben.

a) $0{,}4 \mid \frac{3}{6} = 0{,}5 \mid 0{,}38 \mid \frac{1}{4} = 0{,}25 \mid \frac{3}{8} = 0{,}375 \mid 0{,}44$

$\frac{1}{4} < \frac{3}{8} < 0{,}38 < 0{,}4 < 0{,}44 < \frac{3}{6}$

b) $-1\frac{1}{2} = -1{,}5 \mid -\frac{7}{5} = -1{,}4 \mid -\frac{3}{4} = -0{,}75 \mid -0{,}8 \mid -\frac{11}{8} = -1{,}375 \mid -1{,}3$

Bei negativen Zahlen (z. B. -7; -3) hat die größere Zahl (-3) den kleineren Betrag $|-3| < |-7|$.

$-1\frac{1}{2} < -\frac{7}{5} < -\frac{11}{8} < -1{,}3 < -0{,}8 < -\frac{3}{4}$

c) $0{,}7 \mid -\frac{3}{4} = -0{,}75 \mid -1{,}34 \mid \frac{4}{5} = 0{,}8 \mid -\frac{4}{3} = -1{,}\overline{3} \mid \frac{17}{20} = 0{,}85$

$-1{,}34 < -\frac{4}{3} < -\frac{3}{4} < 0{,}7 < \frac{4}{5} < \frac{17}{20}$

d) $2{,}8 \mid -0{,}41 \mid -\frac{2}{5} = -0{,}4 \mid \frac{29}{10} = 2{,}9 \mid -\frac{9}{2} = -4{,}5 \mid 2{,}805$

$-\frac{9}{2} < -0{,}41 < -\frac{2}{5} < 2{,}8 < 2{,}805 < \frac{29}{10}$

S. 17

1 a) $0{,}4 \cdot 650\ € = 260\ €$ b) $0{,}23 \cdot 40\ m = 9{,}20\ m$

2 Gegeben: $p\,\% = 45\,\% = 0{,}45$; $W = 288\ m$ Gesucht: G

Formel: $G = \frac{W}{p\,\%}$ $G = \frac{288\ m}{0{,}45} = 640\ m$ Die gesamte Strecke ist 640 m lang.

3 a) $\frac{3\ kg}{60\ kg} = 0{,}05 = 5\,\%$ b) $\frac{12\ cm}{120\ cm} = 0{,}1 = 10\,\%$

4 a) $Z = 3\,200\ € \cdot 0{,}005 = 16\ €$ b) $Z = 560\ € \cdot 0{,}012 = 6{,}72\ €$ (pro Jahr)
Zinsen für 6 Monate: 3,36 €

5 a) $0{,}035 \cdot 550\ € = 19{,}25\ €$ b) $550\ € + 19{,}25\ € = 569{,}25\ €$

6 a) Restlicher Kaufpreis: $32\,000\ € - 4\,000\ € = 28\,000\ €$
$0{,}08 \cdot 28\,000\ € = 2\,240\ €$
Der Rabatt beträgt 2 240 €.

b) Ersparnis $4\,000\ € + 2\,240\ € = 6\,240\ €$

$\frac{6\,240\ €}{32\,000\ €} = 0{,}195 = 19{,}5\,\%$

Familie Özdemir spart 19,5 % vom Kaufpreis.

S. 18

1 Es sind immer mehrere Lösungsverfahren möglich. Abgebildet wird jeweils eine Lösung.

a) Lösung mit dem Gleichsetzungsverfahren

I. $x + 9y = -41$
II. $x - 4y = 24$

Ia. $x = -41 - 9y$
IIa. $x = 24 + 4y$

Ia. = IIa. $24 + 4y = -41 - 9y \quad |+9y - 24$
$13y = -65 \quad |:13$
$y = -5$

y eingesetzt in IIa. $x = 24 + 4 \cdot (-5)$
$x = 24 - 20$
$x = 4$

Lösung: $x = 4$ und $y = -5$

b) Lösung mit dem Einsetzungsverfahren

I. $x + 5y = 17$
II. $2x - 4y = 20$

Ia. $x = 17 - 5y$

Ia. in II. eingesetzt:
$2 \cdot (17 - 5y) - 4y = 20$
$34 - 10y - 4y = 20 \quad |-34$
$-14y = -14 \quad |:(-14)$
$y = 1$

y eingesetzt in Ia. $x = 17 - 5 \cdot 1$
$x = 12$

Lösung: $x = 12$ und $y = 1$

c) Lösung mit dem Additionsverfahren

I. $2x - 3y = 8 \quad |\cdot 2$
II. $5x + 6y = 20$

Ia. $4x - 6y = 16$
II. $5x + 6y = 20$

Ia. + II.: $9x = 36 \quad |:9$
$x = 4$

x eingesetzt in I.: $2 \cdot 4 - 3y = 8 \quad |-8$
$-3y = 0 \quad |:(-3)$
$y = 0$

Lösung: $x = 4$ und $y = 0$

d) Lösung mit dem Subtraktionsverfahren

I. $3x + 4y = 1 \quad |\cdot 2$
II. $6x + 8y = 0$

Ia. $6x + 8y = 2$
II. $6x + 8y = 0$

Ia. – II. $0 = 2$

Dies ist jedoch für alle Wertepaare x und y falsch. Deshalb gibt es keine Lösungen.

2 x: Anzahl der kleinen Scheine (5-€-Scheine); y: Anzahl der größeren Scheine (10-€-Scheine)

I. $5x + 10y = 50$
II. $x = 3y$

x eingesetzt in I.: $5 \cdot 3y + 10y = 50$
$25y = 50 \quad |:25$
$y = 2$

y eingesetzt in II.: $x = 3 \cdot 2$
$x = 6$

Es sind zwei 10 €-Scheine und sechs 5-€-Scheine.

3 Lösung mit Gleichungen:
x = Preis der Flasche (in €); y = Preis des Korkens (in €)

I. $x + y = 1{,}1$
II. $x = y + 1$

II. eingesetzt in I.: $(y + 1) + y = 1{,}1$
$2y + 1 = 1{,}1 \quad |-1$
$2y = 0{,}1 \quad |:2$
$y = 0{,}05$

y eingesetzt in II.: $x = 0{,}05 + 1 = 1{,}05$

Die Flasche kostet 1,05 € und der Korken 0,05 € (5 Cent).

4 a) I. $a + b = 43$
II. $a - b = 9$

I. + II. $2a = 52 \quad |:2$
$a = 26$

a eingesetzt in I.: $26 + b = 43 \quad |-26$
$b = 17$

Lösung: $a = 26$ und $b = 17$

S. 18

b) I. $a + 12 = 3b \quad |-12$
II. $4b - 6a = 2$

Ia. $a = 3b - 12$

a eingesetzt in II.:

$$4b - 6(3b - 12) = 2$$
$$4b - 18b + 72 = 2$$
$$-14b + 72 = 2 \quad |-72$$
$$-14b = -70 \quad |:(-14)$$
$$b = 5$$

b eingesetzt in I.: $a = 15 - 12$
$a = 3$

Lösung: $a = 3$ und $b = 5$

S. 19

1 Eine Schülerin ist ungefähr 5 Zeitstunden pro Tag, 5 Tage in der Woche, 40 Wochen im Jahr und 10 Jahre in der Schule.
$5\text{ h} \cdot 5 \cdot 40 \cdot 10 = 10000\text{ h}$; $10000\text{ h} = 10000 \cdot 60 \cdot 60\text{ s} = 36000000\text{ s}$
[x] 36 000 000 s muss angekreuzt werden.

2 Ein 20-€-Schein ist 133 mm lang und 72 mm breit.
Flächeninhalt: $A = 133\text{ mm} \cdot 72\text{ mm} = 9576\text{ mm}^2$
[x] 9576 mm² muss angekreuzt werden.

3 a) Es ist hilfreich, die gegebenen Größen in m² umzurechnen.
72 m^2, $720\text{ dm}^2 = 7{,}2\text{ m}^2$, $720000\text{ mm}^2 = 0{,}72\text{ m}^2$, $7200\text{ dm}^2 = 72\text{ m}^2$
Weniger als 1 m² kann nicht zutreffend sein. 72 m² ist zu groß.
[x] 720 dm² muss angekreuzt werden.

b) Um die Mengen besser vergleichen zu können, rechnet man alle Angaben in die Einheit m³ um:
$37\text{ hl} = 3700\ l = 3{,}7\text{ m}^3$, $370000\text{ ml} = 0{,}37\text{ m}^3$, $0{,}037\text{ m}^3$, $37000\ l = 37\text{ m}^3$ $(1\text{ m}^3 = 1000\ l)$
3,7 m³ oder gar 37 m³ sind sicherlich zu viel; 0,037 m³ sind gerade einmal 37 *l* und sicherlich zu wenig.
[x] 370 000 ml muss angekreuzt werden.

4 a) 35 cm = 350 mm b) 2,5 m² = 250 dm² c) 85 min = 5 100 s

5 a) 56 000 mm = 5 600 cm b) 5 050 m² = 50,5 a c) 150 min = 2,5 h

6 a) 500 g = 0,5 kg c) 25 ha = 250 000 m² e) 4 500 *l* = 4,5 m³ g) 1,2 h = 72 min
b) 1,8 t = 1 800 kg d) 4 600 cm² = 0,46 m² f) 180 s = 3 min

S. 20

1 [ ] 1 000 € – 19 € ist falsch, weil 19 % ein Anteil vom Grundwert ist und kein Geldbetrag.
[ ] 1 000 € – 190 € ist falsch, weil hier 19 % von 1 000 € = 190 € berechnet wurden. Damit wird von einem falschen Grundwert ausgegangen. Der richtige Grundwert ist der Preis **vor** dem Aufschlag der Mehrwertsteuer. Diesen nennt man auch Nettopreis.
[ ] 1 000 € : 0,19 ist falsch.
Um den Bruttopreis zu erhalten, wird die Mehrwertsteuer zum Nettopreis addiert. Hier gilt:
Nettopreis + Mehrwertsteuer = Nettopreis + (Nettopreis · 0,19) = Nettopreis · (1 + 0,19) = Nettopreis · 1,19 = 1000 €
Der richtige Ansatz zur Berechnung des Nettopreises (vor dem Aufschlag durch die Mehrwertsteuer) ist also:
[X] 1 000 € : 1,19

2 a) Formel für Zelle D2: =B2*C2 c) Formel für Zelle E3: =B3/(A3–A2)*100

a), b)

	A	B	C	D	E
1	Kilometer	Liter	Preis pro Liter	Gesamtpreis	Verbrauch in Liter auf 100 km
2	35000	35,7	2,01 €	71,76 €	----
3	35867	49,4	1,96 €	96,82 €	5,7
4	36422	29,4	1,92 €	56,45 €	5,3
5	37225	52,5	2,04 €	107,10 €	6,5

S. 20

3 Formeln: C3: =A3*B3 C7: =Summe(C3:C5) C8: =C7*0,19

S. 21

1 a)
$$\begin{aligned} 3x - 7 &= 35 \quad |+7 \\ 3x &= 42 \quad |:3 \\ x &= 14 \end{aligned}$$

b)
$$\begin{aligned} 9 - 4x &= 13 \quad |-9 \\ -4x &= 4 \quad |:(-4) \\ x &= -1 \end{aligned}$$

c)
$$\begin{aligned} 8 - (2x + 6) &= 5x + 16 \\ 8 - 2x - 6 &= 5x + 16 \\ 2 - 2x &= 5x + 16 \quad |-2 \\ -2x &= 5x + 14 \quad |-5x \\ -7x &= 14 \quad |:(-7) \\ x &= -2 \end{aligned}$$

d)
$$\begin{aligned} 7(2 - 5)x &= (9 - x) \cdot 5 - 1 \\ 14 - 35x &= 45 - 5x - 1 \\ 14 - 35x &= 44 - 5x \quad |-14 \\ -35x &= 30 - 5x \quad |+5x \\ -30x &= 30 \quad |:(-30) \\ x &= -1 \end{aligned}$$

2 Preis für einen Stift: x €

$$\begin{aligned} 3 \cdot 1{,}25\,€ + 8{,}85\,€ + 8x &= 16{,}04\,€ \\ 12{,}60\,€ + 8x &= 16{,}04\,€ \quad |-12{,}60\,€ \\ 8x &= 3{,}44\,€ \quad |:8 \\ x &= 0{,}43\,€ \end{aligned}$$

Ein Stift kostet 0,43 €.

3 a)
$$\begin{aligned} 9x - 7 &= 47 \quad |+7 \\ 9x &= 54 \quad |:9 \\ x &= 6 \end{aligned}$$

b)
$$\begin{aligned} \tfrac{x}{3} + 17 &= 30 \quad |-17 \\ \tfrac{x}{3} &= 13 \quad |\cdot 3 \\ x &= 39 \end{aligned}$$

c)
$$\begin{aligned} 8x - 9 &= 6x + 3 \quad |+9 \\ 8x &= 6x + 12 \quad |-6x \\ 2x &= 12 \quad |:2 \\ x &= 6 \end{aligned}$$

4 (1) Preis der Kinokarte für eine Person: x
Preis für Popcorn: 17 €
Gleichung: $5x + 17 = 57$. Passt.
(2) Preis für 1 Flasche Wein: x; Preis für 1 Flasche Sekt: y
Gleichung: $5x + 17y = 57$. Passt nicht.
(3) Hierzu lässt sich keine sinnvolle Gleichung aufstellen.
(4) Ladung des kleinen Lkw: x; Ladung des großen Lkw: 17
Gleichung: $5x + 17 = 57$. Passt.
(5) Länge des Rechtecks: x; Breite des Rechtecks: 5
Gleichung: $5x + 17 = 57$ Passt.

Funktionen (Übungsaufgaben)

S. 22

1 Zuordnung (A) ist proportional, weil zum Doppelten der Ausgangsgröße das Doppelte der zugeordneten Größe gehört bzw. weil der Quotient Preis/Anzahl immer 0,5 ist.
Zuordnung (B) ist nicht proportional, weil z. B. der Summe der beiden Ausgangsgrößen 2 und 3 nicht die Summe der jeweils zugeordneten Größen (1200 m + 1800 m = 3000 m) zugeordnet wird.

2 a) Bei proportionalen Zuordnungen ist der **Quotient** aus Ausgangs- und Eingangsgröße stets gleich. Beim ersten Zahlenpaar beträgt dieser Quotient 4,5 : 1,5 = 3.
Also:

x	1,5	3
y	4,5	**9**

3 · 3

b) Bei antiproportionalen Zuordnungen ist das **Produkt** aus Ausgangs- und Eingangsgröße stets gleich. Beim ersten Zahlenpaar beträgt dieses Produkt 20 · 7,5 = 150.
Also:

x	7,5	2,5
y	20	**60**

150 : 2,5

oder: Weil zu einem Drittel der Ausgangsgröße das Dreifache der zugeordneten Größe gehört.

S. 22

3 Es handelt sich um eine antiproportionale Zuordnung.
Wir lösen die Aufgabe mit dem Dreisatz:

	Anzahl	Länge (in cm)	
: 20	20	12	· 20
· 15	1	240	: 15
	15	16	

Du erhältst 15 Stücke, die jeweils 16 cm lang sind.

4 Es handelt sich um eine proportionale Zuordnung.
Wir lösen die Aufgabe mit dem Dreisatz:

	Weg (in km)	Zeit (in min)	
: 16	16	40	: 16
· 10	1	2,5	· 10
: 5	**10**	25	: 5
· 24	**2**	5	· 24
	48	120	

Das Schiff legt bei gleichbleibender Durchschnittsgeschwindigkeit in 25 Minuten 10 km zurück, in 5 Minuten 2 km und in 120 Minuten 48 km.

5 1) 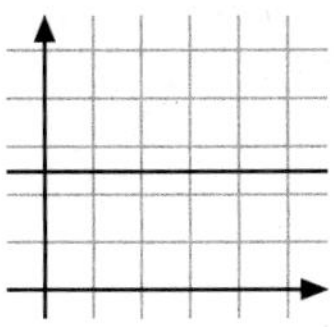 2) 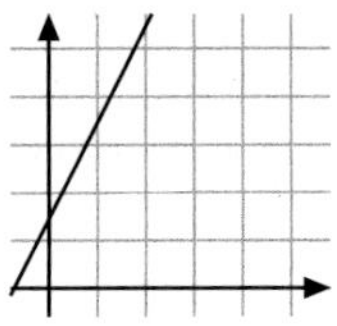 3) 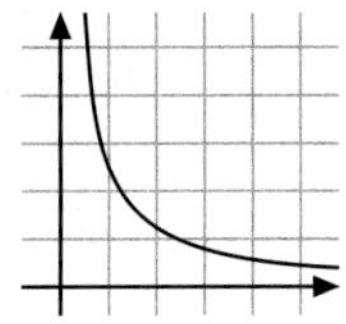 4) 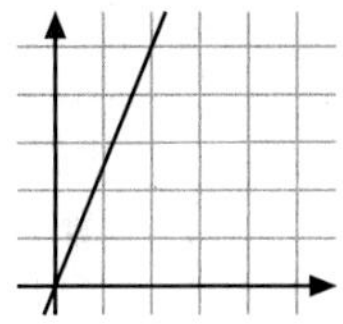

1: Die Kochzeit ist bei haushaltsüblichen Mengen unabhängig von der Anzahl der Eier; also handelt es sich um eine konstante Funktion.
2: Durch die 3 € Grundgebühr schneidet der Graph die y-Achse bei 3 und hat eine konstante Steigung; also handelt es sich um eine lineare, aber nicht proportionale Funktion.
3: Verdoppelt sich die durchschnittliche Geschwindigkeit, so halbiert sich die Fahrdauer und es gilt: durchschnittliche Geschwindigkeit (in $\frac{km}{h}$) · Fahrdauer (in h) = 10. Also handelt es sich um eine antiproportionale Funktion.
4: Da man für 0 kg Kartoffeln nichts bezahlen muss, geht der Graph der Funktion durch den Ursprung und wächst – wenn keine Mengenrabatte auf die Kartoffeln gegeben werden – dann mit konstanter Steigung; also handelt es sich um eine proportionale Funktion.

S. 23

1 a)

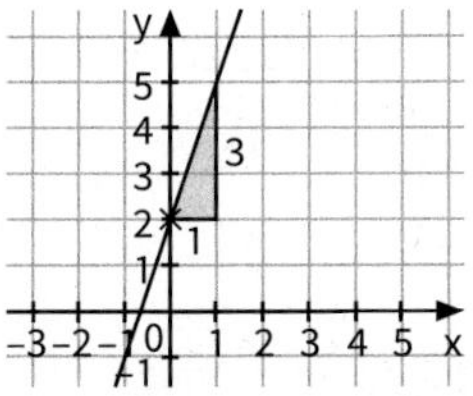

Der y-Achsenabschnitt ist 2, die Steigung ist + 3.
Die zugehörige Funktionsgleichung lautet also: $y = 3x + 2$

b)

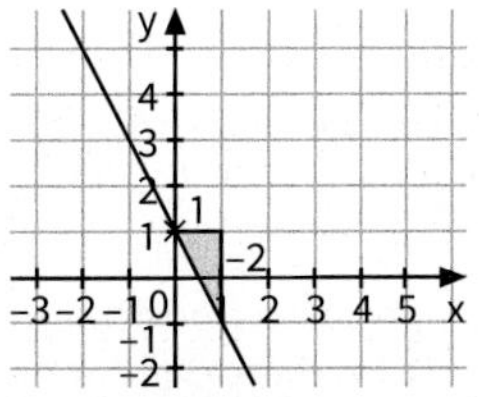

Der y-Achsenabschnitt ist 1, die Steigung ist − 2.
Die zugehörige Funktionsgleichung lautet also: $y = -2x + 1$

c)

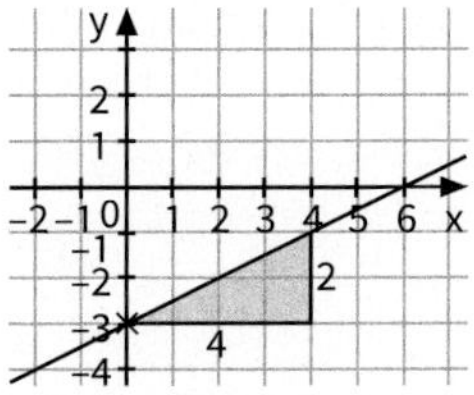

Der y-Achsenabschnitt ist − 3, die Steigung ist $+\frac{1}{2}$.
Die zugehörige Funktionsgleichung lautet also: $y = \frac{1}{2}x - 3$

d)

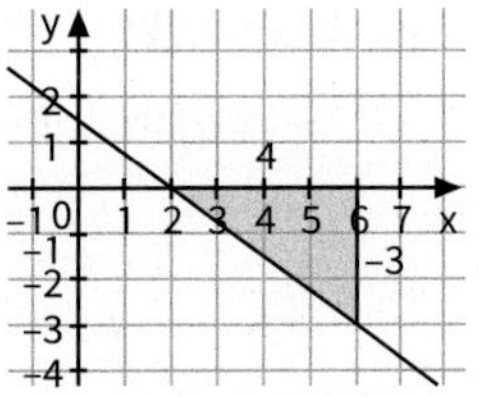

Der y-Achsenabschnitt ist 1,5. Die Steigung ist $-\frac{3}{4}$. Die zugehörige Funktionsgleichung lautet also:
$y = -\frac{3}{4}x + 1{,}5$

S. 23

2

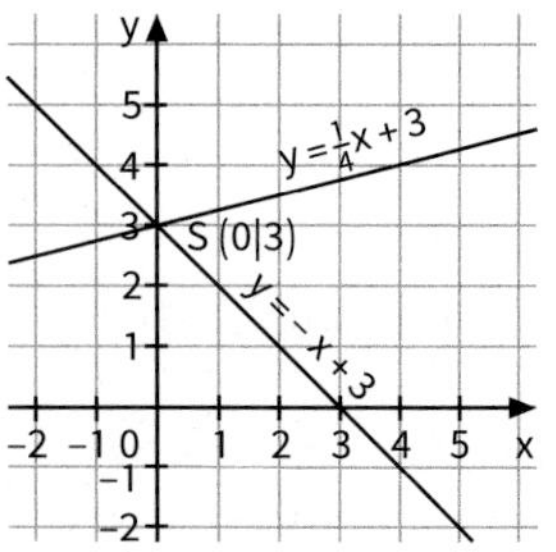

Die Koordinaten des Schnittpunkts S lauten: S (0 | 3)

3 *Zeichnerische Lösung:*

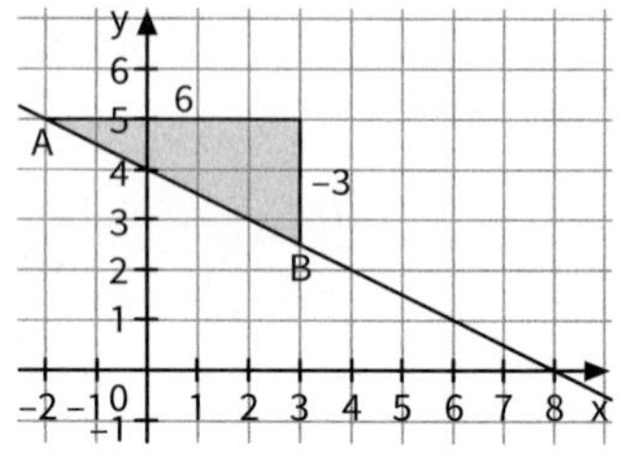

Wenn man die beiden Punkte A (−2 | 5) und B (3 | 2,5) ins Koordinatensystem einzeichnet, kann man die Funktionsgleichung mithilfe des y-Achsenabschnitts und der Steigung bestimmen.
Aus der Darstellung im Koordinatensystem ist abzulesen:
Der y-Achsenabschnitt ist 4. Die Steigung ist $-\frac{1}{2}$.
Die zugehörige Funktionsgleichung lautet also:
$y = -\frac{1}{2}x + 4$

Rechnerische Lösung:
Die Steigung m kann man berechnen, indem man den Unterschied der y-Werte geteilt durch den Unterschied der x-Werte der beiden Punkte A (−2 | 5) und B (3 | 2,5) bestimmt.
$m = \frac{5 - 2{,}5}{-2 - 3} = \frac{2{,}5}{-5} = -\frac{1}{2}$
Die Funktionsgleichung lautet also: $y = -\frac{1}{2}x + n$.

Den y-Achsenabschnitt n kann man bestimmen, indem man die Koordinaten eines der beiden Punkte A oder B in die halbfertige Funktionsgleichung $y = -\frac{1}{2}x + n$ einsetzt und dann die Gleichung nach n auflöst.
Für den Punkt A (−2 | 5) sieht das so aus:
$5 = -\frac{1}{2} \cdot (-2) + n$ | Zusammenfassen
$5 = 1 + n$ | − 1
$4 = n$
Die zugehörige Funktionsgleichung lautet also: $y = -\frac{1}{2}x + 4$.

4 a) Die Parabel g ist eine um 1 nach oben verschobene Normalparabel. Zu ihr gehört die Funktionsgleichung (1):
$y = x^2 + 1$.
Die Parabel f ist enger als die Normalparabel und um 1 nach oben verschoben. Zu ihr gehört die Funktionsgleichung (3):
$y = 2x^2 + 1$.
Die Parabel h ist nach oben geöffnet und breiter als die Normalparabel, also muss gelten $0 < |a| < 1$. Sie schneidet die y-Achse bei $y = -4$. Dazu passt nur die Funktionsgleichung (4):
$y = 0{,}5x^2 - 2x - 4$.
Die Parabel k ist nach unten geöffnet und schneidet die y-Achse bei $y = -1$. Dazu passt nur die Funktionsgleichung (2):
$y = -x^2 + 2x - 1$.

b) Die Scheitelpunkte der Parabeln mit den Gleichungen (1) bis (4) kann man aus dem Koordinatensystem ablesen.
$S_1(0|1)$ $S_2(1|0)$ $S_3(0|1)$ $S_4(2|-6)$

S. 23

5 a) Wertetabelle zu (1): $y = x^2 - 3$

x	−3	−2	−1	0	1	2	3
y	6	1	−2	−3	−2	1	6

Wertetabelle zu (2): $y = -x^2 + 2x - 6$

x	−3	−2	−1	0	1	2	3
y	−21	−14	−9	−6	−5	−6	−9

b) Mithilfe der Wertetabellen aus a) kannst du die Parabeln im Koordinatensystem skizzieren und anschließend die Scheitelpunkte ablesen.

$S_1(0|-3)$
$S_2(1|-5)$

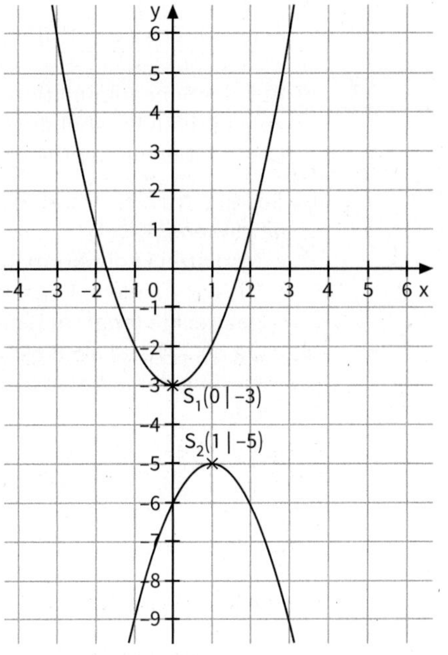

S. 24

1 a) Um die gesuchte Scheitelpunktform aufzustellen, notiert man erstmal alle gegebenen Werte.
Aus $S(2|-3)$ folgt: $d = 2$ und $e = -3$. Zudem ist der Faktor a gegeben: $a = 0{,}5$
Diese Werte setzt man in die Scheitelpunktform ein:
$f(x) = 0{,}5\,(x - 2)^2 - 3$
Die allgemeine Form der quadratischen Funktion erhält man dann, indem man die Gleichung umformt:

$f(x) = 0{,}5\,(x - 2)^2 - 3$ | bin. Formel anwenden
$f(x) = 0{,}5\,(x^2 - 4x + 4) - 3$ | Ausmultiplizieren
$f(x) = 0{,}5x^2 - 2x + 2 - 3$ | Zusammenfassen
$f(x) = 0{,}5x^2 - 2x - 1$

2 a) $y = x^2 + 4x + 1$ | quadratische Ergänzung
$y = x^2 + 4x + 2^2 - 2^2 + 1$ | erste bin. Formel
$y = (x + 2)^2 - 2^2 + 1$ | Zusammenfassen
$y = (x + 2)^2 - 3$
Scheitelpunkt: $S(-2|-3)$

b) $y = 2x^2 - 20x + 2$ | Ausklammern
$y = 2(x^2 - 10x + 1)$ | quadratische Ergänzung
$y = 2(x^2 - 10x + 5^2 - 5^2 + 1)$ | zweite bin. Formel
$y = 2((x - 5)^2 - 5^2 + 1)$ | Zusammenfassen
$y = 2((x - 5)^2 - 24)$ | teilweise Ausmultiplizieren
$y = 2(x - 5)^2 - 48$
Scheitelpunkt: $S(5|-48)$

c) $y = -0{,}5x^2 + 8x + 4$ | Ausklammern
$y = -0{,}5(x^2 - 16\,x - 8)$ | quadratische Ergänzung
$y = -0{,}5(x^2 - 16x + 8^2 - 8^2 - 8)$ | zweite bin. Formel
$y = -0{,}5((x - 8)^2 - 8^2 - 8)$ | Zusammenfassen
$y = -0{,}5((x - 8)^2 - 72)$ | teilweise Ausmultiplizieren
$y = -0{,}5(x - 8)^2 + 36$
Scheitelpunkt: $S(8|36)$

S. 24

d) $y = -4x^2 - 12x + 2$ | Ausklammern
$y = -4(x^2 + 3x - 0{,}5)$ | quadratische Ergänzung
$y = -4(x^2 + 3x + 1{,}5^2 - 1{,}5^2 - 0{,}5)$ | erste bin. Formel
$y = -4((x + 1{,}5)^2 - 1{,}5^2 - 0{,}5)$ | Zusammenfassen
$y = -4((x + 1{,}5)^2 - 2{,}75)$ | teilweise Ausmultiplizieren
$y = -4(x + 1{,}5)^2 + 11$
Scheitelpunkt: $S(-1{,}5 \mid 11)$

3 a) Aus der Scheitelpunktform $f(x) = a(x - d)^2 + e$ kann man die Koordinaten des Scheitelpunkts der zugehörigen Parabel direkt ablesen: $S(d \mid e)$
Die Parabel mit der Gleichung $f(x) = -1{,}5(x + 4)^2 + 8$ hat also den Scheitelpunkt $S(-4 \mid 8)$.

b) So kann man die Parabel mit der Gleichung $f(x) = -1{,}5(x + 4)^2 + 8$ aus der Normalparabel gewinnen:
- Man streckt die Normalparabel mit dem Faktor $a = -1{,}5$.
- Die entstandene Parabel ist eine nach unten geöffnete, gegenüber der Normalparabel gestreckte (engere) Parabel.
- Da $d = -4$ und $e = 8$ gilt, muss man nun noch den Scheitelpunkt der Parabel um 4 Einheiten entlang der x-Achse nach links und um 8 Einheiten parallel zur y-Achse nach oben verschieben.

c) $f(x) = -1{,}5(x + 4)^2 + 8$ | erste bin. Formel anwenden
$f(x) = -1{,}5(x^2 + 8x + 16) + 8$ | Ausmultiplizieren
$f(x) = -1{,}5x^2 - 12x - 24 + 8$ | Zusammenfassen
$f(x) = -1{,}5x^2 - 12x - 16$

4 Falls Lukas recht hat, müssten sich alle drei Gleichungen durch Umformungen auf dieselbe Form bringen lassen.
(1) $f(x) = (x - 1{,}5)^2 - 20{,}25$ | zweite bin. Formel anwenden
$f(x) = x^2 - 3x + 2{,}25 - 20{,}25$ | Zusammenfassen
$f(x) = x^2 - 3x - 18$
Damit gilt also: $f(x) = g(x)$

(3) $h(x) = (x + 3) \cdot (x - 6)$ | Ausmultiplizieren
$h(x) = x^2 - 6x + 3x - 18$ | Zusammenfassen
$h(x) = x^2 - 3x - 18$
Damit gilt also: $h(x) = g(x)$

Insgesamt folgt dann: $f(x) = g(x) = h(x)$. Lukas hat also recht.

5 a) $y = (x - 2)^2 - 1$ $S(2 \mid -1)$
$(x - 2)^2 - 1 = 0$
$(x - 2)^2 = 1$
$x - 2 = 1$ oder $x - 2 = -1$
$x_1 = 3$ $x_2 = 1$

b) $y = (x + 4)^2 - 16$ $S(-4 \mid -16)$
$(x + 4)^2 - 16 = 0$
$(x + 4)^2 = 16$
$x + 4 = 4$ oder $x + 4 = -4$
$x_1 = 0$ $x_2 = -8$

c) $y = 0{,}5(x + 4)^2 - 8$ $S(-4 \mid -8)$
$0{,}5(x + 4)^2 - 8 = 0$ | $+8$
$0{,}5(x + 4)^2 = 8$ | $\cdot 2$
$(x + 4)^2 = 16$
$x + 4 = 4$ oder $x + 4 = -4$
$x_1 = 0$ $x_2 = -8$

d) $y = -2{,}5(x + 1)^2 + 10$ $S(-1 \mid 10)$
$-2{,}5(x + 1)^2 + 10 = 0$ | -10
$-2{,}5(x + 1)^2 = -10$ | $:(-2{,}5)$
$(x + 1)^2 = 4$
$x + 1 = \sqrt{4}$ oder $x + 1 = -\sqrt{4}$
$x_1 = 1$ $x_2 = -3$

S. 25

1 Bei der Sachsituation (A) wird für die Endreinigung 30 € verlangt, dazu passt der Graph g, der den y-Achsenabschnitt von 30 hat.
Bei der Sachsituation (B) handelt es sich um eine proportionale Zuordnung, da der doppelten Anzahl von Reisenden der doppelte Preis zugeordnet wird. Hierzu passt der Graph h, der im Ursprung beginnt.

S. 25

2 a) Der Graph schneidet die y-Achse an der Stelle 100.
Am Anfang sind 100 kg Futter vorhanden.

b) Der Graph schneidet die x-Achse an der Stelle 20.
Nach 20 Tagen ist das Futter aufgebraucht.

c) Bei der Funktionsgleichung y = mx + n steht n für den y-Achsenabschnitt und m für die Steigung.
Aus a) ist bekannt: n = 100
Aus b) kann man folgern: m = –5
Die Funktionsgleichung lautet also: y = –5x + 100

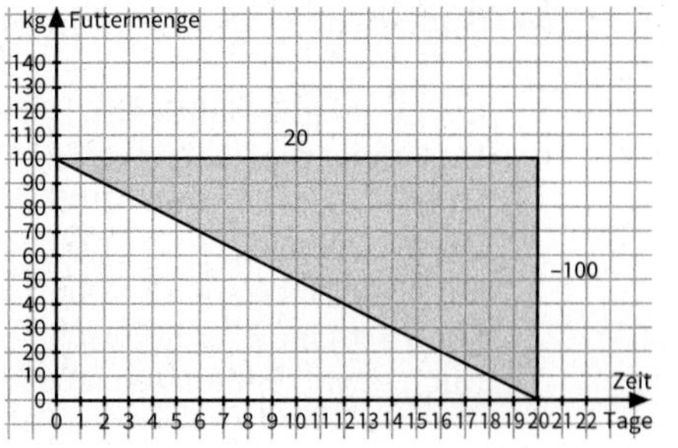

3 *1. Schritt:*
Um die Graphen der beiden linearen Funktionen in ein Koordinatensystem einzuzeichnen, kann man aus den Funktionsgleichungen den y-Achsenabschnitt und die Steigung ablesen:
Bei y = – 3x + 4 ist der y-Achsenabschnitt 4 und die Steigung – 3.
Bei y = 4x – 3 ist der y-Achsenabschnitt – 3 und die Steigung 4.

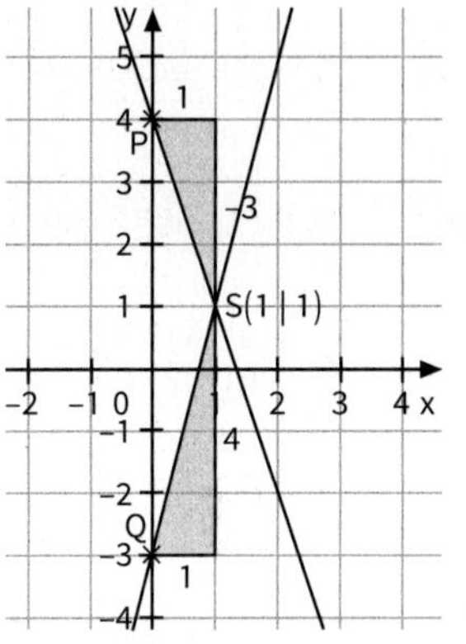

2. Schritt:
Dann stellt man die Steigungen als Bruch dar.

Bei y = – 3x + 4: $m = -3 = \frac{-3}{1}$
Bei y = 4x – 3: $m = 4 = \frac{4}{1}$

3. Schritt:
Markiere jeweils den y-Achsenabschnitt und trage von dem markierten Punkt die zugehörige Steigung ab.
Bei y = – 3x + 4: Gehe vom Punkt P (0 | 4) um 1 nach rechts und um 3 nach unten. Verbinde dann diesen Punkt mit dem Punkt P durch eine Gerade.
Bei y = 4x – 3: Gehe vom Punkt Q (0 | – 3) um 1 nach rechts und um 4 nach oben. Verbinde dann diesen Punkt mit dem Punkt Q durch eine Gerade.
Den Schnittpunkt der beiden Graphen kannst du aus dem Koordinatensystem ablesen: S (1 | 1)

S. 26

1

Stunde	0	1	2	3	4
Anzahl	20 000	20 800	21 632	22 497	23 397

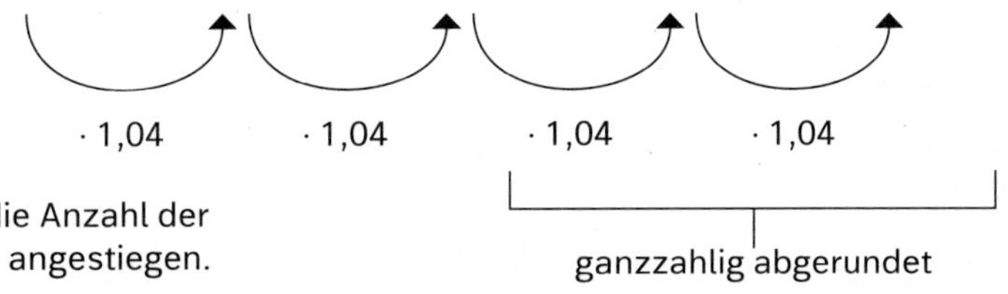

Nach 4 Stunden ist die Anzahl der Bakterien auf 23 397 angestiegen.

2 a) Man berechnet den Wachstumsfaktor q so: $5 \cdot q = 3$
$q = \frac{3}{5} = \frac{6}{10} = 0{,}6$

x	17	18	19	20
y	1,8 · 0,6 = 1,08	3 · 0,6 = 1,8	3	5

b) Man berechnet den Wachstumsfaktor q so: $12 \cdot q = 18$
$q = \frac{18}{12} = \frac{3}{1} = 1{,}5$

x	1	2	3	4
y	12 : 1,5 = **8**	12	18	18 · 1,5 = **27**

3 G = 12 000 $q = 1 - 2\,\% = 1 - \frac{2}{100} = 0{,}98$ n = 8
Mit dem Term 12 000 · 0,988 wird berechnet, wie viele Einwohner nach 8 Jahren noch in der Kleinstadt leben, wenn in dieser Zeit pro Jahr etwa 2 % in die Großstadt ziehen.

S. 26

4 Guthaben am 18. Geburtstag: $G_{18} = G \cdot q^{18} = 2000\ € \cdot 1{,}025^{18} \approx 3119{,}32\ €$

5 $G = 50\ m^2$ (die Hälfte des $100\ m^2$ großen Sees) $q = 1{,}05$ $n = ?$
Du kannst die Lösung durch Schätzen und systematisches Probieren finden.
Für $n = 10$ ist $G_{10} = 50 \cdot 1{,}05^{10} \cdot 81{,}44$ (zu wenig)
Für $n = 20$ ist $G_{20} = 50 \cdot 1{,}05^{20} \approx 132{,}66$ (zu viel)
Für $n = 15$ ist $G_{15} = 50 \cdot 1{,}05^{15} \approx 103{,}95$ (zu viel)
Für $n = 14$ ist $G_{14} = 50 \cdot 1{,}05^{14} \approx 99$ (zu wenig)
Nach etwa 15 Monaten ist der gesamte See von Seerosen bedeckt.

Geometrie (Übungsaufgaben)

S. 27

1 Da jede Seite doppelt vorkommt, muss gelten: $a + b = 9$ cm.

Breite	1 cm	2 cm	3 cm	4 cm
Länge	8 cm	7 cm	6 cm	5 cm

2 a) $A = 32\ m \cdot 24\ m = 768\ m^2$
b) Der Grundstückspreis P berechnet sich so: $P = 768\ m^2 \cdot 75\ \frac{€}{m^2}$
$P = 57\,600\ €$

3 $a = 7$ cm; $b = 10$ cm (7 cm + 3 cm)
$A = 7\ cm \cdot 10\ cm = 70\ cm^2$ $u = 2 \cdot 7\ cm + 2 \cdot 10\ cm = 34\ cm$

4 a) In der Vorstellung geht man einmal um den Bolzplatz und addiert dabei die Längen aller Seiten. Das ist der Umfang des Rechtecks: $u = 2 \cdot 25\ m + 2 \cdot 45\ m = 140\ m$
Davon werden noch $3 \cdot 1\ m = 3\ m$ wegen der drei Türen abgezogen. Es werden also 137 m Zaun gebraucht.

b) Gesucht ist der Flächeninhalt des rechteckigen Bolzplatzes A_B.
$A_B = 25\ m \cdot 45\ m = 1\,125\ m^2$
Es werden $1\,125\ m^2$ Bodenbelag gebraucht.

c) Man kann den Flächeninhalt A_F des alten Fußballplatzes berechnen (das große Rechteck in der Zeichnung) und davon den Flächeninhalt A_B des Bolzplatzes (rotes kleines Rechteck) abziehen.
$A_F = 45\ m \cdot 70\ m = 3150\ m^2$
$A_F - A_B = 3150\ m^2 - 1\,125\ m^2 = 2025\ m^2$
Für $800\ m^2$ braucht man 25 kg Rasensamen.

$\frac{2025\ m^2}{800\ m^2} \approx 2{,}5$

Für den neuen Platz müssen drei Säcke Rasensamen gekauft werden.

S. 28

1

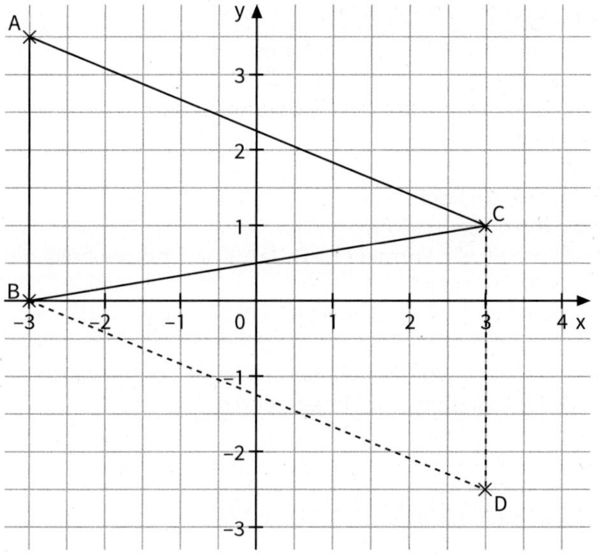

a) Geeignet ist $c = \overline{AB}$ als Grundseite und h_c als zugehörige Höhe.
$c = 3{,}5\text{ cm},\ h_c = 6\text{ cm}$
$A = \frac{3{,}5\text{ cm} \cdot 6\text{ cm}}{2} = 10{,}5\text{ cm}^2$

b) D(3|−2,5)
Es gibt weitere Lösungen:
D(3|4,5) oder D(−9|2,5).

c) Das Parallelogramm ABDC hat den doppelten Flächeninhalt des Dreiecks ABC: $A = 21\text{ cm}^2$.

2

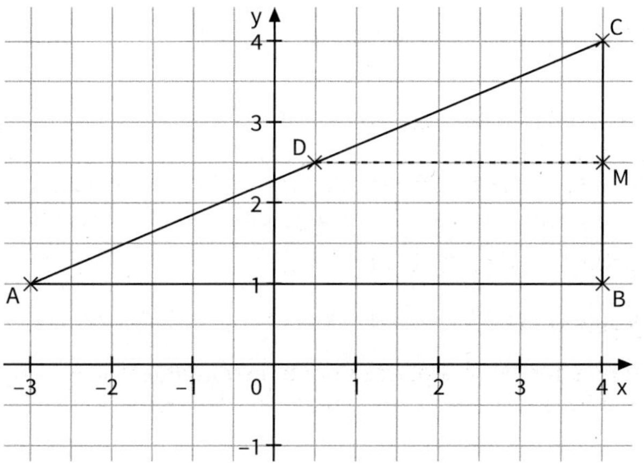

a) $g = 7\text{ cm};\ h = 3\text{ cm} \rightarrow A_\Delta = \frac{7\text{ cm} \cdot 3\text{ cm}}{2} = 10{,}5\text{ cm}^2$

b) M(4|2,5)

c) Das Viereck ABMD ist ein Trapez.
$A_T = \frac{a + c}{2} \cdot h$
$A_T = \frac{7\text{ cm} + 3{,}5\text{ cm}}{2} \cdot 1{,}5\text{ cm} \qquad A_T = 7{,}875\text{ cm}^2$

3 a) Der Spiegelpunkt von C ist im Rahmen der Ablesegenauigkeit C′(1,5|−4).

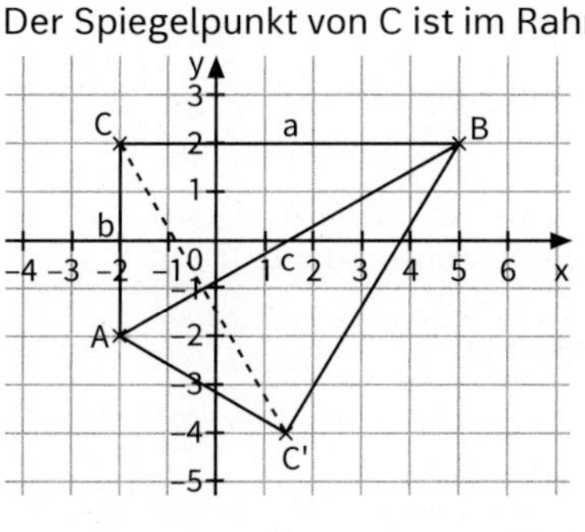

b) Das Viereck AC′BC ist ein Drachenviereck. Sein Umfang ist $u = 2 \cdot (a + b)$.
$u = 2 \cdot (7\text{ cm} + 4\text{ cm}) = 2 \cdot 11\text{ cm} = 22\text{ cm}$
Die Fläche des Drachenvierecks ist doppelt so groß wie die Fläche des Dreiecks ABC:
$A = 2 \cdot \left(\frac{7\text{ cm} \cdot 4\text{ cm}}{2}\right) = 28\text{ cm}^2$

S. 29

1 Da 1 l = 1 dm^3 gilt, rechnet man am besten in der Einheit dm.
Die Wasserhöhe beträgt: 6 dm (Aquariumhöhe) – 0,5 dm = 5,5 dm.
$V = 8\text{ dm} \cdot 4{,}5\text{ dm} \cdot 5{,}5\text{ dm}$
$V = 198\text{ dm}^3 = 198\ l$
Es befinden sich 198 l Wasser im Aquarium.

2 Der Quader ist 8 cm lang, 6 cm breit und 2 cm hoch.
Volumen V = Länge · Breite · Höhe; $V = 8\text{ cm} \cdot 6\text{ cm} \cdot 2\text{ cm} = 96\text{ cm}^3$
Für den Oberflächeninhalt eines Quaders gilt die Formel $O = 2 \cdot (ab + ac + bc)$, wobei a die Länge, b die Breite und c die Höhe ist. Hieraus ergibt sich:
$O = 2 \cdot (8\text{ cm} \cdot 6\text{ cm} + 8\text{ cm} \cdot 2\text{ cm} + 6\text{ cm} \cdot 2\text{ cm}) = 2 \cdot (48\text{ cm}^2 + 16\text{ cm}^2 + 12\text{ cm}^2) = 152\text{ cm}^2$

3 Für das Volumen eines Quaders gilt $V = a \cdot b \cdot c$. Vor dem Einsetzen in die Formel werden alle Längenangaben auf eine gemeinsame Einheit (hier: cm) umgerechnet:
a = 0,7 m = 70 cm, b = 20 cm und c = 30 mm = 3 cm
$V = 70\text{ cm} \cdot 20\text{ cm} \cdot 3\text{ cm} = 4200\text{ cm}^3$

4 Das Schwimmbecken ist 8 · 1,50 m, also 12 m breit.
Für das Volumen des Wassers gilt:
$25\text{ m} \cdot 12\text{ m} \cdot h = 750\text{ m}^3$ (hier ist h die Wassertiefe)
$300\text{ m}^2 \cdot h = 750\text{ m}^3 \quad |: 300\text{ m}^2$
$h = \frac{750\text{ m}^3}{300\text{ m}^2}$
$h = 2{,}5\text{ m}$
Das Schwimmbecken ist 2,5 m tief.

5 Hier gibt es verschiedene Lösungswege, z. B.:

(1) Man findet die Lösung durch systematisches Probieren:

Breite	Länge	Höhe	Volumen
1 cm	2 cm	3 cm	6 cm^3
2 cm	4 cm	6 cm	48 cm^3

(2) Man kann die Breite x nennen, dann beschreiben die Terme 2x die Länge und 3x die Höhe und es gilt die Gleichung:
$x \cdot 2x \cdot 3x = 48$
$6x^3 = 48 \quad |:6$
$x^3 = 8 \quad |\sqrt[3]{\ }$
$x = 2$
Der Quader ist 2 cm breit.

6 a) $V = 4\text{ m} \cdot 2{,}5\text{ m} \cdot 1{,}8\text{ m} = 18\text{ m}^3$
Es mussten 18 m^3 Erde ausgehoben werden.

b) $m = 18\text{ m}^3 \cdot 1700\,\frac{\text{kg}}{\text{m}^3} = 30600\text{ kg} = 30{,}6\text{ t}$
Die Masse des Erdaushubs beträgt 30,6 t.

S. 30

1 Für den Umfang eines Kreises gilt die Formel $u = 2 \cdot \pi \cdot r$.
Hier: $u = 2 \cdot \pi \cdot 9{,}15\text{ m} \approx 57{,}49\text{ m}$.
Für den Flächeninhalt eines Kreises gilt: $A = \pi \cdot r^2$.
Hier: $A = \pi \cdot (9{,}15\text{ m})^2 \approx 263{,}02\text{ m}^2$

2 a) Ein Reifen hat einen Durchmesser von d = 26 · 2,54 cm = 66,04 cm.
Für den Umfang gilt die Formel:
$u = \pi \cdot d$; $u = \pi \cdot 66{,}04\text{ cm} \approx 207{,}5\text{ cm} = 2{,}075\text{ m}$

b) Der Schulweg ist 4600 m lang, der Umfang des Reifens beträgt u = 2,075 m.
4600 m : 2,075 m ≈ 2217
Bis zur Schule dreht sich jeder Reifen ungefähr 2200-mal.

S. 30

3 a) Für die Zeichnung wird der Umfang benötigt.
$u = 2 \cdot \pi \cdot r$
$u = 2 \cdot \pi \cdot 1\text{ cm}$
$u = 6{,}28\text{ cm} \approx 6{,}3\text{ cm}$

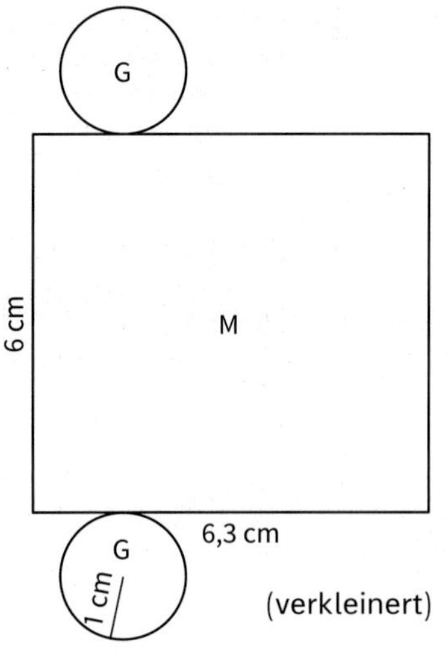

b) Der Mantel ist ein Rechteck (siehe Abbildung).
Seine Länge entspricht dem Kreisumfang.
$M = 2 \cdot \pi \cdot r \cdot h$
$M = 2 \cdot \pi \cdot 1\text{ cm} \cdot 6\text{ cm}$
$M \approx 37{,}7\text{ cm}^2$

$O = 2 \cdot G + M$ $\quad O = 2 \cdot \pi \cdot r^2 + M$
$O \approx 2 \cdot \pi \cdot (1\text{ cm})^2 + 37{,}7\text{ cm}^2$ $\quad O \approx 44{,}0\text{ cm}^2$

c) Wegen $1\ l = 1\text{ dm}^3$ wird bei dieser Volumenberechnung mit der Einheit „dm" gearbeitet.
$r = 0{,}1\text{ dm}; \quad h = 0{,}6\text{ dm}$
$V = \pi \cdot r^2 \cdot h$ $\quad V = \pi \cdot (0{,}1\text{ dm})^2 \cdot 0{,}6\text{ dm}$
$V \approx 0{,}02\text{ dm}^3$, also $V \approx 0{,}02\ l$

4 Der Umfang der kreisförmigen Grundfläche beträgt 1,5 dm = 15 cm.
$u = \pi \cdot d$
$d = \frac{u}{\pi}$
$d = \frac{15\text{ cm}}{\pi} \approx 4{,}78\text{ cm}$ $\quad r \approx 2{,}39\text{ cm}$

$V = \pi \cdot r^2 \cdot h$ $\quad V = \pi \cdot (2{,}39\text{ cm})^2 \cdot 8\text{ cm}$ $\quad V \approx 143{,}56\text{ cm}^3$

5 a) Die Bodenfläche (Grundfläche) ist ein Kreis mit dem Durchmesser d = 3,05 m und dem Radius
$r = \frac{d}{2} = 1{,}525$ m. Für den Flächeninhalt gilt: $G = \pi \cdot r^2$
$G = \pi \cdot (1{,}525\text{ m})^2 \approx 7{,}31\text{ m}^2$

b) Die Wassertiefe beträgt 70 cm = 0,7 m (= 76 cm – 6 cm).
Volumen $V = G \cdot h$ $\quad V = 7{,}31\text{ m}^2 \cdot 0{,}7\text{ m} \approx 5{,}11\text{ m}^3$; Kosten: $5{,}11 \cdot 1{,}68$ € ≈ 8,59 €
Eine Poolfüllung kostet damit ungefähr 8,60 €.

6 a) $1\,000\text{ ml} = 1\,000\text{ cm}^3$
Bei dieser Volumenberechnung wird deshalb mit der Einheit „cm" gearbeitet.
$r = 10{,}4\text{ cm} : 2 = 5{,}2\text{ cm}; h = 12\text{ cm}$
$V = \pi \cdot r^2 \cdot h$ $\quad V = \pi \cdot (5{,}2\text{ cm})^2 \cdot 12\text{ cm}$ $\quad V \approx 1\,019\text{ cm}^3$
1 000 ml passen in die Dose.

b) Da der Papierbedarf in „m²" angegeben werden soll, wird mit der Einheit „m" gerechnet.
Die Banderole entspricht dem Mantel der zylinderförmigen Dose.
$M = 2 \cdot \pi \cdot r \cdot h = \pi \cdot d \cdot h$
$M = \pi \cdot 0{,}104\text{ m} \cdot 0{,}12\text{ m} \approx 0{,}0392\text{ m}^2$
$50\,000 \cdot M = 1\,960\text{ m}^2$
Es werden ungefähr 2 000 m² Papier benötigt.

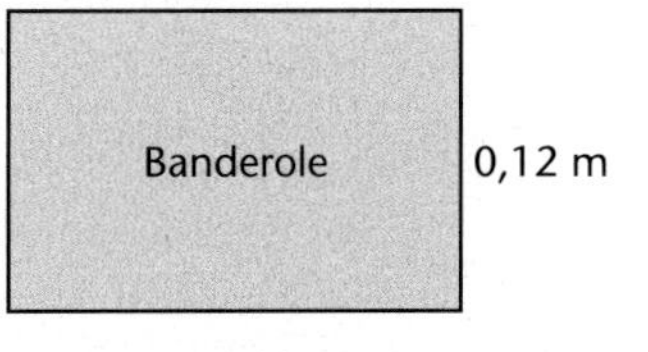

S. 31

1 a) Nach dem Strahlensatz gilt: $\frac{x}{3} = \frac{2{,}2}{2{,}2 + 1{,}9}$, also $x = 3 \cdot \frac{2{,}2}{4{,}1} \approx 1{,}6$

b) Das Verhältnis entsprechender Streckenabschnitte ist gleich:

$\frac{x}{1{,}5} = \frac{2}{1{,}3} \quad | \cdot 1{,}5$

$x = \frac{2 \cdot 1{,}5}{1{,}3} \approx 2{,}31$

S. 31

2 Höhe des Hauses: $h = x + 1{,}75\ \text{m}$

Berechnung der Länge x mit dem Strahlensatz:

$x : 1{,}25 = 12{,}4 : 1{,}8 \quad | \cdot 1{,}25$

$x = \frac{12{,}4\ \text{m} \cdot 1{,}25\ \text{m}}{1{,}8\ \text{m}}$

$x \approx 8{,}60\ \text{m}$

$h = 8{,}60\ \text{m} + 1{,}75\ \text{m} = 10{,}35\ \text{m}$

Das Haus ist ungefähr 10,35 m hoch.

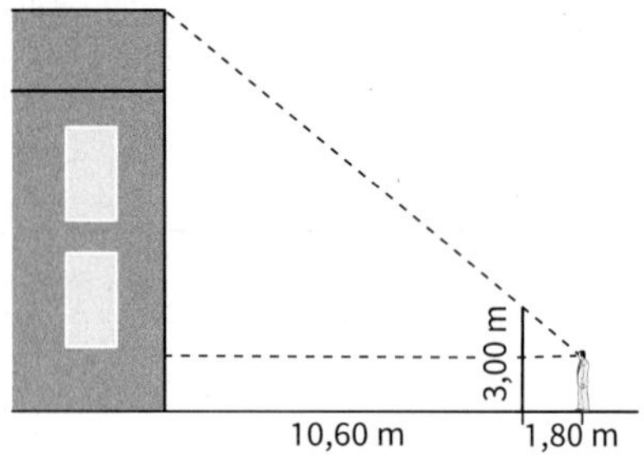

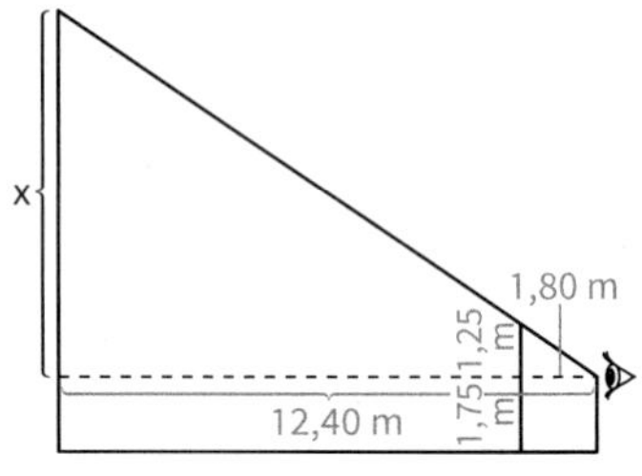

3 Da die beiden Seiten $\overline{XY}$ und $\overline{VW}$ parallel zueinander sind, kann man den Strahlensatz anwenden. Dieser besagt, dass das Verhältnis der beiden Seitenlängen $\overline{UX}$ und $\overline{UV}$ gleich dem Verhältnis der beiden Seitenlängen $\overline{XY}$ und $\overline{VW}$ ist. Aus der Gleichung $\frac{1}{3}\overline{UX} = \overline{UV}$ erkennt man, dass $\overline{UX}$ dreimal so lang ist wie $\overline{UV}$. Also muss auch $\overline{XY}$ dreimal so lang sein wie $\overline{VW}$; also gilt: $3 \cdot \overline{VW} = \overline{XY}$.

4 Größe von Sebastian: x

Berechnung von x mit dem Strahlensatz:

$\frac{x}{1{,}45\ \text{m}} = \frac{1{,}50\ \text{m}}{1{,}20\ \text{m}} \quad | \cdot 1{,}45\ \text{m}$

$x = \frac{1{,}50\ \text{m} \cdot 1{,}45\ \text{m}}{1{,}20\ \text{m}}$

$x \approx 1{,}81\ \text{m}$

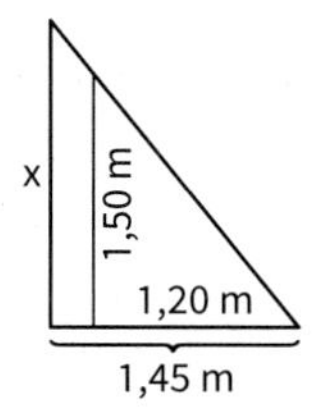

S. 32

1 a) b und c sind die Katheten, weil sie den rechten Winkel einschließen. a liegt ihm gegenüber, ist also die Hypotenuse: $b^2 + c^2 = a^2$

$(2\ \text{cm})^2 + (3{,}5\ \text{cm})^2 = a^2$

$a^2 = 16{,}25\ \text{cm}^2$

$a \approx 4{,}03\ \text{cm}$

b) r ist die Hypotenuse, p und q sind die Katheten: $p^2 + q^2 = r^2$

$(4{,}2\ \text{m})^2 + q^2 = (7{,}5\ \text{m})^2$

$q^2 = (7{,}5\ \text{m})^2 - (4{,}2\ \text{m})^2$

$q^2 = 38{,}61\ \text{m}^2$

$q \approx 6{,}21\ \text{m}$

2 Wenn $a^2 + b^2 = c^2$, dann ist das Dreieck rechtwinklig (Umkehrung des Satzes von Pythagoras). Dies ist hier der Fall, da:

$a^2 + b^2 = (5\ \text{cm})^2 + (12\ \text{cm})^2 = 25\ \text{cm}^2 + 144\ \text{cm}^2 = 169\ \text{cm}^2$

$c^2 = (13\ \text{cm}]^2 = 169\ \text{cm}^2$

3 a) D(9 | −1)

b) Die Diagonalen teilen die Raute in vier rechtwinklige Dreiecke. Nach dem Satz des Pythagoras gilt z. B. für die Länge der Seite $\overline{AB}$:

$(\overline{AB})^2 = (4\ \text{cm})^2 + (3\ \text{cm})^2$

$= 16\ \text{cm}^2 + 9\ \text{cm}^2$

$= 25\ \text{cm}^2$

$\overline{AB} = 5\ \text{cm}$

Umfang $u = 4 \cdot 5\ \text{cm} = 20\ \text{cm}$

Flächeninhalt: $A = 4 \cdot \frac{4\ \text{cm} \cdot 3\ \text{cm}}{2} = 2 \cdot 12\ \text{cm}^2 = 24\ \text{cm}^2$

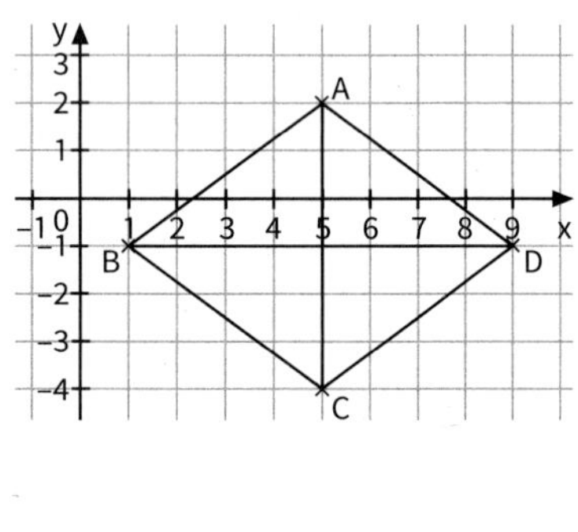

S. 32

4

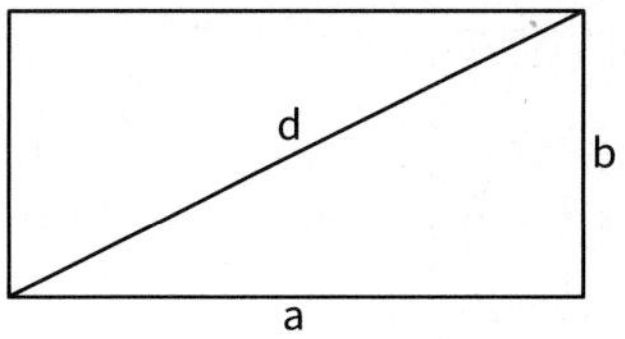

Die Länge der Diagonalen d wird mit dem Satz des Pythagoras bestimmt.

$a^2 + b^2 = d^2$, also: $d = \sqrt{a^2 + b^2}$

$d = \sqrt{121{,}2^2 + 68{,}2^2}$ cm $\approx 139{,}07$ cm

Die Bildschirmdiagonale ist ungefähr 139 cm lang, das sind (139,07 : 2,54) Zoll ≈ 55 Zoll.

5 Der Koffer ist 58 cm lang und 38 cm breit. Die Diagonale dieses Rechtecks wird mit $d = \sqrt{a^2 + b^2}$ berechnet.
$d = \sqrt{(58\text{ cm})^2 + (38\text{ cm})^2} \approx 69{,}3\text{ cm} < 70\text{ cm}$
Man kann die Stöcke nicht flach in den Koffer legen. Evtl. könnte man sie entlang der Raumdiagonalen legen, aber dann wird es schwer, die restlichen Sachen in den Koffer zu packen. Lara sollte einen anderen Koffer wählen.

S. 33

1

	Größe	Begründung
α	50°	Nebenwinkel zu dem eingezeichneten 130°-Winkel
β	40°	Scheitelwinkel zu dem eingezeichneten 40°-Winkel
γ	90°	Winkelsumme im Dreieck: $\gamma = 180° - 50° - 40° = 90°$
δ	40°	Stufenwinkel zu $\beta = 40°$
ε	50°	Wechselwinkel zu $\alpha = 50°$ oder: δ, ε und γ bilden einen gestreckten Winkel (180°)

2 α ist ein Wechselwinkel zu dem eingezeichneten 30°-Winkel und damit ebenfalls 30° groß.
Da $\alpha + 50° + \gamma = 180°$
(Winkelsumme im Dreieck), gilt:
$80° + \gamma = 180° \rightarrow \gamma = 100°$.
φ ist ein Nebenwinkel von γ:
$\varphi = 180° - \gamma = 80°$.

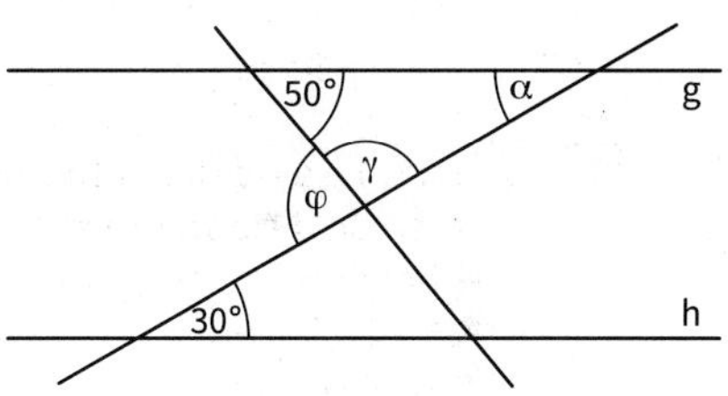

3 $\delta + \varepsilon = 180°$, weil ε ein Nebenwinkel von δ ist.
Da ε auch ein Stufenwinkel von α ist, ist $\varepsilon = \alpha$.
Eingesetzt ergibt sich: $\delta + \alpha = 180°$.
Ganz analog gilt: $\varphi + \gamma = 180°$ und $\varphi = \beta$, also
$\beta + \gamma = 180°$.

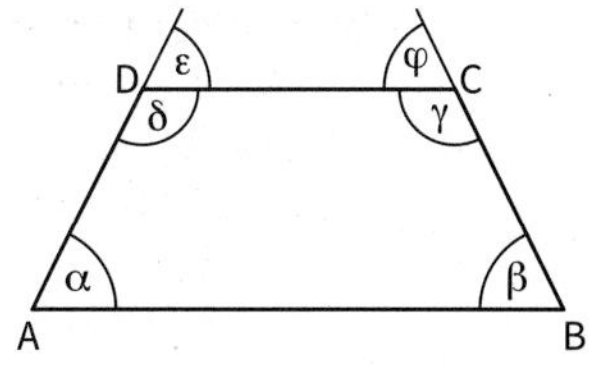

Daten und Zufall (Übungsaufgaben)

S. 34

1 a) Daten der Größe nach geordnet:
65,80 €; 84,30 €; 99,70 €; 107,20 €; 111,40 €

Die Spannweite ist die Differenz zwischen dem größten und dem kleinsten Wert:
111,40 – 65,80 € = 45,60 €.

Der Median ist bei ungerader Anzahl der Wert in der Mitte: 99,70 €

arithmetisches Mittel: $\frac{65{,}80\text{ €} + 84{,}30\text{ €} + 99{,}70\text{ €} + 107{,}20\text{ €} + 111{,}40\text{ €}}{5} = 93{,}68\text{ €}$

S. 34

b) Daten der Größe nach geordnet:
4,20 m; 4,50 m; 4,60 m; 4,80 m; 5,10 m; 5,30 m
Spannweite: 5,30 m – 4,20 m = 1,10 m
Der Median ist bei gerader Anzahl das arithmetische Mittel der beiden mittleren Werte:
$\frac{4{,}60\text{ m} + 4{,}80\text{ m}}{2} = 4{,}70\text{ m}$

arithmetisches Mittel: $\frac{4{,}20\text{ m} + 4{,}50\text{ m} + 4{,}60\text{ m} + 4{,}80\text{ m} + 5{,}10\text{ m} + 5{,}30\text{ m}}{6} = 4{,}75\text{ m}$

2 Das arithmetische Mittel (Summe aller 12 Gewichte, geteilt durch 12) ist 935,2 kg : 12 = $77{,}9\overline{3}$ kg. Der Durchschnitt von 80 kg wird also unterschritten.

3 Die bekannten fünf Weiten werden der Größe nach geordnet und addiert:
3,95 m + 4,10 m + 4,20 m + 4,45 m + 4,65 m = 21,35 m
Da Sabine im sechsten Sprung ihre schlechteste Weite erzielte, muss er weniger als 3,95 m weit gewesen sein. Da der siebte Sprung mittelmäßig war, ist Sabines weitester Sprung 4,65 m. Die Spannweite zwischen bestem und schlechtestem Sprung beträgt 90 cm. Also ist Sabine im sechsten Sprung 4,65 m – 0,90 m, also 3,75 m weit gesprungen.
Das arithmetische Mittel bei sieben Sprüngen beträgt 4,20 m. Alle sieben Sprünge zusammen sind also 29,40 m (= 7 · 4,20 m) weit. Zieht man davon die bereits bekannten sechs Sprungweiten ab, ergibt sich die Weite des siebten Sprungs: 29,40 m – 3,75 m – 21,35 m = 4,30 m.

S. 35

1 Zuerst wird der Anteil jeder Verbrauchsart am Gesamtverbrauch berechnet (Literzahl durch 126 dividieren), für den Winkel wird dieser Anteil mit 360° multipliziert.

	Verbrauch	Anteil	Winkel
Baden/Duschen	45 *l*	≈ 36 %	≈ 130°
Toilette	34 *l*	≈ 27 %	≈ 97°
Wäsche	15 *l*	≈ 12 %	≈ 43°
Sonstiges (Rest)	32 *l*	≈ 25 %	≈ 90°

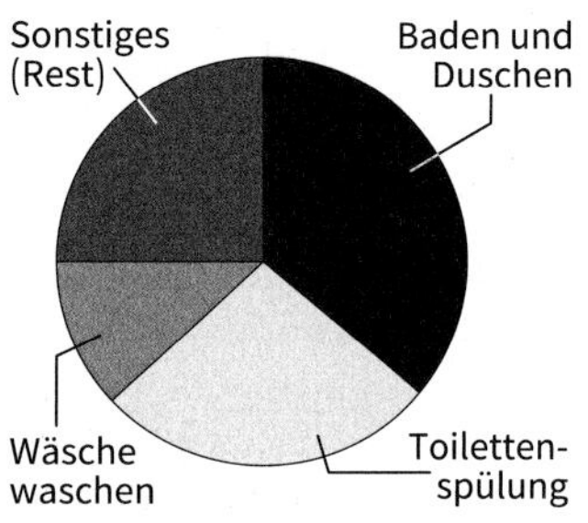

2 Um die Winkel besser messen zu können, sollte man die Radien verlängern.

	Winkel	a) Anteil am Umsatz (in %)	b) Anteil am Umsatz (in Mio. €)
Lebensmittel	101°	101° : 360° ≈ 28,1 %	0,281 · 128,6 ≈ 36,14
Elektrogeräte	32°	32° : 360° ≈ 8,9 %	0,089 · 128,6 ≈ 11,45
Spielwaren	76°	76° : 360° ≈ 21,1 %	0,211 · 128,6 ≈ 27,13
Bekleidung	151°	151° : 360° ≈ 41,9 %	0,419 · 128,6 ≈ 53,88

S. 36

1 Wahrscheinlichkeit = $\frac{\text{Anzahl der günstigen Ergebnisse}}{\text{Anzahl der möglichen Ergebnisse}}$

a) A = {2; 4; 6}; P(A) = $\frac{3}{6} = \frac{1}{2}$

B = {6}; P(B) = $\frac{1}{6}$

C = {2; 3; 4; 6}; P(C) = $\frac{4}{6} = \frac{2}{3}$

b) z. B. *keine Sechs* würfeln

2 Es sind 12 Kugeln im Behälter.

$\frac{1}{6}$ von 12 = 2; $\frac{1}{3}$ von 12 = 4; $\frac{1}{2}$ von 12 = 6

2 Kugeln müssen rot, 4 Kugeln blau und 6 Kugeln grün gefärbt werden.

S. 36

3 Im Behälter befinden sich 20 Kugeln, davon sind 6 Kugeln blau, 12 Kugeln gelb und 2 Kugeln rot.

a) P (blaue Kugel) $= \frac{6}{20} = \frac{3}{10} = 30\,\%$

b) 18 Kugeln sind blau oder gelb.

P (keine rote Kugel) $= \frac{18}{20} = \frac{9}{10} = 90\,\%$

4 $100\,\% \triangleq 360°$
$1\,\% \triangleq 3{,}6°$

a)

Farbe	Winkel	Wahrscheinlichkeit
rot	90°	25 %
gelb	72°	20 %
blau	54°	15 %
grün	144°	40 %

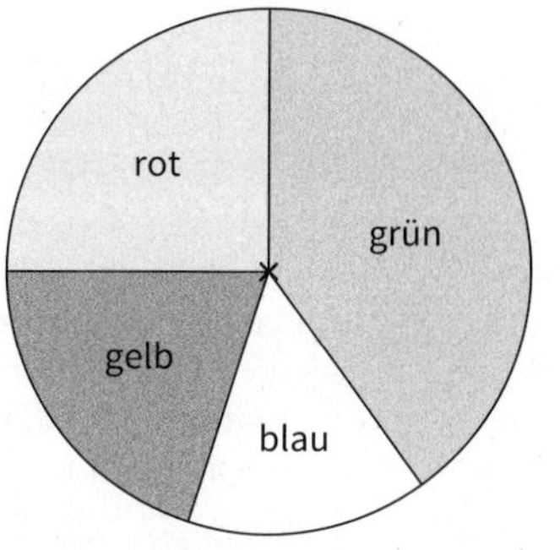

b) (1) P(gelb oder grün) = P(gelb) + P(grün)
= 20 % + 40 %
= 60 %

(2) P(nicht blau) = 100 % – P(blau) = 100 % – 15 % = 85 %

c) Mögliche Lösungen: *gelb oder blau oder grün* bzw. *nicht rot*

S. 37

1 a) Wahrscheinlichkeit für die Zahl vier: $\frac{2}{6} = \frac{1}{3}$ (6 mögliche, 2 günstige Ergebnisse)

b) Wahrscheinlichkeit für eine gerade Zahl: $\frac{4}{6} = \frac{2}{3}$ (6 mögliche, 4 günstige Ergebnisse)

c) Wahrscheinlichkeit für keine Sechs: $\frac{5}{6}$ (6 mögliche, 5 günstige Ergebnisse)

d) Die Wahrscheinlichkeit, eine Primzahl (PZ) zu würfeln, wird bei der großen Zahl von Versuchen in der Regel nahe der relativen Häufigkeit rH(PZ) liegen.

rH(PZ) $= \frac{548}{800} = 0{,}685 = 68{,}5\,\%$

Würfel (1): P (PZ) $= \frac{4}{6} = \frac{2}{3} \approx 67\,\%$

Würfel (2): P (PZ) $= \frac{3}{6} = \frac{1}{2} \approx 50\,\%$

Würfel (3): P (PZ) $= \frac{2}{6} = \frac{1}{3} \approx 33\,\%$

Es wurde vermutlich mit Würfel (1) gewürfelt, da $\frac{2}{3}$ von 800 ≈ 533 und somit 548 am nächsten an dieser Zahl liegt. Sicher kann man das aber nicht sagen.

2 Für sehr lange Versuchsreihen ist die relative Häufigkeit ein guter Schätzwert für die Wahrscheinlichkeit.

rH(3) $= \frac{1\,280}{2\,000} = 0{,}64 = 64\,\% \approx$ P(3)

Für das Gegenereignis Augenzahlen 1 oder 2 erhalten wir dann: P(1 oder 2) = 1 – P(3) ≈ 36 %
Wir gehen davon aus, dass die Masse des Zylinders gleichmäßig verteilt ist. Dann haben beide Augenzahlen aus Symmetriegründen die gleiche Wahrscheinlichkeit.
Also: P(1) = P(2) ≈ 36 % : 2 = 18 %

Abschlusstest Teil A Basisaufgaben

S. 38

1 Rechnen und Ordnen

a) $6{,}5 - 7{,}3 = -0{,}8$

b) $-1{,}2 - (-0{,}8) = -1{,}2 + 0{,}8 = -0{,}4$

c) $4 : (-16) = -\frac{4}{16} = -\frac{1}{4} = -0{,}25$

d) $\frac{-3 \cdot (-50)}{5^3} = \frac{150}{125} = \frac{6}{5} = 1{,}2$

e) $-\frac{3}{5} \cdot 35 - 4 \cdot (-5) = -21 + 20 = -1$

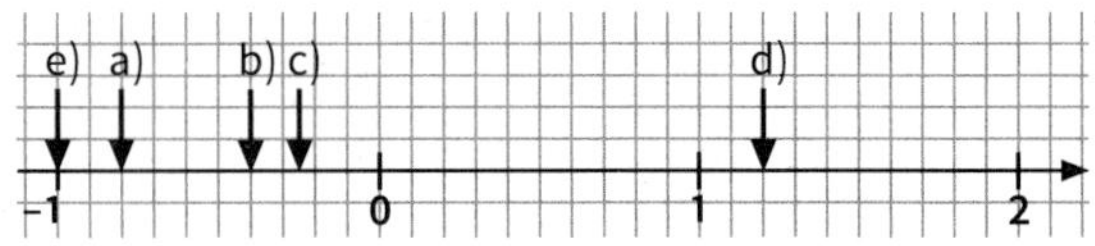

2 Quadrat und Rechteck

a) u = Summe aller Seitenlängen
Seitenlänge: $\sqrt{36\ \text{cm}^2} = 6$ cm
$u = 4 \cdot 6$ cm $= 24$ cm

b) Möglich sind alle Kombinationen von zwei Seitenlängen, deren Produkt 36 cm² beträgt.
Ganzzahlige Kombinationsmöglichkeiten sind z. B.
1 cm · 36 cm, 2 cm · 18 cm, 3 cm · 12 cm, 4 cm · 9 cm usw.

3 Abschlussfahrt

a) Für Venedig ist jeder Vierte, das sind 20 Schülerinnen und Schüler (80 : 4 = 20).
20 % sind für Paris, das sind 16 Schülerinnen und Schüler (80 · 0,2 = 16).
Nach London oder Prag wollen somit 80 – 20 – 16 = 44 Schülerinnen und Schüler.
Diese teilen wir im Verhältnis 3 : 1 auf:
44 : 4 = 11   11 · 3 = 33
                    11 · 1 = 11
Nach London wollen 33 Schülerinnen und Schüler, nach Prag 11.

b) Venedig: $\frac{1}{4} = 25\,\%$

Paris: 20 %

London: 33 von 80 $= \frac{33}{80} = 0{,}4125 = 41{,}25\,\%$

Prag: 11 von 80 $= \frac{11}{80} = 0{,}1375 = 13{,}75\,\%$

c) Um ein Kreisdiagramm zu zeichnen, muss man die Mittelpunktswinkel für die einzelnen Kreisausschnitte berechnen:
- 1 % entspricht 360° : 100, also 3,6°.
- Man kann auch mit den Brüchen rechnen, $\frac{1}{80}$ entspricht dann 360° : 80, also 4,5°.

Für die Kreisausschnitte erhalten wir dann folgende Mittelpunktswinkel:

Venedig: $\frac{1}{4} \to 360° : 4 = 90°$

Paris: $20\,\% = \frac{1}{5} \to 360° : 5 = 72°$

London: $\frac{33}{80} \to 33 \cdot 4{,}5° = 148{,}5°$

Prag: $\frac{11}{80} \to 11 \cdot 4{,}5° = 49{,}5°$

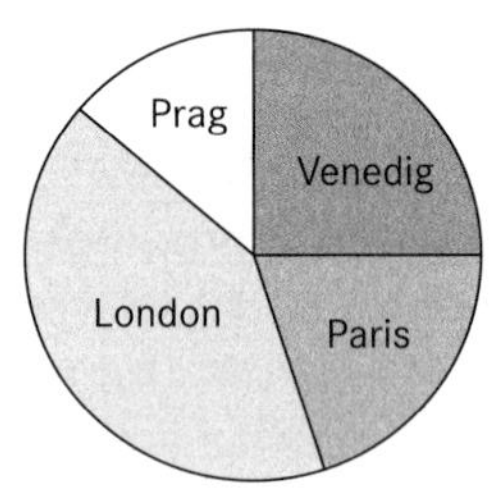

Das Streifendiagramm ist insgesamt 10 cm lang, sodass 1 mm genau 1 % entspricht.

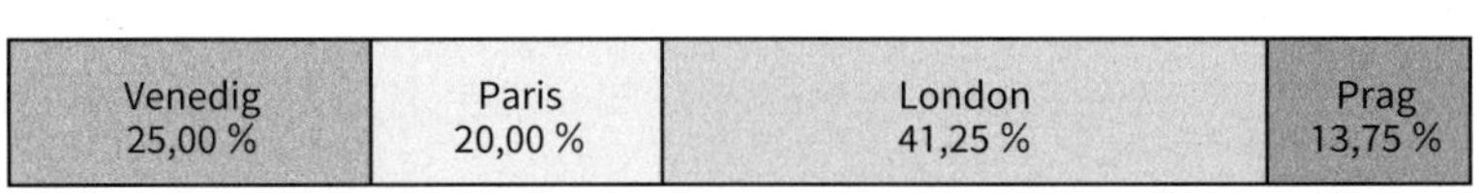

S. 39

4 Lineare Funktionen

Die Funktionsgleichungen von f und g besitzen die Form $y = m \cdot x + n$. Also sind f und g lineare Funktionen und ihre Graphen Geraden. f und g besitzen dieselbe Steigung m, d. h., die zugehörigen Graphen verlaufen parallel. Da m den Wert $-0{,}2$ besitzt, fallen beide Graphen von links nach rechts. Der Schnittpunkt des Graphen einer linearen Funktion $y = m \cdot x + n$ mit der y-Achse ist der Punkt $(0\,|\,n)$.
Also schneidet der Graph von f die y-Achse im Punkt $(0\,|-3)$, der Graph von g im Punkt $(0\,|\,3)$.

5 Gleichungssysteme

a) I. $5x - 3y = 53$
II. $4x + 3y = 37$ (I + II)

$9x = 90$
$x = 10$

x eingesetzt in II. $4 \cdot 10 + 3y = 37$
$3y = -3$
$y = -1$

Lösung: $x = 10$ und $y = -1$

b) 1. Zahl: x   2. Zahl: y
I. $3x = y - 1 \quad |+1$
II. $2x + y = 36$

Ia. $3x + 1 = y$
y in II.: $2x + (3x + 1) = 36$
$5x = 35$
$x = 7$

x eingesetzt in Ia. $3 \cdot 7 + 1 = y$
$22 = y$

Ergebnis: 1. Zahl: 7   2. Zahl: 22

6 Exponentielle Abnahme

Bei der dargestellten Sachsituation handelt es sich um einen exponentiellen Abnahmeprozess. Der Wachstumsfaktor q ergibt sich aus: $q = 1 - 18\,\% = 1 - \frac{18}{100} = 0{,}82$

1. Lösungsweg:

Stunde	0	1	2	3	4	5	6
Vitaminmenge im Blut (mg)	300	246	201,72	165,41	135,64	111,22	91,2

(von Stunde zu Stunde jeweils $\cdot\, 0{,}82$)

$\cdot\, 0{,}82$ $\cdot\, 0{,}82$ $\cdot\, 0{,}82$ $\cdot\, 0{,}82$ $\cdot\, 0{,}82$ $\cdot\, 0{,}82$

Nach 2 Stunden sind also noch etwa 201,72 mg des Vitamins im Blut, nach 4 Stunden etwa 135,64 mg und nach 6 Stunden noch etwa 91,2 mg.

2. Lösungsweg: Man rechnet mit der Formel $G_n = G \cdot q^n$

Nach 2 Stunden: $G_2 = 300 \cdot 0{,}82^2\ \text{mg} \approx 201{,}72\ \text{mg}$
Nach 4 Stunden: $G_4 = 300 \cdot 0{,}82^4\ \text{mg} \approx 135{,}64\ \text{mg}$
Nach 6 Stunden: $G_6 = 300 \cdot 0{,}82^6\ \text{mg} \approx 91{,}20\ \text{mg}$

7 Dreieck im Koordinatensystem

a)

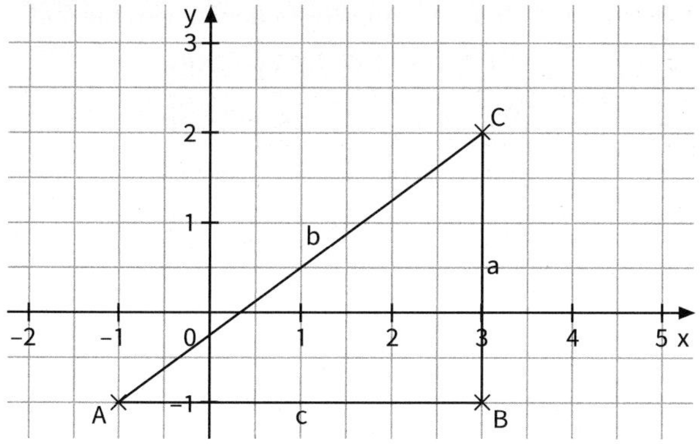

S. 39

b) Länge der Strecken: $\overline{AB} = 4$ cm, $\overline{BC} = 3$ cm
Im rechtwinkligen Dreieck ABC gilt nach dem Satz von Pythagoras:

$$(\overline{AC})^2 = (\overline{AB})^2 + (\overline{BC})^2$$
$$= (4\text{ cm})^2 + (3\text{ cm})^2$$
$$= 25\text{ cm}^2 \qquad |\sqrt{\ }$$
$$\overline{AC} = 5\text{ cm}$$

Da das Dreieck rechtwinklig ist, kann der Flächeninhalt mithilfe der Länge der Katheten berechnet werden.

$$\text{Flächeninhalt } A = \frac{\overline{AB} \cdot \overline{BC}}{2} = \frac{4\text{ cm} \cdot 3\text{ cm}}{2} = 6\text{ cm}^2$$

S. 40

8 Prozente

a) *1. Lösungsweg:* 10 % von 130 € sind 13 €, 40 % sind dann 4 · 13 € = **52 €.**

2. Lösungsweg:
100 % → 130 €
1 % → 1,30 €
40 % → **52 €**

3. Lösungsweg:
130 € · 40 % = 130 € · 0,4 = **52 €**

b) *1. Lösungsweg:*
4 % → 12 kg
1 % → 3 kg
100 % → **300 kg**

2. Lösungsweg: G · 4 % = 12 kg
also: G · 0,04 = 12 kg |:0,04
G = **300 kg**

3. Lösungsweg: $W = G \cdot p\,\% = G \cdot \frac{p}{100}$ umformen: $W \cdot \frac{100}{p} = G$

einsetzen: $G = 12\text{ kg} \cdot \frac{100}{4} =$ **300 kg**

c) *1. Lösungsweg:* gesucht: 24 cm von 6 m bzw. 24 cm von 600 cm
6 cm sind 1 % von 600 cm, dann sind 24 cm genau viermal so viel, also **4 %** von 600 cm bzw. 4 % von 6 m.

2. Lösungsweg: 600 cm → 100 %
6 cm → 1 %
24 cm → **4 %**

3. Lösungsweg: $\frac{24\text{ cm}}{6\text{ m}} = \frac{24\text{ cm}}{600\text{ cm}} = 0{,}04 =$ **4 %**

d) 3 % von 760 € sind 0,03 · 760 € = **22,80 €**

9 Kinobesucher

a) $\frac{(625 + 745 + 820 + 655 + 423 + 388 + 495)}{7} = \frac{4151}{7} = 593$

b) Wenn durchschnittlich 450 Besucher pro Tag den Film gesehen haben, sind das in zwei Wochen insgesamt 6 300 (450 · 14) Besucher. Davon muss man die Anzahl der Besucher aus der ersten Woche (4 151) abziehen. In der zweiten Woche haben 2 149 Besucher (6 300 – 4 151) den Film gesehen.

10 Lostrommel

a) $P\,(\text{Hauptgewinn}) = \frac{\text{Anzahl der Hauptgewinne}}{\text{Anzahl aller Lose}} = \frac{20}{300} = \frac{1}{15}$

Die Wahrscheinlichkeit, dass das erste gezogene Los ein Hauptgewinn ist, beträgt $\frac{1}{15}$.

b) Es sind jetzt noch 270 Lose in der Lostrommel, davon 18 Hauptgewinne.

$P\,(\text{Hauptgewinn}) = \frac{18}{270} = \frac{2}{30} = \frac{1}{15}$

Die Wahrscheinlichkeit für einen Hauptgewinn ist genauso groß wie beim ersten gezogenen Los.

S. 40

11 Gleichungen und Graphen

Grundsätzlich gibt es zwei Lösungswege. Bei dem rechnerischen Weg wählt man einen Punkt (x | y) des Graphen aus, den dieser mit einem der abgebildeten Graphen gemeinsam hat, und prüft, welche der zur Auswahl stehenden Gleichungen durch die Koordinaten des Punktes erfüllt wird. Schneller aber ist der andere Weg, bei dem man sein Wissen über den grafischen Verlauf von linearen und quadratischen Funktionen nutzt.
Die abgebildeten Graphen g_1 und g_2 sind Geraden. Geraden sind Graphen von linearen Funktionen mit der allgemeinen Form $y = m \cdot x + n$. Drei zur Auswahl stehende Gleichungen sind linear, sie unterscheiden sich nur in der Steigung (m). Die Graphen g_1 und g_2 steigen von links nach rechts an, also ist $m > 0$. Die Gleichung $y = -2x + 1$ scheidet damit aus. Da g_1 steiler verläuft als g_2, gehört die Gleichung mit dem größeren m zu g_1, nämlich $y = x + 1$. Zu g_2 gehört $y = 0{,}5x + 1$.
Zu den Parabeln (g_3, g_4, g_5, g_6) gehören Gleichungen, die einen quadratischen Term (x^2) enthalten. Hiervon stehen fünf zur Auswahl. Die Graphen g_3 und g_4 besitzen den Scheitelpunkt (0 | 0) und sind nach unten geöffnet. Zu ihnen gehören also Gleichungen der Form $y = ax^2$ mit $a < 0$. Zur Auswahl stehen $y = -x^2$ und $y = -2x^2$. Die Parabel g_3 verläuft durch die Punkte (–1 | –1) und (1 | –1). Zu ihr gehört also die Gleichung $y = -x^2$. Die Parabel g_4 ist schmaler geöffnet, zu ihr gehört die Gleichung $y = -2x^2$.
Die Graphen g_5 und g_6 sind verschobene Normalparabeln. Parabeln mit der Gleichung $y = x^2 + c$ besitzen den Scheitelpunkt (0 | c). Sie sind gegenüber der Normalparabel in y-Richtung verschoben; für $c > 0$ nach oben, für $c < 0$ nach unten. g_6 besitzt den Scheitelpunkt (0 | 2). Zu g_6 gehört also $y = x^2 + 2$. Die Parabel g_5 besitzt den Scheitelpunkt (–1 | 0). Zu ihr passt nur noch die Gleichung $y = x^2 + 2x + 1$. Folgende Überlegung bestätigt dies: umgeformt lautet die Gleichung $y = (x + 1)^2$. Parabeln mit der Gleichung $y = (x + d)^2$ besitzen den Scheitelpunkt (–d | 0) und sind gegenüber der Normalparabel um b nach links verschoben. Richtig ist also:

g_1	$y = x + 1$
g_3	$y = -x^2$
g_5	$y = x^2 + 2x + 1$
g_6	$y = x^2 + 2$

	$y = x^2 - 2$
g_2	$y = 0{,}5x + 1$
	$y = -2x + 1$
g_4	$y = -2x^2$

12 Baumhöhe

Nach dem Strahlensatz gilt:

$$\frac{x}{1{,}30\text{ m}} = \frac{15\text{ m}}{3\text{ m}} \quad | \cdot 1{,}30$$

$$x = \frac{15\text{ m} \cdot 1{,}30\text{ m}}{3\text{ m}}$$

$x = 6{,}50$ m → Baumhöhe h = 6,50 m + 1,70 m = 8,20 m

Die Höhe des Baumes beträgt 8,20 m.

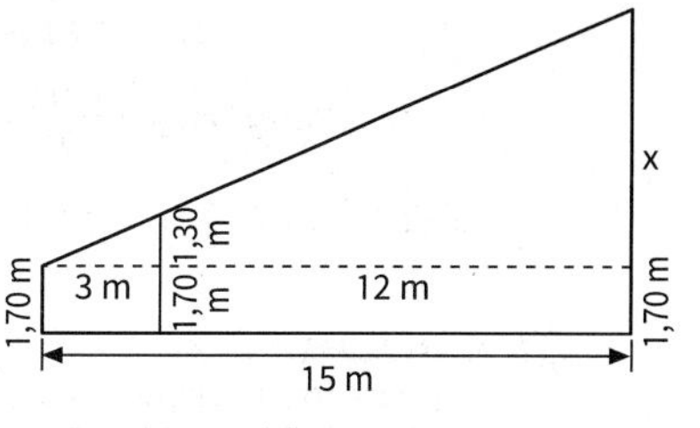

S. 41

13 Fahrstuhl

Die Masseangabe bezieht sich auf m², deshalb wird zuerst die Fläche ausgerechnet, die das gesamte Papier einnimmt.
1 Blatt: $21{,}0\text{ cm} \cdot 29{,}7\text{ cm} = 623{,}7\text{ cm}^2$
100 000 Blatt: $623{,}7\text{ cm}^2 \cdot 100\,000 = 62\,370\,000\text{ cm}^2 = 6\,237\text{ m}^2$
Masse des Papiers: $80\,\frac{\text{g}}{\text{m}^2} \cdot 6\,237\text{ m}^2 = 498\,960\text{ g} \approx 500\text{ kg}$

14 Parabeln in verschiedenen Darstellungen

$f(x) = -0{,}5\,(x + 1{,}5)^2 + 3{,}5$ (Scheitelpunktform)
$= -0{,}5\,(x^2 + 3x + 2{,}25) + 3{,}5$
$= -0{,}5x^2 - 1{,}5x - 1{,}125 + 3{,}5$
$= -0{,}5x^2 - 1{,}5x + 2{,}375$ (allgemeine Form)

15 Wasserfass

a) Das Fass hat die Form eines Zylinders. Für Zylinder mit dem Radius r und der Höhe h gilt:
$V = \pi \cdot r^2 \cdot h$
$V = \pi \cdot (30\text{ cm})^2 \cdot 80\text{ cm} \approx 226\,194{,}7\text{ cm}^3$ Dies entspricht ca. 226 *l*.

b) Das Fass ist oben offen. Deshalb fällt eine Kreisfläche weg und es gilt die folgende Formel:
$O = \pi \cdot r^2 + 2 \cdot \pi \cdot r \cdot h$
$O = \pi \cdot (0{,}3\text{ m})^2 + 2 \cdot \pi \cdot 0{,}3\text{ m} \cdot 0{,}8\text{ m} \approx 1{,}79\text{ m}^2 \approx 1{,}8\text{ m}^2$
oder $O = \pi \cdot (30\text{ cm})^2 + 2 \cdot \pi \cdot 30\text{ cm} \cdot 80\text{ cm} \approx 17\,907\text{ cm}^2 \approx 1{,}8\text{ m}^2$

S. 41

16 Größen bestimmen

Ladevolumen eines Lasters: Der Ladebereich kann als Quader mit den Maßen: Breite 2,5 m, Höhe 2,5 m, Länge 8 m geschätzt werden. Als Volumen ergibt sich daraus 2,5 m x 2,5 m x 8 m = 50 m^3. Da 1 m^3 = 1 000 *l*, muss 50 000 *l* angekreuzt werden.

Länge eines Springseils: Die Länge eines Springseils muss länger sein als die Körpergröße (bzw. als zweimal die halbe Körpergröße). Es muss aber kürzer als 5 m sein, sonst kann es nicht zum Springen benutzt werden. Entsprechend kann die Länge des Seils auf ungefähr 2,5 m geschätzt werden, was 25 dm entspricht (250 000 mm = 250 m; 2 500 cm = 0,025 km = 25 m).

Fläche eines Handballfeldes: Ein Handballfeld ist 20 m breit und 40 m lang, sodass sich ein Flächeninhalt von 800 m^2 ergibt (80 000 cm^2 = 8 m^2; 8 000 dm^2 = 80 m^2; 0,8 km^2 = 800 000 m^2).

S. 42

17 Straßenfest

a) Die Stückzahlen für Bratwurst und Currywurst werden addiert. Insgesamt sollen 105 Würste verkauft werden.

b) Der Preis für ein Steak steht in Zelle B5. Es soll 3,50 € kosten.

c) Die voraussichtlichen Einnahmen für den Bratwurstverkauf werden in der Zelle D3 mit der Formel =B3*C3 berechnet.

d) 1. Möglichkeit: Alle Zellen, in denen Einnahmen stehen, werden addiert:
D12: =D3+D4+D5+D6+D9+D10
2. Möglichkeit: Man verwendet die Funktion „Summe“:
D12: =Summe(D3:D10).
Dabei werden Zellen, in denen keine Zahl steht, vom Programm nicht berücksichtigt.

18 Kleintiergehege

Da alle Seiten des Sechsecks 60 cm lang sind, ist das eingezeichnete Rechteck 60 cm hoch. Dazu kommen noch vier kongruente rechtwinklige Dreiecke. Deren Hypotenusen sind 60 cm lang (wie die Drahtplatten). Eine Kathete ist jeweils 30 cm lang (= (120 cm – 60 cm) : 2)).
Mit dem Satz des Pythagoras kann man die Länge der noch fehlenden Kathete berechnen:

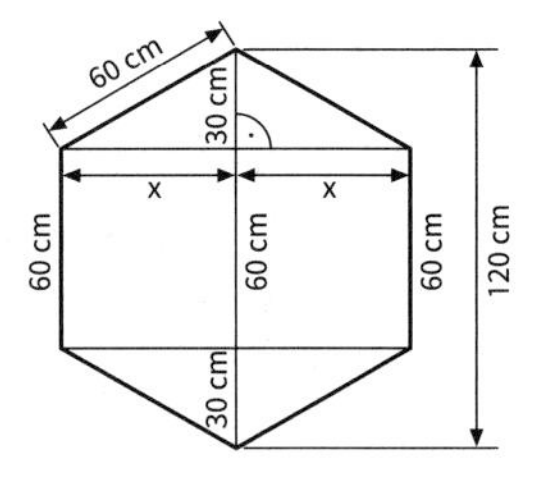

$x^2 + (30\text{ cm})^2 = (60\text{ cm})^2$
$x^2 + 900\text{ cm}^2 = 3\,600\text{ cm}^2$
$x^2 = 2\,700\text{ cm}^2$
$x \approx 52\text{ cm}$

Flächeninhalt des Rechtecks:
$2x \cdot 60\text{ cm} = 104\text{ cm} \cdot 60\text{ cm} = 6\,240\text{ cm}^2$

Flächeninhalt der vier Dreiecke: $4 \cdot \frac{52\text{ cm} \cdot 30\text{ cm}}{2} = 3\,210\text{ cm}^2$

Der Flächeninhalt des Geheges beträgt insgesamt $6\,240\text{ cm}^2 + 3\,120\text{ cm}^2 = 9\,360\text{ cm}^2$, also knapp 1 m^2.

19 Funktionsbeschreibung

Graph f: Mit wachsenden x-Werten wachsen auch gleichmäßig die y-Werte (positive konstante Steigung). Für x = 0 geht die Funktion nicht durch den Ursprung. Es handelt sich um eine lineare Funktion.

Graph g: Mit wachsenden x-Werten werden die y-Werte gleichmäßig kleiner (negative konstante Steigung). Für x = 0 geht die Funktion nicht durch den Ursprung. Es handelt sich um eine lineare Funktion.

Graph h: Mit wachsenden x-Werten werden die y-Werte auch immer geringer, aber nicht gleichmäßig, sondern die Abnahme wird immer geringer. Die Funktion hat keinen Schnittpunkt mit der y-Achse, sondern schmiegt sich an die y-Achse an. Es könnte sich um eine Hyperbel, also eine antiproportionale Funktion handeln.

Graph i: Unabhängig von den x-Werten nehmen die y-Werte immer den Wert 3,5 an. Es handelt sich um eine konstante Funktion.

Graph j: Mit wachsenden x-Werten wachsen auch gleichmäßig die y-Werte (positive konstante Steigung). Für x = 0 geht die Funktion durch den Ursprung. Es handelt sich um eine proportionale Funktion.

S. 43

20 Würfeln mit einem Quader

a) Die Seitenfläche mit der Augenzahl 1 ist genauso groß wie die Fläche mit der Zahl 6. Wir gehen davon aus, dass die Masse des Holzquaders gleichmäßig verteilt ist. Aus Symmetriegründen beträgt dann die Wahrscheinlichkeit, eine Eins zu würfeln, ebenfalls ca. 8 %. Damit bleiben für die übrigen vier Ergebnisse (2, 3, 4, 5) noch ca. 84 % übrig. Da ihre Flächen ebenfalls alle gleich groß sind, beträgt – wiederum aus Symmetriegründen – die Wahrscheinlichkeit für jedes Ergebnis ca. 21 % (= 84 % : 4).

Augenzahl	1	2	3	4	5	6
Näherungswert für die Wahrscheinlichkeit	8 %	21 %	21 %	21 %	21 %	8 %

Da es sich um einen Zufallsversuch handelt, sind dies nur Näherungswerte. Selbst mit einer sehr großen Zahl von Versuchen kann man die Wahrscheinlichkeiten nur angenähert, nicht aber exakt bestimmen.

b) Bei einer so großen Anzahl an Würfen ist es am wahrscheinlichsten, dass ungefähr 8 % (Wahrscheinlichkeit für 6) der 4 000 Würfe eine 6 sind; also: 0,08 · 4 000 Würfe = 320 Würfe. Trotzdem ist aber jede andere Anzahl zwischen 0 und 4 000 möglich.

21 Rechengeschichten

(1) Anzahl der Gewinnlose: x — Anzahl der Nieten: 0,5x
Gleichung: x + 0,5x = 30 — [x] ja.

(2) Roberts Sparsumme nach 30 Tagen: x
Gleichung: x = 15 · 1 € + 15 · 0,50 € — [x] nein.

(3) Mineralwasser in Liter: x — Fruchtsaft in Liter: 0,5 · x
Gleichung: x + 0,5x = 30 — [x] ja.

(4) Alter der Bruders: x — Alter von Max: 0,5 · x
Gleichung: x + 0,5x = 30 — [x] ja.

22 Winkel

Aussage	w/f	Begründung
$\gamma = 70°$	wahr	Scheitelwinkel zu dem eingezeichneten 70°-Winkel
$\delta = 70°$	wahr	Stufenwinkel zu dem eingezeichneten 70°-Winkel
$\beta = \alpha$	falsch	Der Wechselwinkel von β ist φ, nicht α.
$\varepsilon = \beta$	wahr	φ ist ein Wechselwinkel von β und ε ist ein Stufenwinkel von φ.

Hier im Lösungsheft befinden sich **Kurzlösungen** zu den Aufgaben des Eingangstests (S. 44 – 53). **Ausführliche Lösungen** zum Eingangstest befinden sich im Arbeitsbuch (S. 54 – 79).

Kurzlösungen – Eingangstest Teil B Komplexe Aufgaben

S. 44

1 Preisänderungen

a) Der neue Preis der Bluse ist 48,68 €.
b) Der Anzug kostete vorher 299,90 €.
c) Der Preis wurde um rund 11,14 % erhöht.

2 Werkstück

a) Die Masse des Werkstücks beträgt etwa 17 kg.
b) Der Oberflächeninhalt ist ca. 1 200 cm^2 groß.

3 Straßenbahnfahrplan

a) Die Entfernung zwischen den Haltestellen Bahnhof und Tierpark beträgt 14 km.
b) Vom Bahnhof bis zum Stadion fährt die Straßenbahn zwischen den Haltestellen mit gleicher Durchschnittsgeschwindigkeit $\left(\frac{1\text{ km}}{2\text{ min}}\right.$, also $30\ \frac{\text{km}}{\text{h}}\left.\right)$.
Vom Stadion bis zum Tierpark fährt sie schneller $\frac{2\text{ km}}{2\text{ min}}$, also $60\ \frac{\text{km}}{\text{h}}$.

c)

Haltestelle	Uhrzeit	
Bahnhof	ab	14:10
Rosentor	an	14:14
	ab	14:15
Nordheide	an	14:19
	ab	14:20
Stadion	an	14:24
	ab	14:25
Tierpark	an	14:33

S. 45

4 Fahrradurlaub

a) Lennards Aussage ist falsch.
b) Der Verbrauch steigt um ungefähr 27 %.
c)

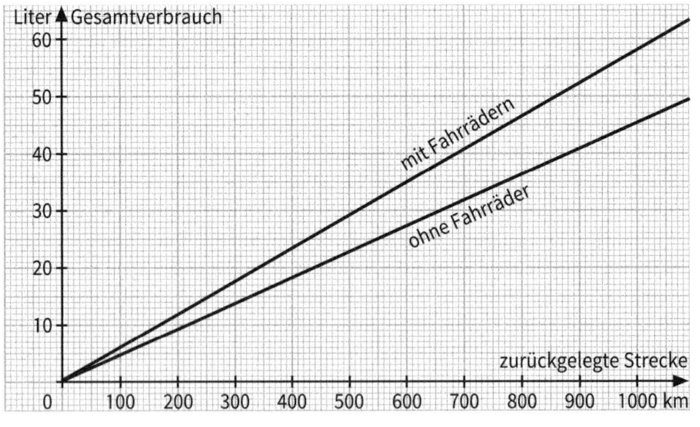

5 Herzogstandbahn

Die Kabine legt eine Strecke von ungefähr 1 250 m zurück.

S. 46

6 Konservendose

a) Die Gesamtlänge des Bandes beträgt etwa 73,1 cm.
b) Ein doppelt so langes Band reicht.

7 Gläser

a) 8 randvolle Likörgläser füllen das Rotweinglas.
b) Richtig ist der Graph C.

S. 46

8 **Agenturmeldung**

Die Meldung ist fehlerhaft. Richtig müsste die Meldung lauten: „Vor allem in Thüringen und Sachsen hängt oder liegt die weiße Bluse bei etwa neun von zehn Frauen (87,4 Prozent) im Schrank, ergab jetzt eine Umfrage.“

S. 47

9 **Kugelstoßen**

a) Die Kugel wird aus 2 m Höhe abgestoßen.
b) Die Kugel erreicht eine Höhe von 4,81 m.
c) Die Kugel wird 17,31 m weit gestoßen.

10 **Haus mit Satteldach**

a) Das Volumen des Hauses beträgt insgesamt 780 m^3.
b) Die gesamte Dachfläche ist 153,6 m^2 groß.
c) Der Neigungswinkel des Daches beträgt ca. 39°.

S. 48

11 **Nebenjobs**

a) Der prozentuale Anteil der Mädchen beträgt 60 %, der Anteil der Jungen 40 %.
b) 261 Mädchen haben keinen Nebenjob.
c) 62,5 % der Jungen haben keinen Nebenjob.

12 **Pkw-Antriebe und Kosten**

a)

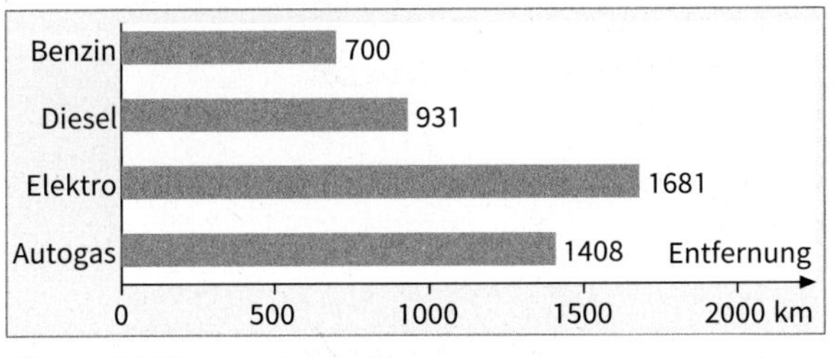

b) Die Tankfüllung reicht nicht.
c) Der Anteil der Energiesteuer beträgt 32 %.

S. 49

13 **Seitenlängen beim Quadrat**

Aussage (1) und Aussage (4) sind falsch.

14 **Tonnenschwere Goldmünze**

a) Im Oktober 2011 erhielt man für 1 Euro 1,62 US-Dollar.
b) Die Angaben stimmen nicht überein.
c) Der Radius beträgt etwa 28,3 cm.

15 **Kapitalanlage**

a) Henrik muss etwa 47 Jahre warten.
b) Auch ein Kapital von 10 000 € verdoppelt sich bei einem Zinssatz von 1,5 % in etwa 47 Jahren.

S. 50

16 **Zwei Würfel**

a) Es gibt 36 mögliche Ergebnisse. b) $P(3;5) = \frac{1}{36}$ c) $P(\text{Pasch}) = \frac{1}{6}$

17 **Fußballduell**

a) $p\,\% = 78\,\%$ b) Nach etwa 9 Jahren.
c) Der Radius des Kreises der Premier League ist etwa dreimal so groß wie der Radius des Kreises der Bundesliga. Dies ergibt den 9-fachen Flächeninhalt.
Die zugehörigen Euro-Beträge sind jedoch nur etwa 2,3-mal so hoch.

S. 51

18 Zahlenrätsel

a) Die Gleichung $x - 8 = 3\,(5 + x)$ gehört zum Zahlenrätsel (3).
b) $x = -11{,}5$
c) Zahlenrätsel (1): $3x - 8 = x + 5$
   Zahlenrätsel (2): $3\,(x - 8) = x - 5$

19 Smartphone-Nutzung

a) Spannweite: 140 unteres Quartil: 40 oberes Quartil: 60
   Median (Zentralwert): 45
b) Felix' Aussage ist falsch. Durch die Länge der Strecke zwischen oberem Quartil und größtem Wert hat er sich täuschen lassen.

20 Fläche Berlin-Brandenburg

Die Hauptstadtregion ist ungefähr 30 500 km^2 groß.

S. 52

21 Quadratische Gleichungen

a) Pauls Lösung stimmt. Marcel hat einen Fehler beim Einsetzen von $q = 20$ gemacht.
b) (1) $x_1 = -7$; $x_2 = 7$ (2) $x = -4$ (3) $x_1 = 0$; $x_2 = 5$ (4) $x_1 = 1$; $x_2 = -25$

22 Glücksrad

Baumdiagramm (g: grün; o: orange)
1. Drehung 2. Drehung

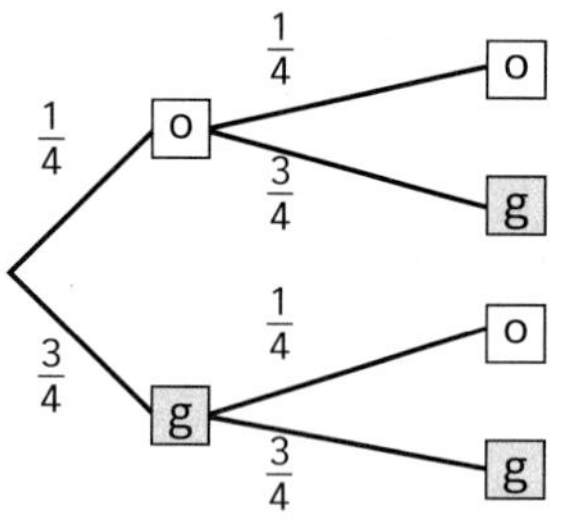

$P(o;o) = \frac{1}{4} \cdot \frac{1}{4} = \frac{1}{16}$

$P(g;g) = \frac{3}{4} \cdot \frac{3}{4} = \frac{9}{16}$

b) P (Verlust) $= \frac{3}{8}$
c) Die Klasse kann mit einem Gewinn von 132,50 € rechnen.

23 Angebote

a) Zu empfehlen ist das Angebot C.
b) Das Angebot C ist auch bei jedem anderen Sparbetrag zu empfehlen.

S. 53

24 Brückenkonstruktion

Die Brücke muss rund 341 m lang werden.

25 Verdienst

a) Nach Modell 2 würde er 2000 € verdienen und nach Modell 1 3300 €, also 1 300 € mehr.
b) =A3*10/100 oder =A3*0,1
c) Richtig sind:
   ☒ =B3+2500
   ☒ =A3*0,04+2500
d) Bei einem Umsatz von 41 667 € verdient man mit beiden Modellen gleich viel.

26 Riesentasse

a) Tassenhöhe: ca. 55 cm
   Oberer/unterer Tassendurchmesser: 55 cm/25 cm
b) Es ist die Tasse mit dem eingezeichneten Zylinder anzukreuzen.
c) Ein Riesencappuccino würde ungefähr 1 000 € kosten.

Übungsaufgaben Teil B Komplexe Aufgaben

S. 54

1 80 % = 0,8 x ist die Anzahl der Runden, die Silke geschafft hat.

80 % von x = x · 0,8 = 12

$x \cdot 0{,}8 = 12 \quad |:0{,}8$

$x = \frac{12}{0{,}8}$

$x = 15$ Silke hat 15 Runden geschafft.

2 $\frac{1\,293{,}50}{1\,990} = 0{,}65 = 65\,\%$ (Formel $p\,\% = \frac{W}{G}$)

Man zahlt bei Buchung bis Ende März nur 65 % des Normalpreises, spart also 35 % gegenüber dem Normalpreis (100 % – 65 % = 35 %).

3 Der Preis des Autos im Vorjahr ist der Grundpreis G. Da 100 % – 8 % = 92 % gilt:

$G \cdot 0{,}92 = 22\,264 \quad |:0{,}92$

$G = \frac{22\,264}{0{,}92}$

$G = 24\,200$

Im Vorjahr kostete das Auto 24 200 €.

4 Anzahl der Hausmülltonnen 2020: 840 · 1,15 = 966 (Erhöhung um 15 %)

Abfall pro Tonne 2020: 18 kg · 1,05 = 18,9 kg (Erhöhung um 5 %)

Das Jahr 2020 hat 52 Wochen.

966 · 18,9 kg · 52 = 949 384,8 kg = 949,3848 t

Die Stadtreinigungswerke mussten knapp 950 t Abfall aus Hausmülltonnen abtransportieren.

5 Anzahl der Schülerinnen und Schüler zu Beginn von 2019/2020: x

Anzahl der Schülerinnen und Schüler zu Beginn von 2020/2021: x · 1,5

Anzahl der Schülerinnen und Schüler zu Beginn von 2021/2022: (x · 1,5) · 1,4

Es gilt also die Gleichung $(x \cdot 1{,}5) \cdot 1{,}4 = 189$

$x \cdot 2{,}1 = 189 \quad |:2{,}1$

$x = \frac{189}{2{,}1}$

$x = 90$

Die Schule nahm den Betrieb mit 90 Schülerinnen und Schülern auf.

S. 55

1 a) Zu berechnen sind ein Kegel mit r = 1 m und $h_K = 3$ m sowie ein Zylinder mit r = 1 m und $h_Z = 5$ m.

$V_{Kegel} = \frac{1}{3}\pi \cdot (1\text{ m})^2 \cdot 3\text{ m} \approx 3{,}14\text{ m}^3$

$V_{Zylinder} = \pi \cdot (1\text{ m})^2 \cdot 5\text{ m} \approx 15{,}71\text{ m}^3$

$V_{Gesamt} = V_{Kegel} + V_{Zylinder} \approx 3{,}14\text{ m}^3 + 15{,}71\text{ m}^3 = 18{,}85\text{ m}^3$

Jeder Kubikmeter wiegt 0,76 t, also ist die Masse m ≈ 18,85 · 0,76 t ≈ 14,3 t.

Das Modell wiegt knapp 14,3 t.

b) Hier geht es um die Oberfläche O, die aus dem Kegelmantel M_K, dem Zylindermantel M_Z und der Grundfläche G besteht. Zunächst muss s mit dem Satz des Pythagoras berechnet werden:

$s^2 = h^2 + r^2$

$s^2 = 9\text{ m}^2 + 1\text{ m}^2$

$s^2 = 10\text{ m}^2 \quad |\sqrt{\ }$

$s \approx 3{,}16\text{ m}$

$M_K = \pi \cdot r \cdot s \approx \pi \cdot 1\text{ m} \cdot 3{,}16\text{ m} \approx 9{,}93\text{ m}^2$

$M_Z = 2 \cdot \pi \cdot r \cdot h_Z \approx 2\pi \cdot 1\text{ m} \cdot 5\text{ m} \approx 31{,}42\text{ m}^2$

$G = \pi \cdot r^2 = \pi \cdot (1\text{ m})^2 \approx 3{,}14\text{ m}^2$

$O = M_K + M_Z + G \approx 9{,}93\text{ m}^2 + 31{,}42\text{ m}^2 + 3{,}14\text{ m}^2 = 44{,}49\text{ m}^2$

Das sind knapp 44,5 m². Da man pro m² einen halben Liter Farbe braucht, sind etwa 22,25 Liter Farbe erforderlich.

S. 55

2 Um die Masse m des Werkstücks berechnen zu können, muss sein Volumen bekannt sein.
Werkstückvolumen $V = V_{Z_1}$ (Holzzylinder) – V_{Z_2} (herausgebohrten Zylinder).
$V_{Z_1} = \pi \cdot r_1^2 \cdot h_1 = \pi \cdot (15\text{ cm})^2 \cdot 10\text{ cm} \approx 7068{,}58\text{ cm}^3$
$V_{Z_2} = \pi \cdot r_2^2 \cdot h_2 = \pi \cdot (2\text{ cm})^2 \cdot 5\text{ cm} \approx 62{,}83\text{ cm}^3$

Das Volumen V des Werkstücks ergibt sich dann aus
$V = V_{Z_1} - V_{Z_2} \approx 7068{,}58\text{ cm}^3 - 62{,}83\text{ cm}^3 = 7005{,}75\text{ cm}^3$
Da 1 cm³ Holz 0,76 g wiegt, beträgt die Masse m des Werkstücks

$m = 7005{,}75\text{ cm}^3 \cdot 0{,}76\,\frac{\text{g}}{\text{cm}^3} = 5324{,}37\text{ g} \approx 5{,}3\text{ kg}$

Die Masse des Werkstücks beträgt ca. 5,3 kg.

3 a) Gesucht ist die Körperhöhe h_P der Pyramide.
Gegeben ist das rechtwinklige Dreieck NMO mit $\overline{MN} = 5$ cm und dem Winkel ONM = α = 67°.
Die gesuchte Körperhöhe h_P entspricht der Länge der Dreiecksseite $\overline{OM}$.

Es gilt: $\tan 67° = \frac{h_P}{5\text{ cm}} \quad |\cdot 5\text{ cm}$

$5\text{ cm} \cdot \tan 67° = h_P,\ h_P \approx 11{,}78\text{ cm}$
Die Höhe des abgebildeten Körpers beträgt etwa 11,78 cm.

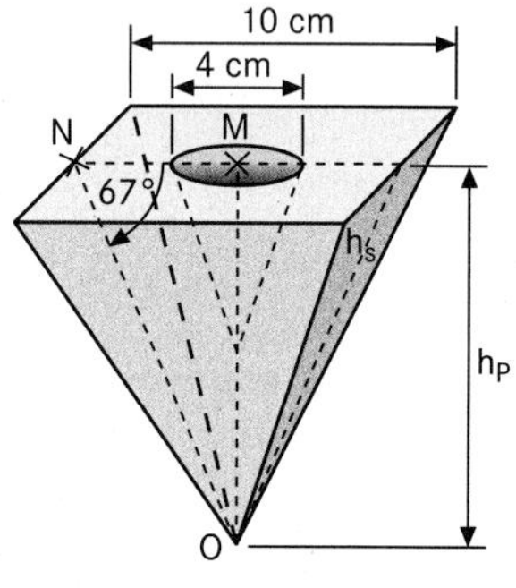

b) Das Volumen V des Werkstücks ergibt sich aus dem Volumen V_P der Pyramide abzüglich des Volumens V_K der kegelförmigen Aushöhlung. Deren Höhe beträgt die Hälfte von h_P, also 5,89 cm.

$V_P = \frac{1}{3} \cdot a^2 \cdot h_P \approx \frac{1}{3} \cdot (10\text{ cm})^2 \cdot 11{,}78\text{ cm} \approx 392{,}67\text{ cm}^3$
$V_K = \frac{1}{3}\pi \cdot r^2 \cdot \frac{h_P}{2} \approx \frac{1}{3}\pi \cdot (2\text{ cm})^2 \cdot 5{,}89\text{ cm} \approx 24{,}67\text{ cm}^3$

Das gesuchte Volumen V des Werkstücks ergibt sich dann aus:
$V = V_P - V_K \approx 392{,}67\text{ cm}^3 - 24{,}67\text{ cm}^3 = 368\text{ cm}^3$

c) Die Dichte von Aluminium beträgt $2{,}7\,\frac{\text{g}}{\text{cm}^3}$. Also $m \approx 368\text{ cm}^3 \cdot 2{,}7\,\frac{\text{g}}{\text{cm}^3} = 993{,}6\text{ g} = 0{,}9936\text{ kg} \approx 1\text{ kg}$

Die Masse m des Werkstücks beträgt etwa 1 kg.

S. 56

1 a) Aus dem Graphen, der Inas Fahrt beschreibt, ist abzulesen, dass
- Ina nach einer Viertelstunde erst 4 km zurückgelegt hat (☒ NEIN).
- Ina nach 30 Minuten (um 19:30 Uhr) eine Rast einlegt (☒ JA).
- Inas durchschnittliche Geschwindigkeit zu Beginn ihrer Fahrt 4 km in 15 Minuten, also 16 km in 60 Minuten bzw. $16\,\frac{\text{km}}{\text{h}}$ beträgt (☒ NEIN).

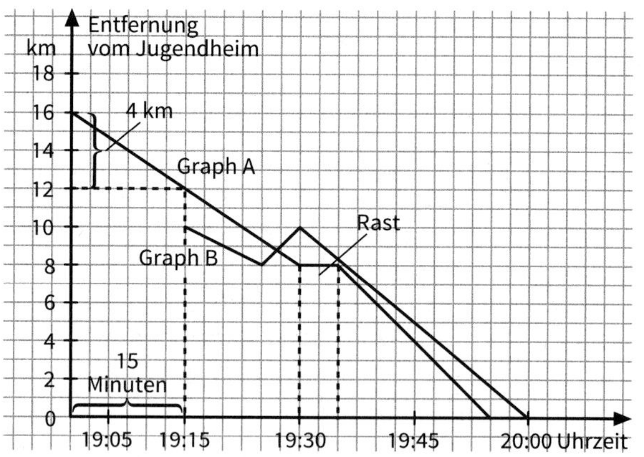

b) Eine mögliche Beschreibung wäre: Paul steigt um 19:15 Uhr auf sein Fahrrad und macht sich auf den Weg zum Jugendheim. Nach 2 km Fahrt (oder nach 10 Minuten) stellt er fest, dass er seinen Haustürschlüssel zu Hause vergessen hat.
Er kehrt um und radelt schnell (mit der doppelten Geschwindigkeit wie zuvor) zurück.
Schon von weitem sieht er seinen Vater mit dem Schlüsselbund vor dem Haus auf ihn warten.
Nur ein kurzes Dankeschön und schon radelt Paul wieder los. Ohne Pause und mit gleichbleibender Geschwindigkeit legt er nun die 10 km lange Fahrt zurück. Paul trifft genau zu Beginn der Party um 20:00 Uhr am Jugendheim ein.

c) Paul startet um 19:15 Uhr. Wäre er 10 Minuten vor Ina um 19:45 Uhr angekommen, hätte er den 10 km langen Weg von Zuhause bis zum Jugendheim in 30 Minuten zurücklegen müssen. Dies gelingt mit einer konstanten (gleichbleibenden) Geschwindigkeit von 10 km in 30 Minuten bzw. 20 km in 60 Minuten. Die Antwort lautet also: Paul hätte die gesamte Strecke mit einer konstanten Geschwindigkeit von $20\,\frac{\text{km}}{\text{h}}$ fahren müssen, um 10 Minuten vor Ina anzukommen.

S. 56

2 Eine mögliche Lösung ist im Koordinatensystem dargestellt. Je langsamer die Wandergeschwindigkeit ist, desto geringer ist die Steigung des entsprechenden Graphenabschnitts.

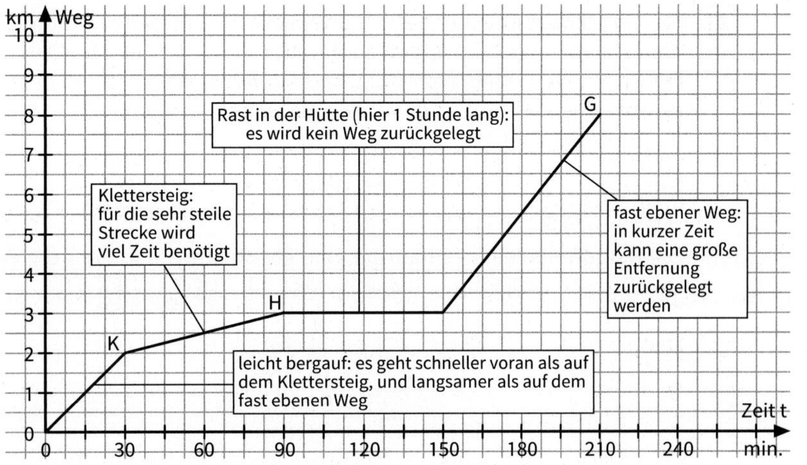

S. 57

1 a) Die Aktie ist von 33,90 € (Grundwert G) um 3,70 € (Prozentwert W) auf 30,20 € gesunken.

$p\,\% = \frac{3{,}70\,€}{33{,}90\,€}$ $\quad p\,\% \approx 0{,}109 = 10{,}9\,\%$

b) $\frac{33{,}60\,€ + 32{,}10\,€ + 34{,}10\,€ + 34{,}60\,€ + 33{,}90\,€ + 30{,}20\,€}{6} = 33{,}08\overline{3}\,€$

Den Durchschnitt des letzten Jahres hat die Aktie nicht erreicht.

c) Der Eindruck entsteht dadurch, dass die €-Achse nicht bei 0 €, sondern bei 30 € beginnt.

d)

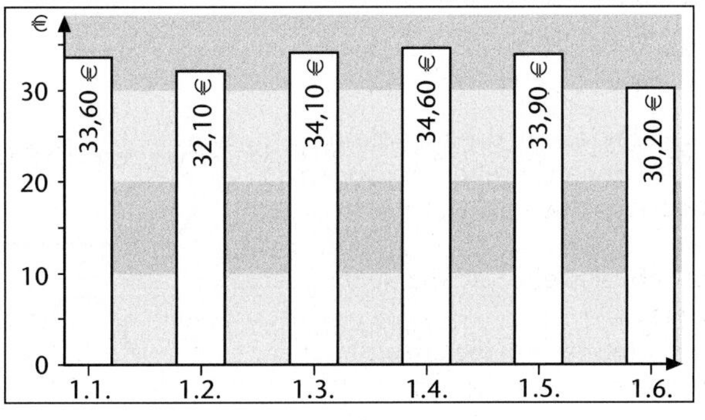

2 a) 80 % (24 von 30) der Mädchen und Jungen aus der Klasse 7a haben an der Umfrage teilgenommen.

b) Die Klasse 7b besteht zu 50 % aus Mädchen und zu 50 % aus Jungen (50 % entspricht 180°).
87,5 % (14 von 16) der Mädchen wurden befragt (87,5 % von 180° entspricht 157,5°).
75 % (12 von 16) der Jungen wurden befragt (75 % von 180° entspricht 135°).

c) Da wegen der Mehrfachantworten die Summe der Prozentsätze über 100 % beträgt, eignet sich nur ein Säulendiagramm zur Darstellung der Ergebnisse.

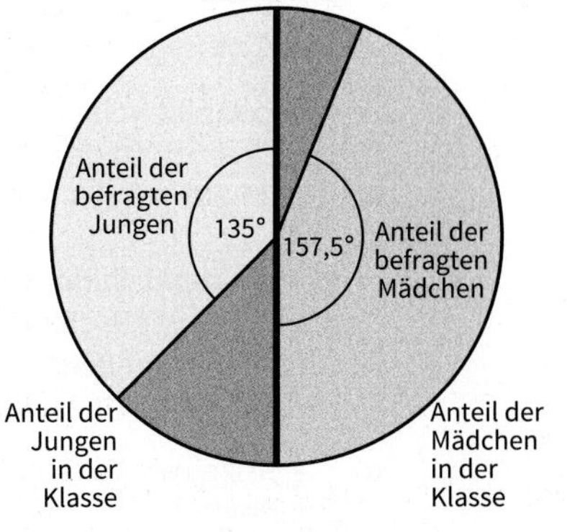

S. 58

1 a) $x^2 = (3{,}4\text{ cm})^2 + (3\text{ cm})^2$
$x^2 = 23{,}24\text{ cm}^2$
$x \approx 4{,}5\text{ cm}$

b) $(3{,}8\text{ cm})^2 + x^2 = (4{,}5\text{ cm})^2$
$14{,}44\text{ cm}^2 + x^2 = 20{,}25\text{ cm}^2$
$x^2 = 5{,}81\text{ cm}^2$
$x \approx 2{,}4\text{ cm}$

c) $(4\text{ cm})^2 + x^2 = (5{,}6\text{ cm})^2$
$16\text{ cm}^2 + x^2 = 31{,}36\text{ cm}^2$
$x^2 = 15{,}36\text{ cm}^2$
$x \approx 3{,}9\text{ cm}$

d) $(3{,}8\text{ cm})^2 + x^2 = (5{,}1\text{ cm})^2$
$14{,}44\text{ cm}^2 + x^2 = 26{,}01\text{ cm}^2$
$x^2 = 11{,}57\text{ cm}^2$
$x \approx 3{,}4\text{ cm}$

$x^2 + y^2 = (4\text{ cm})^2$
$11{,}57\text{ cm}^2 + y^2 = 16\text{ cm}^2$
$y^2 = 4{,}43\text{ cm}^2$
$y \approx 2{,}1\text{ cm}$

S. 58

2 Der Streckenzug besteht aus 8 Strecken. Eine Möglichkeit, das Haus in einem Zug zu zeichnen und dabei keine Strecke zweimal zu durchlaufen, ist A→B→C→D→E→C→A→D→B.
Die Seiten des Quadrats ABCD sind 4 cm lang. Die Längen der anderen Strecken lassen sich durch Anwendung des Satzes des Pythagoras berechnen.

$(\overline{AC})^2 = (\overline{AB})^2 + (\overline{BC})^2$
$(\overline{AC})^2 = (4\text{ cm})^2 + (4\text{ cm})^2$
$(\overline{AC})^2 = 32\text{ cm}^2$
$\overline{AC} \approx 5{,}7\text{ cm}$

Die Diagonalen eines Quadrats sind gleich lang, also gilt $\overline{AC} = \overline{BD} \approx 5{,}7\text{ cm}$
Das Dreieck DCE ist rechtwinklig, also gilt: $(\overline{DE})^2 + (\overline{CE})^2 = (\overline{CD})^2 = (4\text{ cm})^2$
Das Dreieck DCE ist auch gleichschenklig, d. h. $\overline{CE} = \overline{DE}$ und $(\overline{CE})^2 = (\overline{DE})^2$
Dann ist $(\overline{CE})^2 + (\overline{DE})^2 = 2 \cdot (\overline{CE})^2 = (4\text{ cm})^2$

$2 \cdot (\overline{CE})^2 = 16\text{ cm}^2 \quad |:2$
$(\overline{CE})^2 = 8\text{ cm}^2$
$\overline{CE} \approx 2{,}8\text{ cm}$

Die Länge des gesamten Streckenzugs beträgt dann $4 \cdot 4\text{ cm} + 2 \cdot 5{,}7\text{ cm} + 2 \cdot 2{,}8\text{ cm} \approx 33\text{ cm}$.

3 Die Länge des Tragseils kann mithilfe des Satzes des Pythagoras berechnet werden.

$s^2 = (62\text{ m})^2 + (130\text{ m})^2$
$s^2 = 20\,744\text{ m}^2$
$s \approx 144\text{ m}$

Da es aber kaum möglich ist, ein langes Seil so straff zu spannen, dass es wie eine Gerade zwei Punkte verbindet, wird das Tragseil in Wirklichkeit etwas länger sein.

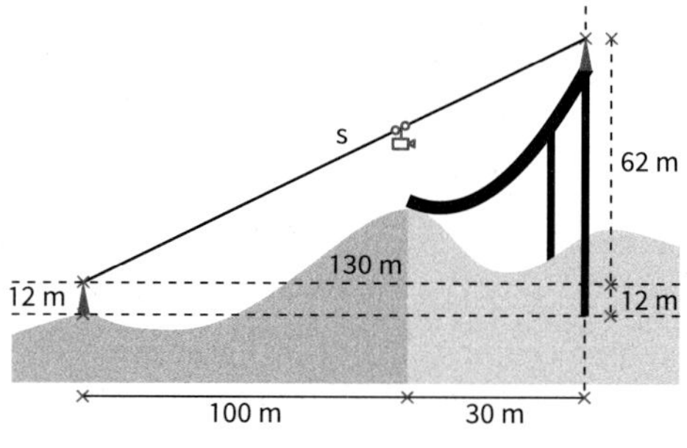

S. 59

1 Das Plastikband besteht aus zwei Halbkreisen, die zusammen einen Kreis bilden, und zwei Strecken der angegebenen Längen.

$l = 6r + 6r + 2\pi r$
$l = 6 \cdot 5\text{ cm} + 6 \cdot 5\text{ cm} + 2\pi \cdot 5\text{ cm}$
$l \approx 91{,}4\text{ cm}$

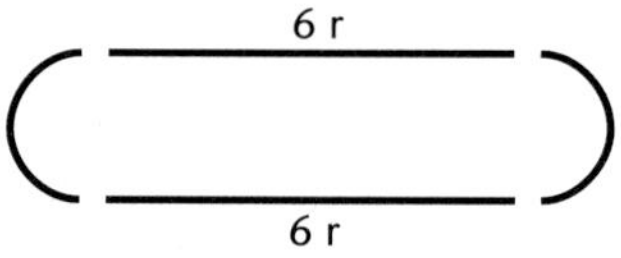

2 Das Plastikband besteht aus drei Drittelkreisen, die zusammen einen Kreis bilden, und drei Strecken der angegebenen Längen.

$l = 4r + 4r + 4r + 2\pi r = 12r + 2\pi r$
$l = 12 \cdot 6\text{ cm} + 2\pi \cdot 6\text{ cm}$
$l \approx 109{,}7\text{ cm}$

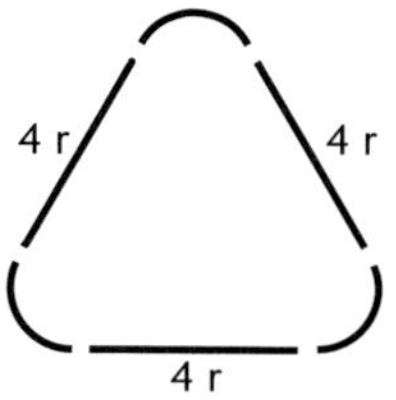

Zum Lupenbild: α ist 60°, weil der Winkel zu einem gleichseitigen Dreieck gehört. In dem gezeichneten Viereck gilt:
$\alpha + \beta + 2 \cdot 90° = 360°$, also muss $\beta = 120°$ betragen.

3 a) $\alpha = 60°$, nämlich der sechste Teil des Vollwinkels 360°;
β und γ sind gleich groß, weil das Dreieck gleichschenklig ist;
wegen der Winkelsumme von 180° gilt: $\beta = \gamma = 60°$.
Das Dreieck FME ist also gleichseitig.

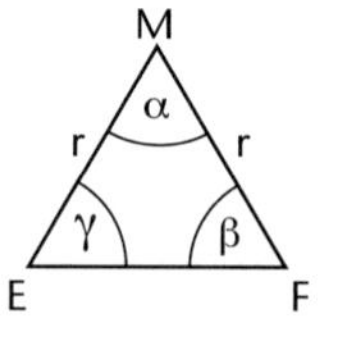

b) Die einzelnen Teilstrecken sind jeweils 8 cm lang, wie aus den Überlegungen zu Teilaufgabe a) folgt.
$u_6 = 6 \cdot 8\text{ cm} = 48\text{ cm}$

c) $u_K = 2 \cdot \pi \cdot 8\text{ cm} \approx 50{,}3\text{ cm}$
$u_6 = 48\text{ cm}$ Der Kreis ist also um 2,3 cm größer.

2,3 cm von 48 cm $= \frac{2{,}3}{48} \approx 0{,}048 = 4{,}8\,\%$

Der Umfang des Kreises ist etwa 4,8 % größer als der Umfang des Sechsecks.

S. 59

d) *1. Möglichkeit:*
Nach dem Satz des Pythagoras gilt:

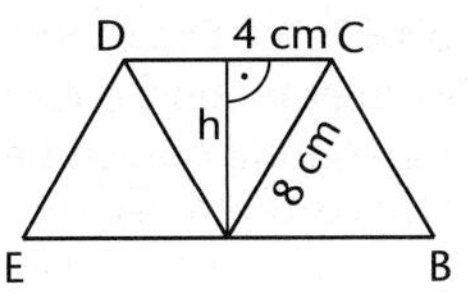

$h^2 + (4\text{ cm})^2 = (8\text{ cm})^2$
$h^2 + 16\text{ cm}^2 = 64\text{ cm}^2 \quad | -16\text{ cm}^2$
$h^2 = 48\text{ cm}^2$
$h \approx 6{,}93\text{ cm}$

$A = \frac{a+c}{2} \cdot h \qquad A \approx \frac{16\text{ cm} + 8\text{ cm}}{2} \cdot 6{,}93\text{ cm}$
$A \approx 83{,}16\text{ cm}^2$

2. Möglichkeit:
ohne Trapezformel: Das Trapez besteht aus drei Dreiecken mit der Grundseite 8 cm und der Höhe 6,93 cm.

$A = 3 \cdot \frac{8\text{ cm} \cdot 6{,}93\text{ cm}}{2}$
$A = 83{,}16\text{ cm}^2$

e) Der Flächeninhalt vervierfacht sich (Streckfaktor: $k = 2$, $k^2 = 4$). Der Umfang verdoppelt sich ($k = 2$).

4 Für das Quadrat gilt: $A = 0{,}25\text{ m}^2$
$a^2 = 0{,}25\text{ m}^2$
$a = 0{,}5\text{ m}$

Der Kreis hat einen Durchmesser von 0,5 m und deshalb einen Radius von 0,25 m.

a) $A_K = \pi \cdot (0{,}25\text{ m})^2 \qquad u_K = 2\pi \cdot 0{,}25\text{ m}$
$A_K \approx 0{,}196\text{ m}^2 \qquad u_K \approx 1{,}57\text{ m}$

b) Von $0{,}25\text{ m}^2$ Platte werden $0{,}25\text{ m}^2 - 0{,}196\text{ m}^2 = 0{,}054\text{ m}^2$ als Abfall abgesägt.
Abfall in %: $p\,\% = \frac{0{,}054\text{ m}^2}{0{,}25\text{ m}^2} = 0{,}216 = 21{,}6\,\%$ Abfall

S. 60

1 a) Das Volumen des Quaders berechnet sich aus $40\text{ cm} \cdot 15\text{ cm} \cdot 30\text{ cm} = 18\,000\text{ cm}^3$.

b) Pro Minute fließen 150 cm^3 in den Behälter ein, für $18\,000\text{ cm}^3$ werden dann
$18\,000\text{ cm}^3 : \frac{150\text{ cm}^3}{\text{min}} = 120$ Minuten, also 2 h benötigt.

c) Da der Behälter gleichmäßig gefüllt wird, ist die zugehörige Funktion linear und der Funktionsgraph eine Gerade. Um den Graph zeichnen zu können, braucht man nur zwei Punkte.
- Der Graph verläuft durch den Punkt P (0 | 0), da der Behälter zu Beginn keine Flüssigkeit enthält, die Füllhöhe also 0 cm beträgt.
- Nach 120 Minuten ist der Behälter voll, d. h. die Füllhöhe nach 120 Minuten entspricht der Höhe des Behälters, nämlich 30 cm. Damit kennen wir einen zweiten Punkt des Graphen: Q (120 | 30).

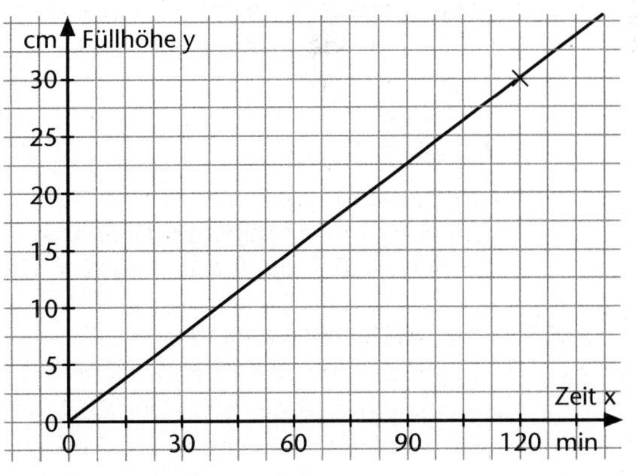

d) Die zugehörige Funktionsgleichung hat die Form $y = m \cdot x + n$.
$n = 0$, weil der Behälter zu Beginn leer ist.
Den Wert für m kann man aus dem Graphen ablesen: $m = \frac{30}{120} = \frac{1}{4}$.

Die gesuchte Funktionsgleichung lautet also: $y = 0{,}25x$.

2 a) $V = V_1 + V_2$
$V = 40\text{ cm} \cdot 15\text{ cm} \cdot 10\text{ cm} + 20\text{ cm} \cdot 15\text{ cm} \cdot 20\text{ cm}$
$V = 6000\text{ cm}^3 + 6000\text{ cm}^3$
$V = 12\,000\text{ cm}^3$

Da 150 cm^3 in der Minute in den Behälter fließen, dauert der Füllvorgang
$12\,000\text{ cm}^3 : 150\,\frac{\text{cm}^3}{\text{min}} = 80$ min.

S. 60

b) Bei diesem zusammengesetzten Körper ist auch der zugehörige Graph aus Teilgraphen zusammengesetzt, die jeweils den Füllvorgang eines Teilkörpers beschreiben. Der Teilkörper 1 ist in 6000 cm^3 : 150 $\frac{cm^3}{min}$ = 40 Minuten gefüllt. Die Füllhöhe beträgt zu diesem Zeitpunkt 10 cm. Die Punkte (0|0) und (40|10) bestimmen diesen Teil des Graphen. Der Teilkörper 2 ist ebenfalls in 40 Minuten gefüllt. Die Füllhöhe beträgt anfangs 10 cm, bei vollständig gefülltem Körper 30 cm. Die Punkte (40|10) und (80|30) bestimmen diesen Teil des Graphen.

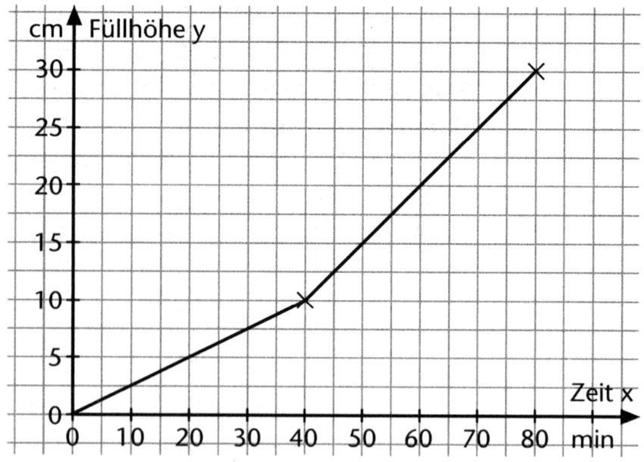

3 a)

Gefäß	Graph	mögliche Begründung
A	④	Der untere Teil des Körpers hat einen geringeren Querschnitt als der obere. Bei gleichmäßiger Befüllung muss der Graph also einen Wechsel von einem schnelleren zu einem langsameren Füllvorgang zeigen. Da es sich bei beiden Teilkörpern um Quader handelt, verläuft der Füllvorgang stückweise linear.
B	③	Der untere Teil des Körpers hat einen geringeren Querschnitt als der obere. Bei gleichmäßiger Befüllung muss der Graph also einen Wechsel von einem schnelleren zu einem langsameren Füllvorgang zeigen. Da der obere Teil die Form eines Kegelstumpfes besitzt, verläuft der Füllvorgang nur für den unteren Teil anfangs linear.
C	①	Für Quader D und Quader C sind die Füllvorgänge linear. Da die Grundfläche des Quaders D größer ist als die des Quaders C, verläuft der Füllvorgang des Quaders D deutlich langsamer als der des Quaders C. Der Graph mit der geringeren Steigung gehört also zum Quader D.
D	②	

b) Eine mögliche Lösung ist ein aus drei Teilquadern zusammengesetztes Gefäß:

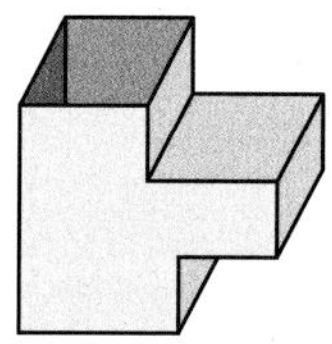

S. 61

1 Richtig ist: „jeder Vierte" und 25 %. (4 helle Steine von insgesamt 16 Steinen)

2 (1) → (D) jeder Zweite → 50 %
(2) → (E) fast die Hälfte → 49 %
(3) → (A) 10 % → ein Zehntel
(4) → (B) niemand → 0 %
(5) → (C) 100 % → alle

3 (A) Jeder vierte Junge bedeutet: Unter 100 Jungen befinden sich 25 Jungen, die aktives Mitglied eines Sportvereins sind.
Die Angabe von 4 % im Text ist also falsch.
Richtig müsste es heißen:
Jeder vierte Junge (25 %) der Klassenstufe 10 ist aktives Mitglied eines Sportvereins.

(B) Ein Zwanzigstel und 5 % beschreiben den gleichen Anteil, denn:
$\frac{1}{20} = \frac{5}{100} = 5\,\%$. Daher ist die Formulierung „Letztes Jahr waren es sogar 5 %" falsch.
Richtig müsste es heißen:
Letztes Jahr waren es ebenfalls 5 %.

(C) Ein Fünftel aller Siebtklässler bedeutet: Von 100 Siebtklässlern kommen 20 mit dem Bus zur Schule, also 20 %.
Da ein Anteil von 25 % größer ist als ein Anteil von 20 %, ist die Formulierung „Unter den Achtklässlern sind es mit 25 % deutlich weniger" falsch.
Richtig müsste es heißen:
Unter den Achtklässlern sind es mit 25 % deutlich mehr.

S. 61

4 Die Meldung beinhaltet zwei Fehler.

- Der erste Fehler steckt in der Formulierung „Die letzte Saison fiel dagegen deutlich besser aus". Jedes dritte Spiel zu gewinnen bedeutet z. B., bei vier von zwölf Spielen als Sieger vom Platz zu gehen.
  Jedes sechste Spiel zu gewinnen bedeutet dagegen in diesem Beispiel, nur bei zwei von zwölf Spielen siegreich zu sein.
- Der zweite Fehler liegt in der Angabe „Steigerung um 50 %". Tatsächlich gewinnt die C-Mannschaft nur noch halb so viele Spiele; richtig wäre es, von einer Verminderung um 50 % zu sprechen.

5 Die Meldung beinhaltet zwei Fehler.
Der erste mathematische Fehler steckt in der Formulierung „nur noch".
Früher: Jeder zehnte Autofahrer rast. Heute: Jeder fünfte Autofahrer rast.
Wenn also heute jeder fünfte statt früher jeder zehnte Autofahrer zu schnell fährt, dann hat sich die Zahl der Raser erhöht.
Der zweite Fehler liegt in der Angabe „fünf Prozent".
Jeder fünfte Autofahrer bedeutet, dass sich unter jeweils fünf Autofahrern ein Raser befindet.
Unter 100 Autofahrern sind dann 20 Raser zu finden, also: 20 von 100 oder 20 % der Autofahrer fahren zu schnell.
Richtig müsste die Meldung also lauten: „Fuhr vor einigen Jahren noch jeder zehnte Autofahrer zu schnell, so ist es heute sogar jeder fünfte. 20 Prozent sind natürlich viel zu viel, und so wird weiterhin kontrolliert, und die Schnellfahrer haben zu zahlen."

S. 62

1 a) Die Länge der Strecke $\overline{OM}$ entspricht dem y-Achsen-Abschnitt der Parabel.
Der Punkt M hat die x-Koordinate 0.
Für $x = 0$ gilt $y = -0{,}04 \cdot 0^2 + 38$
$y = 38$
Die Länge der Strecke $\overline{OM}$ beträgt demnach 38 m.

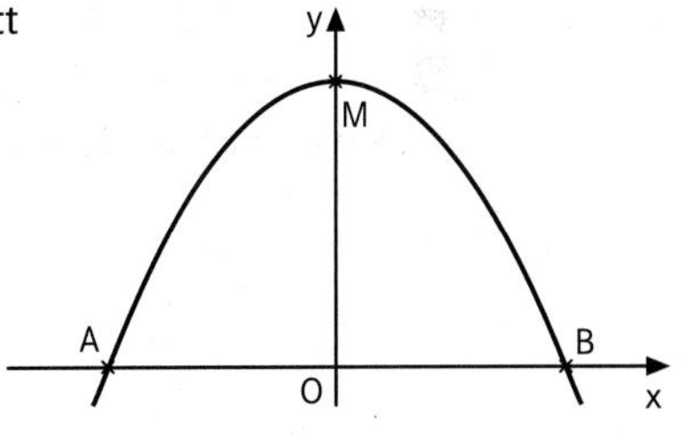

$y = -0{,}04x^2 + 38$

b) Die Punkte A und B liegen symmetrisch zur y-Achse auf der x-Achse. Dabei ist $y = 0$, also ist die Gleichung
$0 = -0{,}04x^2 + 38$ zu lösen.
$0{,}04x^2 = 38 \quad |:0{,}04$
$x^2 = \frac{38}{0{,}04}$
$x^2 = 950$
$x_1 = \sqrt{950}$ *oder* $x_2 = -\sqrt{950}$
$x_1 \approx 30{,}8 \qquad x_2 \approx -30{,}8$
Die Strecke $\overline{AB}$ ist rund 61,6 m lang (30,8 · 2).

2 Gesucht ist die positive Nullstelle der Parabel.
$-0{,}08x^2 + 0{,}4x + 0{,}7 = 0 \quad |:(-0{,}08)$
$x^2 - 5x - 8{,}75 = 0$
$x_{1/2} = 2{,}5 \pm \sqrt{6{,}25 + 8{,}75}$
$x_{1/2} = 2{,}5 \pm \sqrt{15}$
$x_{1/2} \approx 2{,}5 \pm 3{,}87$
$x_1 \approx 6{,}37$; x_2 ist negativ und spielt in diesem Sachzusammenhang keine Rolle.
Der Springer setzt 6,37 m vom Absprungbalken entfernt im Sand auf.

3 Der Mittelpunkt M des Korbringes hat die Koordinaten M (11,2 | 2,52). Dabei ergibt sich 11,2 m als die Differenz von 14 m und 2,80 m.
Für den Funktionswert der Parabel an dieser Stelle gilt:
$y = -0{,}032 \cdot 11{,}2^2 + 0{,}387 \cdot 11{,}2 + 2{,}2$
$= -4{,}01408 + 4{,}3344 + 2{,}2 = 2{,}52032 \approx 2{,}52$
Elke trifft den Korbring fast genau in der Mitte.

S. 62

4 a) Der Punkt (0|0) gehört zum Graphen der Funktion:
$0 = a \cdot 0^2 + b \cdot 0 + c$
$0 = c$

b) Die Parabel hat eine Funktionsgleichung der Form $y = ax^2 + bx$
Für $P_1(50|14)$ ergibt sich die Gleichung I. $14 = a \cdot 50^2 + b \cdot 50$
I. $14 = 2500a + 50b$
Für $P_2(100|0)$ ergibt sich die Gleichung II. $0 = a \cdot 100^2 + b \cdot 100$
II. $0 = 10000a + 100b$
Zu lösen ist dann das folgende Gleichungssystem:
I. $2500a + 50b = 14 \quad |\cdot(-2)$
II. $10000a + 100b = 0$

I. $-5000a - 100b = -28$
II. $10000a + 100b = 0 \quad +$
$5000a = -28$
$a = -0{,}0056$

Einsetzen von $a = -0{,}0056$ in II.:
$10000 \cdot (-0{,}0056) + 100b = 0$
$-56 + 100b = 0$
$100b = 56$
$b = 0{,}56$

Die Funktionsgleichung heißt $y = -0{,}0056x^2 + 0{,}56x$.

S. 63

1 a) Zur Berechnung des Flächeninhalts fehlt die Höhe h, die man mit dem Satz des Pythagoras ermittelt.

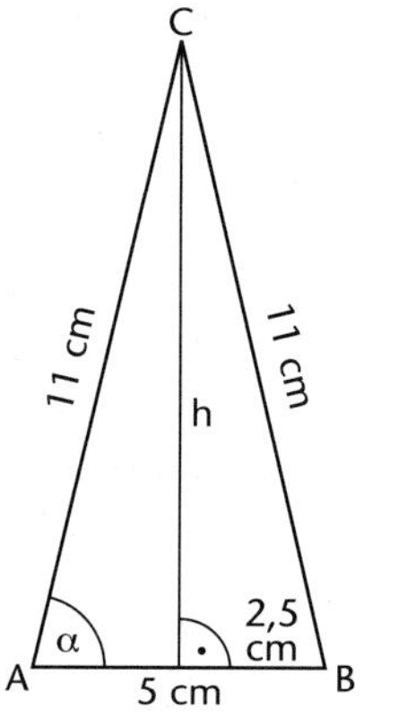

$h^2 + (2{,}5\text{ cm})^2 = (11\text{ cm})^2 \quad |-(2{,}5\text{ cm})^2$
$h^2 = (11\text{ cm})^2 - (2{,}5\text{ cm})^2$
$h^2 = 114{,}75\text{ cm}^2 \quad |\sqrt{\ }$
$h \approx 10{,}7\text{ cm}$
Das Dreieck ist etwa 10,7 cm hoch.
$A = \frac{g \cdot h}{2} \approx \frac{5\text{ cm} \cdot 10{,}7\text{ cm}}{2} = 26{,}75\text{ cm}^2$
Der Flächeninhalt des Dreiecks beträgt ca. 26,75 cm².

b) α kann man mit dem Kosinus berechnen.
$\cos\alpha = \frac{\text{Ankathete von }\alpha}{\text{Hypotenuse}} = \frac{2{,}5\text{ cm}}{11\text{ cm}}$
$\cos\alpha = 0{,}2\overline{27}$
$\alpha \approx 76{,}9°$
Da das Dreieck gleichschenklig ist, gilt auch $\beta \approx 76{,}9°$
Für γ arbeitet man mit der Winkelsumme im Dreieck:
$76{,}9° + 76{,}9° + \gamma = 180°$
$153{,}8° + \gamma = 180° \quad |-153{,}8°$
$\gamma = 26{,}2°$
Die Innenwinkel des Dreiecks sind etwa 76,9°, 76,9° und 26,2° groß.

2 a) Berechnung des Flächeninhalts der trapezförmigen Grundfläche:

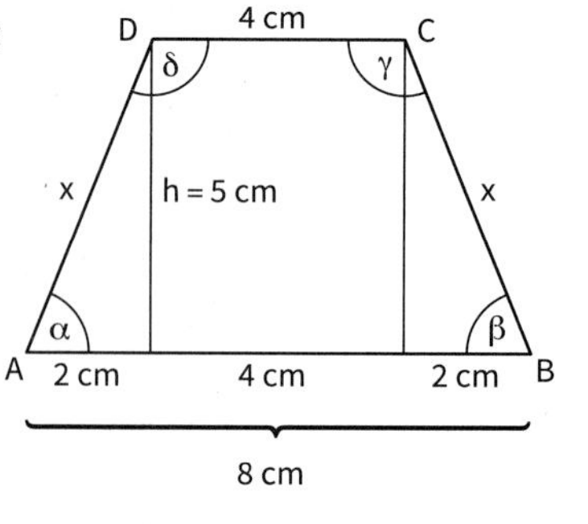

$G = \frac{(a + c)}{2} \cdot h = \frac{(4\text{ cm} + 8\text{ cm})}{2} \cdot 5\text{ cm} = 30\text{ cm}^2$
Berechnung des Volumens:
$V = G \cdot h$
$V = 30\text{ cm}^2 \cdot 14\text{ cm}$
$V = 420\text{ cm}^3$
Das Werkstück hat ein Volumen von 420 cm³.

S. 63

b) $O = 2G + M$ (Formel Oberflächeninhalt eines Prismas)
Der Mantel M ist ein Rechteck, dessen Länge der Umfang der Grundfläche und dessen Breite 14 cm ist.
Für den Umfang der Grundfläche benötigt man die Länge x (siehe Zeichnung Seite 44), die man mit dem Satz des Pythagoras berechnen kann.
$x^2 = (5\text{ cm})^2 + (2\text{ cm})^2$
$x^2 = 25\text{ cm}^2 + 4\text{ cm}^2$
$x^2 = 29\text{ cm}^2 \quad |\sqrt{}$
$x_1 \approx 5{,}385\text{ cm} \quad (x_2 = -5{,}385)$
Der Umfang u der Grundfläche berechnet sich so: $u = 2 \cdot x + 8\text{ cm} + 4\text{ cm}$
$u \approx 10{,}77\text{ cm} + 12\text{ cm}$
$u \approx 22{,}77\text{ cm}$

$M = u \cdot h$
$M \approx 22{,}77\text{ cm} \cdot 14\text{ cm}$
$M \approx 318{,}78\text{ cm}^2$ Aus a) ist bekannt: $G = 30\text{ cm}^2$.
$O = 2 \cdot G + M$
$O \approx 2 \cdot 30\text{ cm}^2 + 318{,}78\text{ cm}^2$
$O \approx 378{,}78\text{ cm}^2$
Der Oberflächeninhalt des Werkstücks beträgt ca. $378{,}78\text{ cm}^2$.

c) Bei einem gleichschenkligem Trapez gilt $\alpha = \beta$ und $\gamma = \delta$, außerdem $\alpha + \delta = 180°$

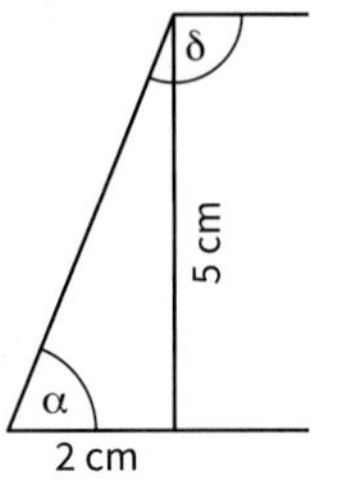

$\tan\alpha = \frac{\text{Gegenkathete}}{\text{Ankathete}} = \frac{5}{2} = 2{,}5$
$\tan\alpha = 2{,}5$
$\alpha \approx 68{,}2°$
$\delta = 180° - \alpha$
$\delta \approx 180° - 68{,}2°$
$\delta \approx 111{,}8°$
Die Innenwinkel der Trapezfläche sind etwa 68,2°, 68,2°, 111,8° und 111,8° groß.

3 a) Der Strafraum mit Torraum ist ein Rechteck mit einer Breite von 16,5 m und einer Länge von 16,5 m + 7,32 m + 16,5 m, also 40,32 m.
$A_1 = 16{,}5\text{ m} \cdot 40{,}32\text{ m}$
$A_1 = 665{,}28\text{ m}^2$
Der Torraum ist 5,5 m breit und 18,32 m lang.
$A_2 = 5{,}5\text{ m} \cdot 18{,}32\text{ m}$
$A_2 = 100{,}76\text{ m}^2$
$A_1 - A_2 = 665{,}28\text{ m}^2 - 100{,}76\text{ m}^2$
$= 564{,}52\text{ m}^2$
Der Strafraum außerhalb des Torraums ist ungefähr 565 m^2 groß.

b) Zunächst wird die Entfernung y vom 11-m-Punkt bis zum Fußpunkt des Tores mithilfe des Satzes des Pythagoras berechnet (siehe Zeichnung). 3,66 m ist die Hälfte von 7,32 m.

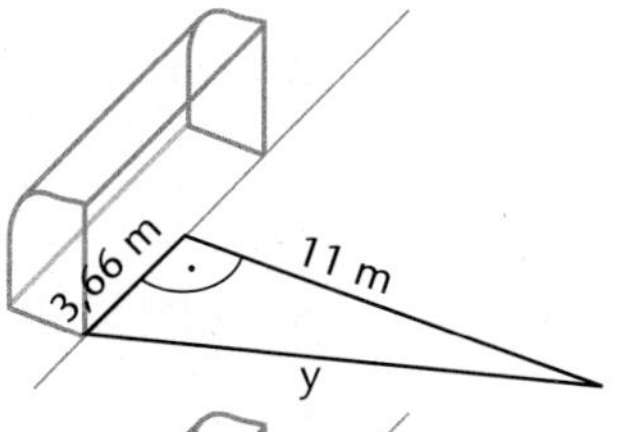

$y^2 = (11\text{ m})^2 + (3{,}66\text{ m})^2$
$y^2 = 134{,}3956\text{ m}^2 \quad (y \approx 11{,}59\text{ m})$
Für die eigentlich gesuchte Strecke x gilt die zweite Zeichnung.
2,44 m ist die Höhe des Tores.

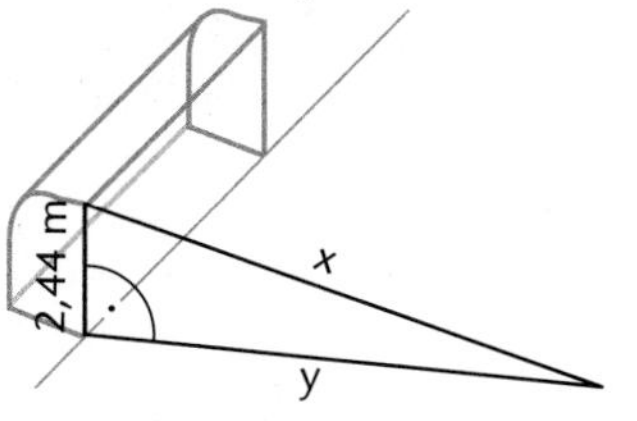

$x^2 = y^2 + (2{,}44\text{ m})^2$
$x^2 = 134{,}3956\text{ m}^2 + 5{,}9536\text{ m}^2$
$x^2 = 140{,}3492\text{ m}^2 \quad |\sqrt{}$
$x \approx 11{,}85\text{ m}$
Der Ball legt rund 11,85 m zurück.

c) $\tan\alpha = \frac{\text{Gegenkathete}}{\text{Ankathete}} = \frac{2{,}44}{11{,}59}$

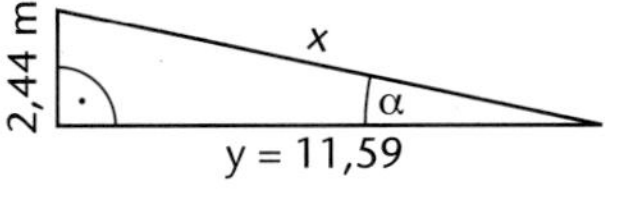

$\tan\alpha \approx 0{,}211$
$\alpha \approx 11{,}9°$
Der Ball hebt unter einem Winkel von knapp 12° vom Boden ab.

S. 63

4 Für den Flächeninhalt A eines Parallelogramms gilt:

$A = g \cdot h$

$A = 8{,}5\text{ cm} \cdot 4{,}2\text{ cm}$

$A = 35{,}7\text{ cm}^2$

Der Flächeninhalt des Parallelogramms beträgt 35,7 cm².

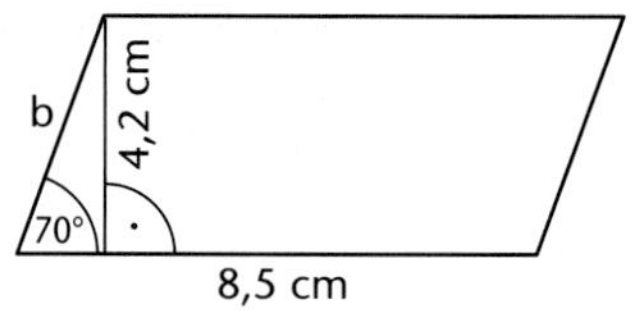

Für den Umfang benötigt man die Länge b.

$\sin 70° = \frac{\text{Gegenkathete}}{\text{Hypotenuse}} = \frac{4{,}2}{b} \quad | \cdot b$

$b \cdot \sin 70° = 4{,}2 \quad | : \sin 70°$

$b = 4{,}2 : \sin 70°$

$b \approx 4{,}47\text{ cm}$

$u = 2a + 2b \approx 2 \cdot 8{,}5\text{ cm} + 2 \cdot 4{,}47\text{ cm} = 25{,}94\text{ cm}$

Der Umfang des Parallelogramms beträgt rund 25,9 cm.

S. 64

1 Zunächst wandelt man die Prozentangaben in Dezimalbrüche um:

55 % = 0,55; 35 % = 0,35; 40 % = 0,4

Der gesuchte relative Anteil der Jungen, die mit dem Fahrrad zur Schule kommen, wird mit x bezeichnet.

Folglich ist der relative Anteil der Jungen, die nicht mit dem Fahrrad zur Schule kommen, (1 – x).

Im Baumdiagramm multiplizieren sich die Anteile längs eines Pfades.

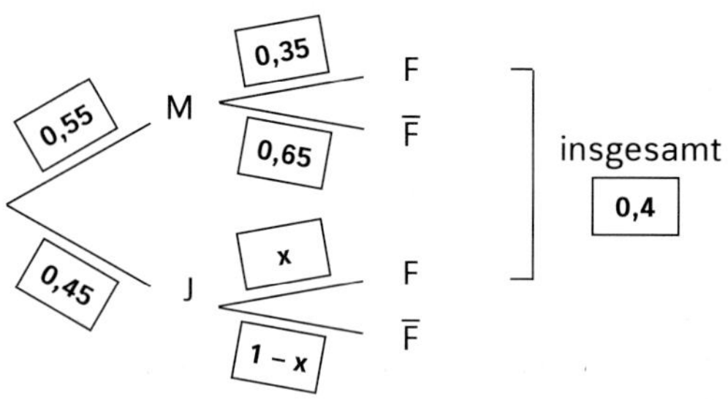

Mädchen mit Fahrrad:

0,55 M 0,35 F (0,1925)

Jungen mit Fahrrad:

0,45 J · x F (0,45x)

insgesamt **0,4**

Daraus ergibt sich die folgende Gleichung:

$0{,}1925 + 0{,}45x = 0{,}4 \quad | - 0{,}1925$

$0{,}45x = 0{,}2075 \quad | : 0{,}45$

$x \approx 0{,}461$

Etwa 46 % der Jungen kommen mit dem Fahrrad zur Schule.

2 a) Wir wissen, dass zwei Drittel ($\frac{2}{3} \approx 0{,}67 = 67\,\%$) der Konfektstücke die Form eines Quaders besitzen, der Rest (also ein Drittel) ist zylinderförmig.

$\frac{1}{3} \approx 0{,}33 = 33\,\%$

b) Zunächst ermitteln wir die Anzahl der zylinderförmigen Konfektstücke: $\frac{1}{3}$ von 60 = 20
Wir wissen, dass 12 Konfektstücke zylinderförmig sind und nach Kokos schmecken.
Folglich gibt es 8 (= 20 – 12) Konfektstücke, die zylinderförmig sind und nach Kakao schmecken.

c) Wir wissen:

$\frac{1}{3}$ von 60 Konfektstücken haben Kakaogeschmack, das sind 20 Stück. Also haben 40 Stück Kokosgeschmack. 12 davon sind zylinderförmig. Der Rest (40 – 12 = 28) hat die Form eines Quaders. Somit gibt es unter den 60 Konfektstücken insgesamt 28 quaderförmige Stücke, die nach Kokos schmecken.

Also: $P(\text{quaderförmig und Kokos}) = \frac{28}{60} \approx 0{,}47 = 47\,\%$

Hinweis: Man kann die absoluten Häufigkeiten auch übersichtlich in einer Tabelle darstellen.

	Kakao	Kokos	insgesamt
zylinderförmig	20 – 12 = 8	12	20
quaderförmig	12	40 – 12 = 28	40
insgesamt	20	40	60

S. 64

3 a) Die fehlenden Daten ergeben sich durch Rückwärtsrechnen aus den Gesamtzahlen und den Häufigkeiten des Gegenereignisses. Da es 300 Personen sind und 196 Personen die Pizza schmeckt, bleiben 300 – 196 = 104 Personen übrig, denen die Pizza nicht schmeckt. Von den 120 Jugendlichen geben 48 an, dass ihnen die Pizza nicht schmeckt, also haben 120 – 48 = 72 gesagt, dass ihnen die Pizza schmeckt.
Von den 196 Personen, denen die Pizza schmeckt, zieht man die 72 Jugendlichen ab und erhält, dass 124 Erwachsenen die Pizza schmeckt. Entsprechend berechnet man die Anzahl der Erwachsenen, denen die Pizza nicht schmeckt: 104 – 48 = 56.
Addiert man 124 und 56 erhält man die Anzahl aller Erwachsenen, also 180. Dieses Ergebnis kann man auch ermitteln, indem man von den 300 Personen der Umfrage die 120 Jugendlichen abzieht: 300 – 120 = 180 (Erwachsene). Die Tabelle ermöglicht damit ganz automatisch auch eine Probe der Rechnung.

	schmeckt	schmeckt nicht	gesamt
Erwachsene	**124**	56	**180**
Jugendliche	**72**	48	120
gesamt	196	**104**	300

b) Es gibt 180 Erwachsene. Davon geben 56 an, dass ihnen die Pizza nicht schmeckt. Damit ist die Wahrscheinlichkeit, dass einem Erwachsenen die Pizza nicht schmeckt:
$p = \frac{56}{180} = \frac{14}{45} \approx 31\,\%$.

S. 65

1 1 Stunde für 72 km
30 Minuten für 36 km
1 Stunde 30 Minuten für 108 km
Die Bahnstrecke ist 108 km lang.

2 a) Beispiele:
Für Wohnen/Energie geben die Bundesbürger etwa fünfmal so viel aus wie für Telekommunikation.
Für Freizeit/Kultur geben die Bundesbürger etwa doppelt so viel aus wie für Gaststätten/Hotels.
Für Essen/Trinken geben die Bundesbürger etwa doppelt so viel aus wie für Kleidung/Schuhe.

b) Familie Wagner gibt für Wohnen/Energie etwa 9 600 € aus (das 30-Fache von 320 €), für Verkehr etwa 4 200 € (das 30-Fache von 140 €).

S. 66

1
$u_1 = 2a + 2b$
$\cdot 2$
$u_2 = 2 \cdot (2a) + 2 \cdot (2b)$
$u_2 = 2\,(2a + 2b)$
[x] Der Umfang verdoppelt sich.

2 $A_1 = \pi\, r^2 \xrightarrow{\cdot 16}$
$A_2 = \pi \cdot (4r)^2 \rightarrow A_2 = \pi \cdot 16r^2 \rightarrow A_2 = 16 \cdot (\pi r^2)$
[x] Der Flächeninhalt versechzehnfacht sich.

3 $V_1 = a^3 \xrightarrow{\cdot \frac{1}{8}}$
$V_2 = \left(\frac{1}{2}a\right)^3 \rightarrow V_2 = \left(\frac{1}{2}\right)^3 \cdot a^3 \rightarrow V_2 = \frac{1}{8}a^3$
Das Volumen verringert sich auf ein Achtel.

S. 66

4 Nennt man den Radius der kleinen Kugeln r, so hat die große Kugel den Radius 2r.
$4 \cdot V_1$ ist das gesamte Volumen aller kleinen Kugeln, V_2 das Volumen der großen Kugel.

$4V_1 = 4 \cdot \frac{4}{3}\pi \cdot r^3$ $\quad$ $V_2 = \frac{4}{3}\pi(2r)^3$

$4V_1 = \frac{16}{3}\pi r^3$ $\quad$ $V_2 = \frac{4}{3}\pi \cdot 8r^3$

$V_2 = \frac{32}{3}\pi r^3$

($4V_1 \cdot 2 = V_2$; $V_2 : 2 = 4V_1$)

Die vier kleinen Kugeln haben zusammen das halbe Volumen der großen Kugel, wiegen also zusammen 3,5 kg.

5 a) $O_1 = 2\,ab + 2\,ac + 2\,bc$ $\quad$ $O_2 = 2 \cdot (2a)(2b) + 2\,(2a)(2c) + 2\,(2b)(2c)$

$O_2 = 8ab + 8ac + 8bc$

$O_2 = 4(2ab + 2ac + 2bc)$ $\quad$ ($\cdot 4$ / $: 4$)

b) $V_1 = a \cdot b \cdot c$ $\quad$ $V_2 = (2a) \cdot (2b) \cdot (2c)$

$V_2 = 8(a \cdot b \cdot c)$ $\quad$ ($\cdot 8$ / $: 8$)

Der Oberflächeninhalt vervierfacht sich.
Das Volumen verachtfacht sich.

6 Generell gilt: Werden die Kantenlängen im Körper um den Faktor k vergrößert oder verkleinert, vergrößert oder verkleinert sich der Oberflächeninhalt um den Faktor k^2 und das Volumen um den Faktor k^3.
Im Bild wird deutlich, dass die gesamte Pyramide aus der Pyramidenspitze entsteht, wenn man die Kanten um den Faktor 4 vergrößert (Ähnlichkeit).

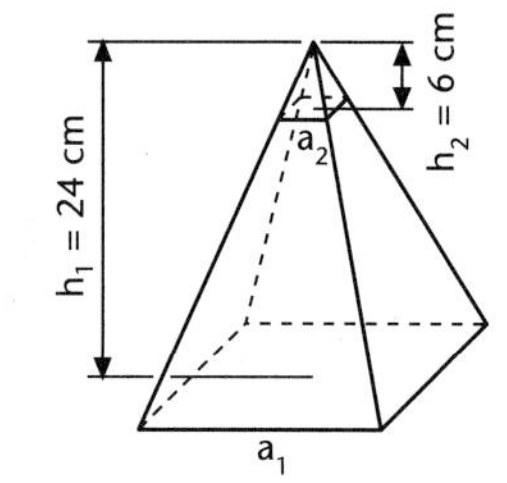

a) Die gesamte Pyramide hat das 4^3-Fache, also das 64-Fache Volumen der Spitze. Deshalb wiegt die abgeschnittene Spitze 31,25 g (2 000 g : 64).

b) Die gesamte Pyramide hat die 4^2-Fache, also die 16-Fache Oberfläche der Spitze. Deshalb ist der Wert [x] $\frac{1}{16}$ anzukreuzen.

S. 67

1 a)

Euro	US-Dollar
6 360 000	7 850 000
636	785
1	$\frac{785}{636} \approx 1{,}2343$

b) Silber 90 %:
$1\,cm^3 \cdot 0{,}9 \cdot 10{,}5\,\frac{g}{cm^3} = 9{,}45\,g$
Kupfer 10 %:
$1\,cm^3 \cdot 0{,}1 \cdot 8{,}9\,\frac{g}{cm^3} = 0{,}89\,g$

$1\,cm^3$ der Silberlegierung hat eine Masse von 10,34 g.

Dichte der Silberlegierung: $10{,}34\,\frac{g}{cm^3}$

c) Angaben aus der Tabelle:
Masse: 27 g $\quad$ Dichte: $10{,}34\,\frac{g}{cm^3}$

Durchmesser der Münze: d = 4 cm
Radius der Münze: r = 2 cm
1. Schritt: Bestimmung des Volumens:

Masse (g) = Dichte $(\frac{g}{cm^3}) \cdot V\,(cm^3)$, also $V = \frac{27}{10{,}34}\,cm^3 \approx 2{,}6\,cm^3$

2. Schritt: Bestimmung der Dicke der Münze:
Da der Dollar die Form eines Zylinders hat, nutzt man die Volumenformel $V = \pi \cdot r^2 \cdot h$ und formt sie nach h um:

$h = \frac{V}{\pi \cdot r^2} = \frac{2{,}6\,cm^3}{\pi \cdot (2\,cm)^2} \approx 0{,}2\,cm = 2\,mm$

Der Silberdollar ist etwa 2 mm dick.

d) Materialwert: $0{,}80\,\frac{€}{g} \cdot 27\,g = 21{,}60\,€$
Rekordsumme: 7 850 000 Dollar
G = 21,60 € (Materialwert)
W = 6 360 000 € (Rekordsumme)

$W = \frac{G \cdot p}{100}$, also $p = \frac{W}{G} \cdot 100 = \frac{6\,360\,000\,€}{21{,}60\,€} \cdot 100 \approx 29\,444\,444$

Der Verkaufspreis entspricht mehr als 29 Mio. % des Materialwerts.

S. 67

2 a) Folgende Maße sind gegeben:
$d = 12\text{ cm}$, also $r = 6\text{ cm}$
$\tan 45° = \frac{h}{r}$, also $h = r = 6\text{ cm}$
Aufgrund seiner Form eignet sich die Volumenformel des Kegels zur weiteren Berechnung.
$V = \frac{\pi \cdot r^2 \cdot h}{3}$, $V = \frac{\pi \cdot (6)^2 \cdot 6}{3}\text{ cm}^3 \approx 226\text{ cm}^3$
Aus $m = 250\text{ g}$ und $V = 226\text{ cm}^3$ folgt:
1 cm^3 Mehl wiegt ungefähr 1,1 g.

b) *1. Schritt:* Berechnung des Volumens
Gegeben ist: $m = 500\text{ g}$
Um das Volumen berechnen zu können, benötigen wir aus a) die Dichte δ von Mehl, nämlich $1{,}1\ \frac{\text{g}}{\text{cm}^3}$.
Das Volumen ergibt sich dann aus $V = \frac{m}{\delta}$, also $V = \frac{500}{1{,}1}\text{ cm}^3 \approx 455\text{ cm}^3$.
2. Schritt: Berechnung der Höhe h
Aus $\tan 45° = \frac{h}{r}$ folgt: $h = r$
Dann gilt für alle Mehlkegel: $V = \frac{\pi \cdot r^2 \cdot r}{3} = \frac{\pi \cdot r^3}{3}$
Daraus folgt $r = \sqrt[3]{\frac{3 \cdot V}{\pi}}$
Also: $r \approx \sqrt[3]{\frac{3 \cdot 455}{\pi}}\text{ cm} \approx 7{,}6\text{ cm}$
Der Schüttkegel aus 500 g Mehl hätte eine Höhe von etwa 7,6 cm.

S. 68

1 a) $K_4 = 2000\text{ €} \cdot 1{,}014^4 \approx 2114{,}37\text{ €}$
b) $K_0 = \frac{751{,}84\text{ €}}{1{,}016} = 740\text{ €}$
c) Die Laufzeit n ergibt sich aus der Gleichung
$1560\text{ €} \cdot 1{,}015^n = 1705{,}77\text{ €} \quad |:1560\text{ €}$
$1{,}015^n \approx 1{,}09344$

Durch systematisches Probieren verschiedener Werte für n erhält man:
Für $n = 6$ stimmt die Gleichung in etwa.
Die Laufzeit beträgt etwa 6 Jahre.

2 Da die Verdoppelungszeit des Kapitals 44 Jahre beträgt, wird es weder 100 noch 135 Jahre dauern, bis sich das Kapital vervierfacht hat. Diese Zeiträume sind zu lang. Schauen wir uns nochmals die zugehörige Zinseszinsformel an:
$K_n = 2000\text{ €} \cdot (1{,}016)^n$
Eine Vervierfachung tritt dann ein, wenn der Ausdruck $q = 1{,}016^n$ den Wert 4 annimmt.
$1{,}016^{66} \approx 2{,}85$; $1{,}016^{88} \approx 4{,}04$; $1{,}016^{100} \approx 4{,}89$; $1{,}016^{135} \approx 8{,}52$
Alternativlösung:
$1{,}016^{44} \approx 2$ (nach Information) $\rightarrow (1{,}016^{44})^2 \approx 2^2$, also $1{,}016^{88} \approx 4$
Richtig ist also [x] etwa 88 Jahre.

3 a) Aus dem Diagramm ist abzulesen: 1000 € sind nach 59 Jahren etwa erreicht.

b) Folgende Daten sind bekannt: $K_0 = 500\text{ €}$; $K_n = 1000\text{ €}$, $n = 59$ Jahre.
Gesucht ist der Zinssatz p %.
Eingesetzt in die Formel ergibt sich:

$$K_n = K_0 \cdot \left(1 + \frac{p}{100}\right)^n$$
$$1000\text{ €} = 500\text{ €} \cdot \left(1 + \frac{p}{100}\right)^{59} \quad |:500\text{ €}$$
$$2 = \left(1 + \frac{p}{100}\right)^{59} \quad |\sqrt[59]{}$$
$$\sqrt[59]{2} = 1 + \frac{p}{100}$$
$$1{,}0118175 = 1 + \frac{p}{100} \quad |-1$$
$$\frac{p}{100} \approx 0{,}0118 \approx 0{,}012$$

Der Zinssatz beträgt damit 1,2 %.

c) Da die Höhe des Betrages keinen Einfluss auf die Verdoppelungszeit hat, dauert es bei einem Zinssatz von 1,2 % ebenfalls etwa 59 Jahre, bis sich ein Kapital von 50 000 € verdoppelt hat.

S. 69

1 Es gibt 36 mögliche Ergebnisse.

a) günstige Ergebnisse:

(1;2)	(2;1)	(3;1)	(4;1)	(5;1)	(6;1)
(1;3)	(2;3)	(3;2)	(4;2)	(5;2)	(6;2)
(1;4)	(2;4)	(3;4)	(4;3)	(5;3)	(6;3)
(1;5)	(2;5)	(3;5)	(4;5)	(5;4)	(6;4)
(1;6)	(2;6)	(3;6)	(4;6)	(5;6)	(6;5)

$P = \frac{30}{36} = \frac{5}{6}$

Alternative Lösung: Berechnung mit dem Gegenereignis

P (zwei verschiedene Zahlen) = 1 – P (zwei gleiche Zahlen) = $1 - \frac{6}{36} = \frac{5}{6}$

b) günstige Ergebnisse:

		(4;6)
	(5;5)	(5;6)
(6;4)	(6;5)	(6;6)

$P = \frac{6}{36} = \frac{1}{6}$

c) günstige Ergebnisse:

(1;1)	(3;1)	(5;1)
(1;3)	(3;3)	(5;3)
(1;5)	(3;5)	(5;5)

$P = \frac{9}{36} = \frac{1}{4}$

2 Die jeweils günstigen Ergebnisse kann man der Tabelle in Aufgabe ⑯ entnehmen.

P (Augensumme 12) = P (6;6) = $\frac{1}{36}$

P (Augensumme 7) = $\frac{6}{36} = \frac{1}{6}$ [günstig: (1;6), (2;5), (3;4), (4;3), (5;2), (6;1)]

Laut Spielregel muss Julian 5-mal so oft die Augensumme 7 erzielen wie Lara die Augensumme 12.

Tatsächlich tritt die Augensumme 7 aber bei einer großen Zahl von Versuchen 6-mal so oft wie die Augensumme 12 auf $\left(\frac{1}{36} \cdot 6 = \frac{6}{36}\right)$.

Julian hat also die besseren Gewinnchancen.

3 Wir zeichnen ein Baumdiagramm.

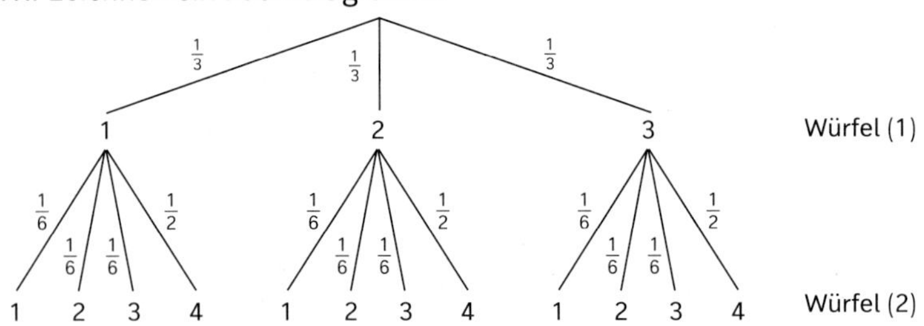

a) P (gerade Augensumme) = P (1;1) + P (1;3) + P (2;2) + P (2;4) + P (3;1) + P (3;3)

$= \frac{1}{3} \cdot \frac{1}{6} + \frac{1}{3} \cdot \frac{1}{6} + \frac{1}{3} \cdot \frac{1}{6} + \frac{1}{3} \cdot \frac{1}{2} + \frac{1}{3} \cdot \frac{1}{6} + \frac{1}{3} \cdot \frac{1}{6} = \frac{4}{9}$

b) P (zwei gleiche Zahlen) = P (1;1) + P (2;2) + P (3;3)

$= \frac{1}{3} \cdot \frac{1}{6} + \frac{1}{3} \cdot \frac{1}{6} + \frac{1}{3} \cdot \frac{1}{6} = \frac{1}{6}$

c) P (Augensumme 6) = P (2;4) + P (3;3)

$= \frac{1}{3} \cdot \frac{1}{2} + \frac{1}{3} \cdot \frac{1}{6} = \frac{2}{9}$

S. 69

4

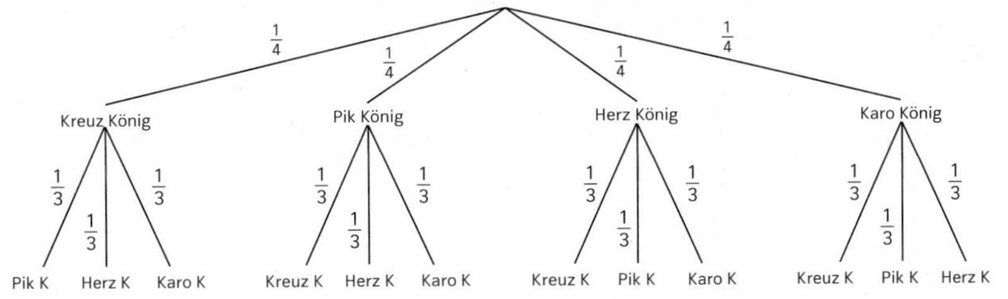

a) ↑ ↑ $P = \frac{2}{12} = \frac{1}{6}$

b) ↑ ↑ ↑ ↑ ↑ ↑ ↑ ↑ $P = \frac{8}{12} = \frac{2}{3}$

S. 70

1 G_n ist die Menge der Fruchtfliegen nach n Tagen, q beschreibt den exponentiellen Wachstumsfaktor.

a) $G_0 = 10$; $q = 1{,}25$; $n = 7$
$G_7 = 10 \cdot 1{,}25^7 \approx 47{,}7$
Nach 7 Tagen sind es ca. 48 Fruchtfliegen.

b) Gesucht ist die Zahl n, für die gilt:
$10 \cdot 1{,}25^n = 1\,000 \quad |:10$
$1{,}25^n = 100 \quad |$ systematisch Probieren
$1{,}25^{20} < 100 < 1{,}25^{21}$
Die Zahl der Fruchtfliegen verhundertfacht sich zwischen dem 20. und 21. Tag.

2 a) Von 2020 bis 2030 sind es zehn Jahre, also muss mit dem Wachstumsfaktor $(1 + 0{,}045)^{10}$ multipliziert werden: 21 Mio. $\cdot\ 1{,}045^{10} \approx 32{,}6$ Mio.
Im Jahr 2030 hätte Mexiko-Stadt etwa 32,6 Mio. Einwohner.

b) Hier könnte probierend gelöst werden:
Annahme 15 Jahre: 21 Mio. $\cdot\ 1{,}045^{15} \approx 40{,}6$ Mio. Das ist zu viel.
Annahme 13 Jahre: 21 Mio. $\cdot\ 1{,}045^{13} \approx 37{,}2$ Mio. Das ist zu wenig.
Annahme 14 Jahre: 21 Mio. $\cdot\ 1{,}045^{14} \approx 38{,}9$ Mio. Damit sind die 38 Mio. überschritten.
Mexiko-Stadt würde die 38-Millionen-Grenze im Jahr 2033 überschreiten.

3 a) jährlicher Verbrauch des Jahres 1997: 8,7 Liter
jährlicher Verbrauch des Jahres 2019: 7,4 Liter
$8{,}7\,l - 7{,}4\,l = 1{,}3\,l$
$1{,}3\,l$ von $8{,}7\,l = \frac{1{,}3}{8{,}7} \approx 0{,}15 = 15\,\%$
2019 ist der Verbrauch um etwa 15 % kleiner als im Jahr 1997.

b) Nein, der Verbrauch hat nicht pro Jahr um 1 % abgenommen. Das stimmt nur annähernd, denn $9{,}0\,l \cdot 0{,}99^{20} \approx 7{,}36\,l$.

c) mögliche Ursachen: Autos werden schwerer, haben mehr Komfort (Klimaanlage, Sitzheizung, Bordcomputer, ...), haben mehr Leistung, ...

d) Die y-Achse könnte auf einen kleineren Bereich, z. B. von 6 Liter bis 9 Liter, verkürzt werden. Damit wird der Eindruck erweckt, dass der Benzinpreis drastisch gefallen ist.

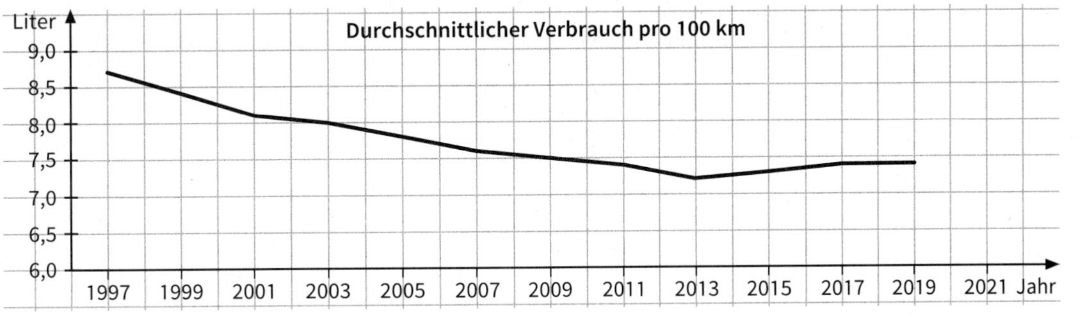

S. 71

1

Zahlenrätsel		Gleichung	Lösung
①	$a + 3a = 8$ $4a = 8 \quad \| :4$ $a = 2$	(E)	2
②	$\frac{3a}{8} = \frac{1}{2}a \quad \| \cdot 8$ $3a = 4a \quad \| -3a$ $0 = a$	(C)	0
③	$3a \cdot 8 = 3$ $24a = 3 \quad \| :24$ $a = \frac{1}{8}$	(A)	$\frac{1}{8}$
④	$3 - \frac{a}{3} = 8 \quad \| -3$ $-\frac{a}{3} = 5 \quad \| \cdot (-3)$ $a = -15$	(B)	-15

2

Für n = 4 sehen die Muster so aus:	
a) 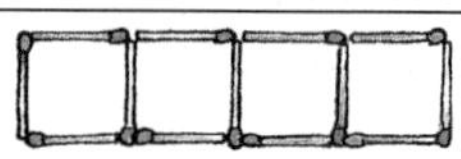	b) 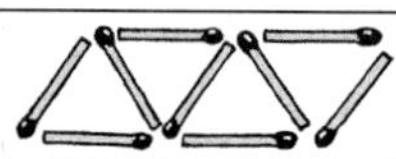
Anzahl der Hölzer: $13 = 1 + 4 \cdot 3$	$9 = 3 + 3 \cdot 2$
Term: $1 + n \cdot 3$	$3 + (n - 1) \cdot 2$ oder $1 + 2n$

3 a) Um das Zahlenrätsel als Gleichung aufschreiben zu können, muss der Text in einen Term „übersetzt“ werden:
- Für die gesuchte Zahl schreibt man x.
- „Subtrahieren“ steht für die Rechenoperation „–“;
- „die Hälfte einer Zahl x“ bedeutet „$\frac{1}{2}x$ oder 0,5x“;
- „ein Drittel der Zahl x“ schreibt man als „$\frac{1}{3}x$“;
- „erhältst du“ steht für das Gleichheitszeichen „=“.

Die Gleichung lautet also: $\frac{1}{2}x - \frac{1}{3}x = 4 \quad | \cdot 6$

$3x - 2x = 24$

$x = 24$

Die Probe am Text bestätigt die Lösung.

b) Um von der Gleichung zu einem passenden Zahlenrätsel zu kommen, ersetzt man die Terme und Rechenzeichen durch sprachliche Ausdrücke:
- aus „7x“ wird „das 7-Fache einer Zahl x“
- „–“ entspricht „Subtrahieren“ oder „Vermindern“
- „2x“ meint „das Doppelte einer Zahl x“ oder „das Produkt aus einer Zahl x und 2“
- „7x – 48“ ist die Differenz aus „dem 7-Fachen einer Zahl x und 48“.

Ein zur Gleichung passendes Zahlenrätsel ist z. B.: „Subtrahiere vom 7-Fachen einer Zahl 48, so erhältst du das Doppelte der Zahl.“

Die Lösung der Gleichung erhält man so: $7x - 48 = 2x \quad | -2x + 48$

$5x = 48 \quad | :5$

$x = 9{,}6$

4 Alter von Frau Krause: x
dreifaches Alter minus 5: $3x - 5$
Alter von Frau Krause in 15 Jahren: $x + 15$
doppeltes Alter in 15 Jahren: $2(x + 15)$

$3x - 5 = 2(x + 15)$

$3x - 5 = 2x + 30$

$x = 35$

Frau Krause ist heute 35 Jahre alt.

S. 72

1 a) Da genau einmal „45" (Median) genannt wurde, verbleiben 78 Antworten. Davon müssen 39 unter „45" und 39 über „45" liegen.
Das untere Quartil 40 wurde einmal genannt, ebenso das obere Quartil 60, also liegen:

19 Antworten unter 40	1 Antwort genau 40
19 Antworten zwischen 40 und 45	1 Antwort genau 45
19 Antworten zwischen 45 und 60	1 Antwort genau 60
19 Antworten über 60	

b) Jedes Befragungsergebnis, das die unter a) genannten Rahmenbedingungen erfüllt, ist möglich und damit als richtig zu bewerten.
Achtung: Die Antworten „0" (vermutlich kein Smartphonebesitz) und „140" müssen jeweils mindestens einmal auftreten.

2 Es gibt insgesamt 25 Noten. Der Median aller Noten steht also an der 13. Stelle, das ist die Note 3. Der Median der unteren Hälfte ist die Note 2 (unteres Quartil) und der Median der oberen Hälfte ist die Note 4 (oberer Quartil).

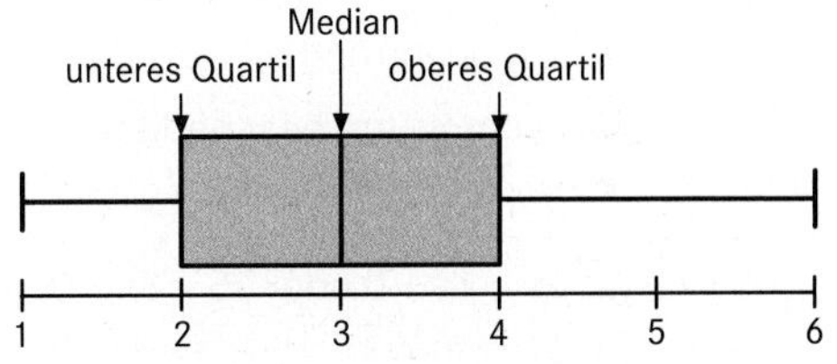

3 a) Die Boxplots sind fast identisch, sie unterscheiden sich nur im oberen Quartil. Aus den Daten im Säulendiagramm berechnet man die Anzahl der Schüler. Die Klasse 10a hat 25 Schüler.
oberes Quartil der 10a: $25 \cdot \frac{3}{4} = 18{,}75$. Der 19. Wert entspricht also 9 Punkten.
(Begründung: 5 Schüler haben mehr als 9 Punkte, 4 Schüler haben genau 9 Punkte.)
Also passt der Boxplot (1) zur 10a.

b) oberes Quartil der 10b: $29 \cdot \frac{3}{4} = 21{,}75$. Der 22. Wert entspricht also 10 Punkten.
Mindestens 4 Schüler müssen 10 Punkte haben. Da 7 Werte fehlen, sind folgende Lösungen möglich:

	Schüler			
10 Punkte	4	5	6	7
9 Punkte	3	2	1	0

S. 73

1

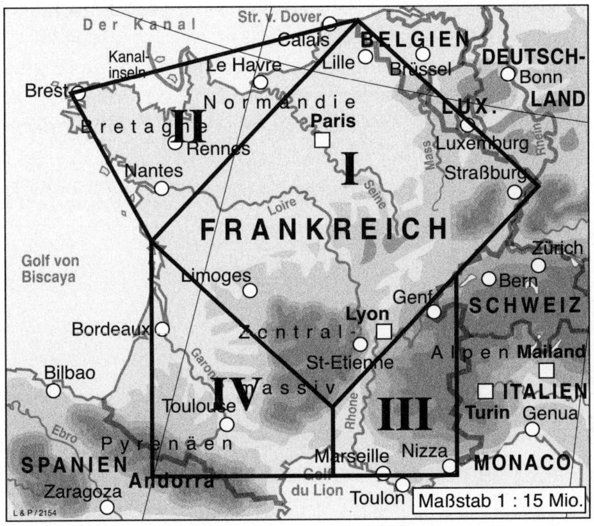

Die Unterteilung Frankreichs in berechenbare Teilflächen kann auf unterschiedliche Art erfolgen; hier ist eine Möglichkeit dargestellt.
Der Maßstab bedeutet: Jeder gemessene Millimeter ist in Wirklichkeit 15 km.

$A_I = 570\text{ km} \cdot 450\text{ km} = 256\,500\text{ km}^2$

$A_{II} = \frac{570\text{ km} \cdot 300\text{ km}}{2} = 85\,500\text{ km}^2$

$A_{III} = \frac{150\text{ km} + 390\text{ km}}{2} \cdot 285\text{ km} = 76\,950\text{ km}^2$

$A_{IV} = \frac{150\text{ km} + 480\text{ km}}{2} \cdot 330\text{ km}^2 = 103\,950\text{ km}^2$

$A_{Gesamt} = 522\,900\text{ km}^2$

Frankreich ohne Korsika ist ca. $523\,000\text{ km}^2$ groß. (Laut offiziellen Angaben sind es $535\,000\text{ km}^2$.)

S. 73

2 Es gibt sehr viele Möglichkeiten, die beschädigte Dünenfläche so durch berechenbare Flächen abzudecken, dass sich „Gewinne" und „Verluste" ungefähr ausgleichen.
Eine mögliche Lösung ist hier dargestellt:

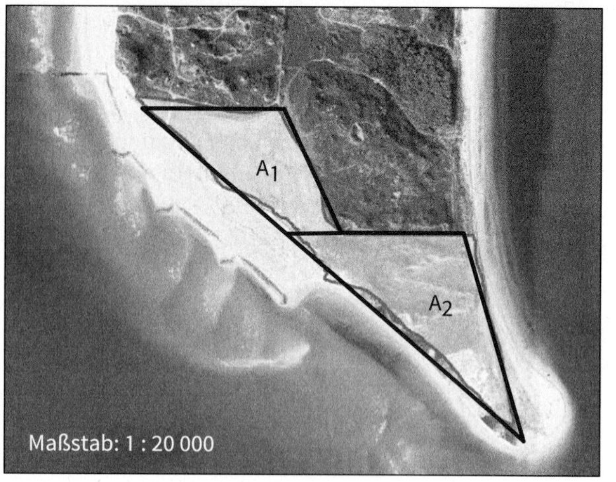

Die gemessenen Werte in cm muss man mit 200 multiplizieren, dann erhält man die tatsächliche Entfernung in m.

$A_1 \approx \frac{140\text{ m} + 360\text{ m}}{2} \cdot 320\text{ m} = 80\,000\text{ m}^2$ (Trapez)

$A_2 \approx \frac{800\text{ m} \cdot 300\text{ m}}{2} = 120\,000\text{ m}^2$ (Dreieck)

$A_1 + A_2 = 200\,000\text{ m}^2 = 20\text{ ha}$

Die vom Sturm beschädigte Fläche ist etwa 20 ha groß.

S. 74

1 a) $2x - 14 = 0$ oder $15 - 3x = 0$
$x_1 = 7$ $\quad x_2 = 5$

b) $4x^2 - 17 - 3x^2 - 8 = 0$
$x^2 - 25 = 0$
$x_1 = 5$
$x_2 = -5$

c) $7x^2 - 6x - 5 - 5x^2 + 18x + 5 = 0$
$7x^2 - 5x^2 - 6x + 18x - 5 + 5 = 0$
$2x^2 + 12x = 0$
$2x\,(x + 6) = 0$
$x_1 = 0$
$x_2 = -6$

d) $3y^2 - 9y - 37 = 3y - 1 \quad | -3y + 1$
$3y^2 - 9y - 3y - 37 + 1 = 0$
$3y^2 - 12y - 36 = 0 \quad | :3$
$y^2 - 4y - 12 = 0$
$y_{1/2} = 2 \pm \sqrt{4 + 12}$
$y_1 = 2 + 4 = 6$
$y_2 = 2 - 4 = -2$

e) $(5 + a)^2 + a^2 = 3a + 29$
$25 + 10a + a^2 + a^2 = 3a + 29 \quad | -3a - 29$
$2a^2 + 7a - 4 = 0 \quad | :2$
$a^2 + 3{,}5a - 2 = 0$
$a_{1/2} = -1{,}75 \pm \sqrt{3{,}0625 + 2}$
$a_{1/2} = -1{,}75 \pm 2{,}25$
$a_1 = 0{,}5 \quad a_2 = -4$

2 a) $x^2 + 3x = 11x - 7 \quad | -11x + 7$
$x^2 + 3x - 11x + 7 = 0$
$x^2 - 8x + 7 = 0$
$x_{1/2} = 4 \pm \sqrt{16 - 7}$
$x_1 = 4 + 3 = 7$
$x_2 = 4 - 3 = 1$
Die Zahl ist 7 oder 1.

b) $(2x - 16)\,(15 - x) = 0$
$2x - 16 = 0$ oder $15 - x = 0$
$2x = 16 \quad 15 = x$
$x_1 = 8 \quad x_2 = 15$
Maik und Fatima können 8 oder 15 gewählt haben.

3 $x^2 + 55 = 2x\,(x - 3)$
$x^2 + 55 = 2x^2 - 6x \quad | -2x^2 + 6x$
$0 = x^2 - 6x - 55$
$x_{1/2} = 3 \pm \sqrt{9 + 55}$
$x_1 = 3 + 8 = 11$; x_2 ist negativ
Das Quadrat hatte eine Seitenänge von 11 cm.

4 a) $2\pi r^2 + 2\pi rh = O \rightarrow 2\pi r^2 + 2\pi r \cdot 6 = 54\pi \quad | :2\pi$
$r^2 + 6r = 27 \quad | -27$
$r^2 + 6r - 27 = 0$
$r_{1/2} = -3 \pm \sqrt{9 + 27}$
$r_{1/2} = -3 \pm 6$
$r_1 = 3$; $r_2 = -9$ (entfällt als Lösung)
Der Radius ist 3 cm lang.

b) $V = \pi \cdot r^2 \cdot h \rightarrow V = \pi \cdot 3^2 \cdot 6 \approx 54\pi$
$V \approx 169{,}646\text{ cm}^3$

S. 74

5 a) $O = \pi \cdot r^2 + \pi \cdot r \cdot s \quad \rightarrow \quad \pi \cdot r^2 + \pi \cdot r \cdot s = O$

$s = 6\text{ cm} \quad \rightarrow \quad \pi \cdot r^2 + 6 \cdot \pi \cdot r = 172{,}788 \quad |:\pi \quad |-172{,}788$

$r^2 + 6\,r - \frac{172{,}788}{\pi} = 0$, dabei gilt $\frac{172{,}788}{\pi} \approx 55{,}0$

$r^2 + 6r - 55 = 0$

$r_{1/2} = -3 \pm \sqrt{9 + 55}$

$r_{1/2} = -3 \pm \sqrt{64}$

$r_1 = -3 + 8 = 5$, r_2 entfällt als negativer Wert.

Der Radius ist 5 cm lang.

b) $h^2 = s^2 - r^2$

$h^2 = 36 - 25 = 11$

$h = \sqrt{11} \approx 3{,}32 \quad \rightarrow \quad h \approx 3{,}32\text{ cm}$

$V = \frac{1}{3} \cdot \pi \cdot r^2 \cdot h \quad \rightarrow \quad V \approx \frac{1}{3} \cdot \pi \cdot (5\text{ cm})^2 \cdot 3{,}32\text{ cm}$

$V \approx 86{,}917\text{ cm}^3$

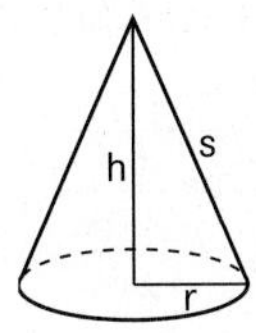

S. 75

1 a) Baumdiagramm mit Zurücklegen:

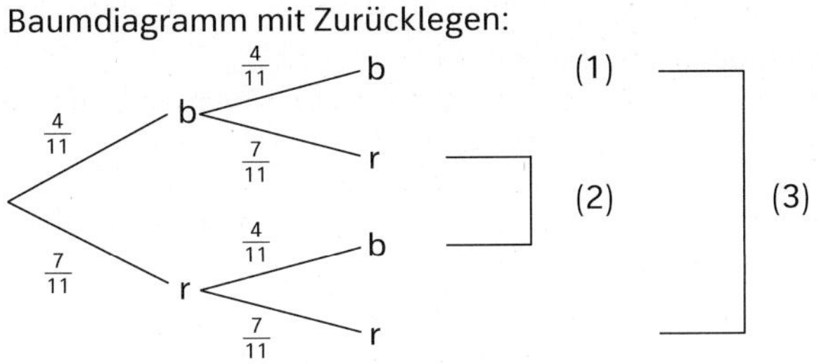

(1) $P(b;b) = \frac{4}{11} \cdot \frac{4}{11} \approx 13\,\%$

(2) $P(b;r) + P(r;b) = \frac{4}{11} \cdot \frac{7}{11} + \frac{7}{11} \cdot \frac{4}{11} \approx 46\,\%$

(3) $P(b;b) + P(r;r) = \frac{4}{11} \cdot \frac{4}{11} + \frac{7}{11} \cdot \frac{7}{11} \approx 54\,\%$

b) Baumdiagramm ohne Zurücklegen:

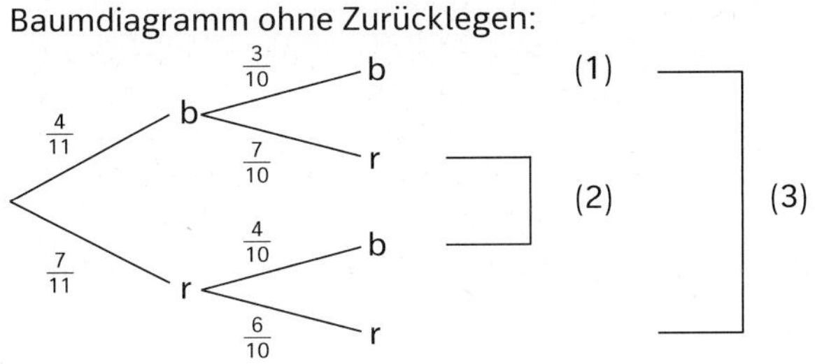

(1) $P(b;b) = \frac{4}{11} \cdot \frac{3}{10} \approx 11\,\%$

(2) $P(b;r) + P(r;b) = \frac{4}{11} \cdot \frac{7}{10} + \frac{7}{11} \cdot \frac{4}{10} \approx 51\,\%$

(3) $P(b;b) + P(r;r) = \frac{4}{11} \cdot \frac{3}{10} + \frac{7}{11} \cdot \frac{6}{10} \approx 49\,\%$

2 Die Wahrscheinlichkeit für „blau" und „gelb" ist jeweils $\frac{1}{2}$.

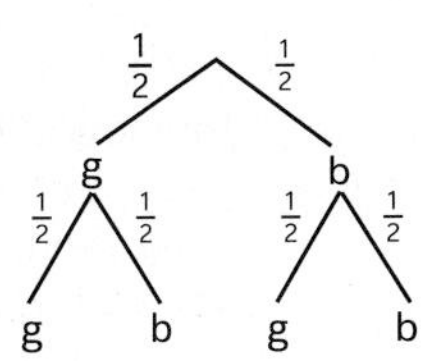

a) zweimal „blau": $P(b;b) = \frac{1}{2} \cdot \frac{1}{2} = \frac{1}{4}$

b) letzte Drehung „blau": $P(g;b) + P(b;b) = \frac{1}{2}$

c) keine Farbe zweimal: $P(g;b) + P(b;g) = \frac{1}{2} \cdot \frac{1}{2} + \frac{1}{2} \cdot \frac{1}{2} = \frac{1}{4} + \frac{1}{4} = \frac{1}{2}$

d) „gelb" nicht öfter als einmal: $P(\text{maximal einmal gelb}) = 1 - P(g;g) = 1 - \frac{1}{2} \cdot \frac{1}{2} = \frac{3}{4}$

S. 75

3 $P(12) = \frac{1}{36}$ $P(11 \text{ oder } 10) = \frac{5}{36}$ [(4;6); (5;5); (5;6); (6;4); (6;5)] (siehe Tabelle auf S. 67)

Die Klasse nimmt bei 36 Spielen 36 € ein, weil der Einsatz 1 € beträgt. Durchschnittlich gibt sie dabei für einen Hauptgewinn 10 € ($P(12) = \frac{1}{36}$) aus und für fünf kleine Preise ($P(11 \text{ oder } 10) = \frac{5}{36}$) ebenfalls 10 € (5 · 2 €).
Es ergibt sich ein durchschnittlicher Überschuss von 16 € (36 € – 20 €) bei jeweils 36 Spielen.
392 € : 16 € = 24,5 (etwa so oft hat es 36 Spiele gegeben)
24,5 · 36 = 882
Natürlich erreicht im Laufe eines Schulfestes die relative Häufigkeit nicht exakt die Wahrscheinlichkeit für ein bestimmtes Ergebnis, kommt ihr aber recht nah.
Deshalb kann man davon ausgehen, dass 893-mal am Würfelspiel teilgenommen wurde.

S. 76

1

	a)	b)	c)
Kapital (K)	1 800 €	4 500 €	3 000 €
Zinssatz (p %)	0,5 %	1,8 %	0,65 %
Zinsen (Z)	9 €	81 €	19,50 €

2 Am einfachsten löst man diese Aufgabe, indem man:
① sich zunächst ein konkretes Beispiel überlegt und die Höhe der Zinsen mithilfe der Zinsformel bestimmt. Wir nehmen z. B. als Ausgangssituation an:
Tom legt 2 000 € zu 1 % an, am Jahresende erhält er 20 € Zinsen.
② die jeweiligen Angaben zur Veränderung von K oder p in die allgemeine Zinsformel überträgt.

a) Veränderte Situation: Tom legt doppelt so hohe Ersparnisse bei doppelt so hohem Zinssatz an.
Zu ①: Das bedeutet in unserem Beispiel:
Tom legt 4 000 € zu 2 % an, am Jahresende erhält er dann 80 € Zinsen.
Zu ②: Allgemein gilt: $Z = \frac{1}{100}(K \cdot p)$
Setzt man in diese Gleichung statt K für die Verdoppelung von Toms Kapital 2 · K ein und entsprechend für den doppelten Zinssatz 2p, sähe die Gleichung so aus:

$$Z = \frac{1}{100}(2K \cdot 2p)$$
$$Z = \frac{1}{100}(4K \cdot p)$$

Tom würde also nach einem Jahr Zinsen in 4-facher Höhe erhalten, also 80 €.

b) Veränderte Situation:
Tom legt doppelt so hohe Ersparnisse bei halb so großem Zinssatz an.
Zu ①: Das bedeutet in unserem Beispiel:
Tom legt 4 000 € zu 0,5 % an, am Jahresende erhält er dann 20 € Zinsen.
Zu ②: Setzt man in diese Gleichung statt K für die Verdoppelung von Toms Kapital 2 · K ein und entsprechend für den halbierten Zinssatz 0,5p, sähe die Gleichung so aus:

$$Z = \frac{1}{100}(2K \cdot 0{,}5p)$$
$$Z = \frac{1}{100}(K \cdot p)$$

Die Verdoppelung des Kapitals hat zusammen mit der Halbierung des Zinssatzes keine Auswirkungen auf die Höhe der Zinsen.
Tom würde also nach einem Jahr Zinsen in derselben Höhe erhalten, also 20 €.

c) Veränderte Situation:
Tom legt nur die Hälfte seiner Ersparnisse bei doppelt so hohem Zinssatz an.
Zu ①: Das bedeutet in unserem Beispiel:
Tom legt 2 000 € zu 1,0 % an, am Jahresende erhält er dann 20 € Zinsen.
Zu ②: Setzt man diese Gleichung statt K für die Halbierung von Toms Kapital 0,5 · K ein und entsprechend für den doppelten Zinssatz 2p, sähe diese Gleichung so aus:

$$Z = \frac{1}{100}(0{,}5\,K \cdot 2p)$$
$$Z = \frac{1}{100} \cdot (K \cdot p)$$

Die Halbierung des Kapitals hat zusammen mit der Verdoppelung des Zinssatzes keine Auswirkungen auf die Höhe der Zinsen.
Tom würde also nach einem Jahr Zinsen in derselben Höhe erhalten, also 20 €.

S. 76

3 Da $K_{10} = (K_0 \cdot 1 + \frac{p}{100})^{10}$, hat den höchsten Zinssatz die Person erzielt, bei der der Quotient aus Endkapital und Anfangskapital am größten ist.
Anja: 1,219 Boris: 1,268 Pia: 1,161 Luca: 1,331
Luca hat den höchsten Zinssatz erzielt.

4 a) Wir betrachten die auftretenden Faktoren, mit denen der anfängliche Mietpreis multipliziert wird. Es ergibt sich:
Angebot A: $1{,}035 \cdot 1{,}045 = 1{,}081575$ Angebot B: $1{,}045 \cdot 1{,}035 = 1{,}081575$
Beide Angebote führen im 2. Jahr zur gleichen Miete. Was aber zahlt Frau Winter konkret in diesen zwei Jahren? Nehmen wir an, Frau Winters Miete beträgt 900 €.

		Angebot A	Angebot B		
Erhöhung der Miete		900,00 €	900,00 €	Erhöhung der Miete	
1. Jahr	3,50 %	931,50 €	940,50 €	1. Jahr	4,50 %
2. Jahr	4,50 %	**973,42 €**	**973,42 €**	2. Jahr	3,50 %

Beide Angebote führen nach zwei Jahren zur gleichen Miete. Aber im 1. Jahr der Erhöhung muss Frau Winter beim Angebot B monatlich 940,50 € – 931,50 € = 9 € mehr bezahlen.

b) Gesucht ist die positive Zahl a, die folgende Gleichung erfüllt:
$a^2 = 1{,}035 \cdot 1{,}045 \quad |\sqrt{\ }$
$a \approx 1{,}03999$
Durch eine prozentuale Mieterhöhung von etwa 4 % pro Jahr könnte dieselbe Miete erzielt werden.

S. 77

1 h ist der Höhenunterschied der Anlaufbahn und y ihre Länge.

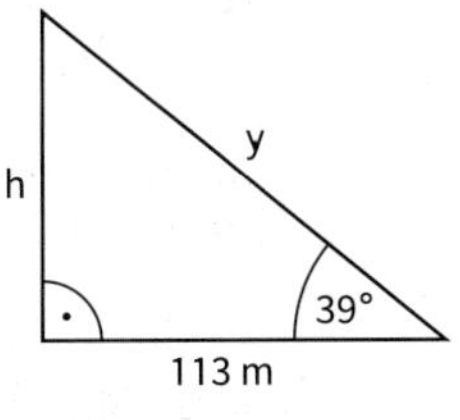

Es gilt: $\tan 39° = \frac{h}{113\text{ m}} \quad |\cdot 113\text{ m}$
$113\text{ m} \cdot \tan 39° = h$
$h \approx 91{,}506\text{ m}$
Die Länge y kann mit dem Satz des Pythagoras oder mit dem Kosinus bestimmt werden. Die zweite Möglichkeit hat den Vorteil, dass ein Fehler bei der Berechnung von h nicht zu einem Folgefehler bei y führt.

① $y^2 = h^2 + (113\text{ m})^2$
$y^2 = (91{,}506\text{ m})^2 + (113\text{ m})^2$
$y \approx 145{,}404\text{ m}$

② $\cos 39° = \frac{113\text{ m}}{y} \quad |\cdot y$
$y \cdot \cos 39° = 113\text{ m} \quad |:\cos$
$y = \frac{113\text{ m}}{\cos 39°} \approx 145{,}404\text{ m}$

Die Anlaufbahn hat einen Höhenunterschied von ca. 92 m und ist ungefähr 145 m lang.

2 $\alpha = 180° - 45{,}7° = 134{,}3°$ $\gamma = 180° - 134{,}3° - 31{,}6° = 14{,}1°$

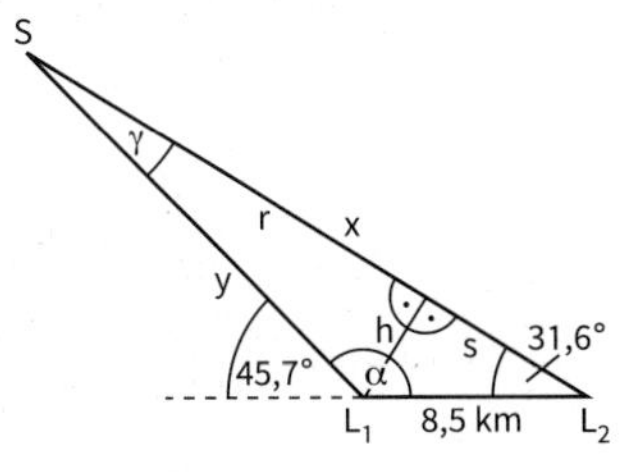

1. Möglichkeit:
Um zwei rechtwinklige Dreiecke zu erhalten, zeichnen wir die Höhe h auf $\overline{SL_2}$ ein. Nun gilt:

$\sin 31{,}6° = \frac{h}{8{,}5\text{ km}}$ $h = 8{,}5\text{ km} \cdot \sin 31{,}6° \approx 4{,}45\text{ km}$
$\cos 31{,}6° = \frac{s}{8{,}5\text{ km}}$ $s = 8{,}5\text{ km} \cdot \cos 31{,}6° \approx 7{,}24\text{ km}$
$\tan \gamma = \frac{h}{r}$ $r = \frac{h}{\tan\gamma} \approx \frac{4{,}45\text{ km}}{\tan 14{,}1°} \approx 17{,}72\text{ km}$

$x = r + s \approx 24{,}96\text{ km}$
$y^2 = r^2 + h^2$ $y = \sqrt{r^2 + h^2} \approx \sqrt{(17{,}72\text{ km})^2 + (4{,}45\text{ km})^2} \approx 18{,}27\text{ km}$

2. Möglichkeit (Sinussatz):

(1) $\frac{x}{\sin 134{,}3°} = \frac{8{,}5\text{ km}}{\sin 14{,}1°}$
$x = \frac{8{,}5\text{ km} \cdot \sin 134{,}3°}{\sin 14{,}1°}$
$x \approx 24{,}97\text{ km}$

(2) $\frac{y}{\sin 31{,}6°} = \frac{8{,}5\text{ km}}{\sin 14{,}1°}$
$y = \frac{8{,}5\text{ km} \cdot \sin 31{,}6°}{\sin 14{,}1°}$
$y \approx 18{,}28\text{ km}$

Das Segelschiff ist ca. 18,3 km vom linken und ca. 25 km vom rechten Leuchtturm entfernt.

S. 77

3 Zunächst stellen wir uns vor, dass A und B auf gleicher Höhe liegen. Um Verwechselungen zu vermeiden, nennen wir diese Punkte A* und B* wobei A = A*.
In der Zeichnung besteht die Länge l der Entfernung von A* nach B* von oben betrachtet aus 5 geraden Abschnitten der Länge 4 cm und 4 Halbkreisen (also 2 Kreisen) mit dem Radius 1 cm.

Gesamtlänge in der Zeichnung
– Umfänge der zwei Kreise:
$2u = 2 \cdot \pi \cdot d$
$2u = 2 \cdot \pi \cdot 2\text{ cm}$
$2u = 12{,}57\text{ cm}$

– Entfernung von A* nach B*:
$l = 5 \cdot 4\text{ cm} + 12{,}57\text{ cm}$
$l = 32{,}57\text{ cm}$

Da der Maßstab der Zeichnung 1 : 5000 ist, beträgt die Entfernung L von A* nach B* in Wirklichkeit:
$L = 32{,}57\text{ cm} \cdot 5000$
$L = 162\,850\text{ cm}$
$L = 1628{,}5\text{ m}$

Um die tatsächliche Entfernung zwischen A und B zu bestimmen, muss noch die Steigung der Pass-Straße berücksichtigt werden.

Die Steigung 14 % bedeutet für den Steigungswinkel α:
$\tan\alpha = 0{,}14$
$\alpha \approx 7{,}97°$

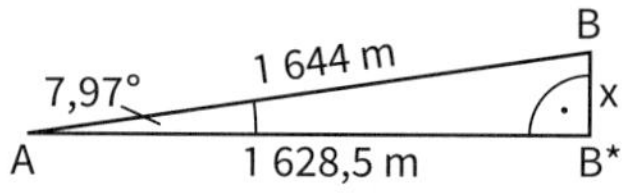

Die schematische Zeichnung des Dreiecks hilft jetzt weiter; x ist der Höhenunterschied $\overline{B^*B}$.

Es gilt: $\tan 7{,}97° = \frac{x}{1628{,}5\text{ m}} \quad | \cdot 1628{,}5\text{ m}$
$1628{,}5\text{ m} \cdot \tan 7{,}97° = x$
$x \approx 228\text{ m}$

Da A in einer Höhe von 620 m liegt, befindet sich B ungefähr auf der Höhe 620 m + 228 m, also in 848 m Höhe.

Die Länge $\overline{AB}$ entspricht der tatsächlichen Länge der Fahrstrecke von A nach B.
Diese Fahrstrecke kann man mit dem Satz des Pythagoras ausrechnen:
$(\overline{AB})^2 = 1628{,}5^2 + 228^2$; $\overline{AB} \approx 1644\text{ m}$
Der Punkt B liegt ca. 848 m hoch. Die Pass-Straße von A nach B ist rund 1 644 m lang.

S. 78

1 a) Die zweite Formel liefert das korrekte Ergebnis:
[x] =A7*0,42+38 (Strecke in km · 0,42 €/km + 38 € Pauschale)

b) Für 300 km sind die Angebote fast gleich: Angebot A 164 € und Angebot B 162 €. Bei allen anderen angegebenen Strecken ist die Differenz zwischen den Angeboten größer als 2 €.

c) Angebot A: $y = 0{,}42x + 38$ (I); Angebot B: $y = 0{,}32x + 66$ (II)
(I) = (II): $0{,}42x + 38 = 0{,}32x + 66 \quad | - 0{,}32x - 38$
$0{,}10x = 28 \quad | \cdot 10$
$x = 280$
Bei einer Strecke von 280 km fallen bei beiden Angeboten die gleichen Kosten an.

2 a) =D1*D1*D1 oder =D1^3
In D1 steht die Kantenlänge a des Würfels, und sein Volumen wird berechnet mit der Formel $V = a^3$.

b) Man könnte die Wertepaare bzw. Zelleinträge in (B1|B2) und (D1|D2) sowie (C1|C2) und (F1|F2) vergleichen. Dann zeigt sich, dass bei Verdoppelung der Kantenlänge das Volumen auf das 8-Fache anwächst.

3 a) Die Formel steht für die Rechnung 80 · 1,2. Um einen Grundwert um 20 % zu erhöhen, multipliziert man ihn mit $(1 + \frac{20}{100})$, also mit 1,2.

b) Wenn man einen Grundwert um 20 % herabsetzt, multipliziert man ihn mit $1 - \frac{20}{100}$, also mit 0,8.

c) Formel in Zelle B5: =B4*A3
Formel in Zelle B6: =B5*A2

S. 79

1 a) Die 3,6 m hohe Spitze ist auf dem Foto ungefähr 0,75 cm hoch. 1 cm auf dem Foto entspricht also 4,8 m in Wirklichkeit. Der Obelisk ist auf dem Foto ungefähr 4,8 cm hoch. D. h. der Obelisk ist in Wirklichkeit also ca. 23 m ($\approx 4{,}8 \cdot 4{,}8$ m) hoch.

b) Das Volumen des Obelisken kann durch einen Quader mit 23 m Höhe und quadratischer Grundfläche mit der Seitenlänge 2 m (etwas mehr als die Hälfte der Spitze des Obelisken) abgeschätzt werden.

c) Nach der Schätzung in b) hat der Obelisk ein Volumen von $23\,\text{m} \cdot 2\,\text{m} \cdot 2\,\text{m} = 92\,\text{m}^3$. Daraus ergibt sich eine ungefähre Masse von $92\,\text{m}^3 \cdot 2{,}8\,\frac{\text{t}}{\text{m}^3} \approx 257{,}6\,\text{t}$. Der Obelisk wiegt ca. 260 t (in Wirklichkeit 250 t).

2 a) Annahme: Die Frau an der Brille ist ungefähr 1,60 m groß.
Abschätzung: Die Brille ist ungefähr 1,5 m hoch und 5 m breit. Die Bügellänge einer Brille entspricht ungefähr der Breite, also auch 5 m.

b) Rechnung: Die Brille eines Menschen ist so breit wie der Kopf. Die Kopflänge ist ungefähr das 1,5-Fache der Kopfbreite. Die Körpergröße ist ungefähr das 7,5-Fache der Kopflänge. $5\,\text{m} \cdot 1{,}5 \cdot 7{,}5 = 56{,}25\,\text{m}$
Antwort: Die Person müsste ungefähr 56 m groß sein.

3 Damit man nicht alle Personen zählen muss, legt man ein Zählgitter über das Foto. Man geht davon aus, dass in jedem Quadrat des Zählgitters durchschnittlich gleich viele Menschen sind:

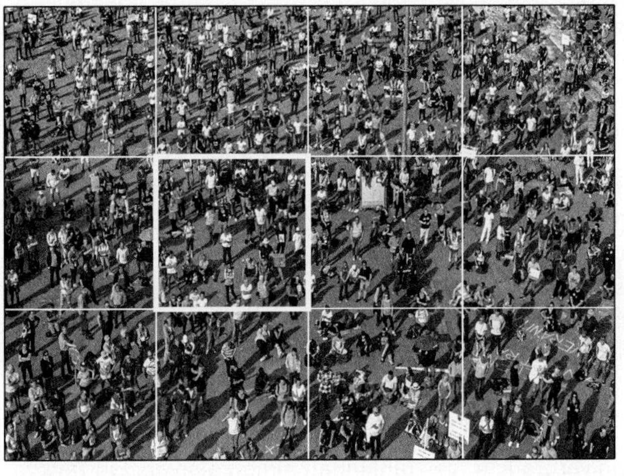

Hier wurde das Foto in $3 \cdot 4 = 12$ gleich große Quadrate eingeteilt. Nun bestimmt man die Anzahl von Personen in einem Quadrat, in dem durchschnittlich viele Personen zu sehen sind. Im stark umrandeten Quadrat sind das ungefähr 30. Damit ergeben sich für das gesamte Bild $12 \cdot 30 = 360$.
Etwa 400 Personen befinden sich auf dem Foto.

Abschlusstest Teil B Komplexe Aufgaben

S. 80

1 Neue Preise

a) 1. Lösungsweg: 100 % entsprechen 639 €; 115 % entsprechen 639 € · $\frac{115}{100}$ = 734,85 €
2. Lösungsweg: 639 € · 1,15 = 734,85 € ≈ 735 € Neuer Preis: ca. 735,00 €

b) 1. Lösungsweg: 49 € : 59 € ≈ 0,83 = 83 % Die Preissenkung betrug ca. 17 %.
2. Lösungsweg: Die Preissenkung um 10 € entspricht 10 € : 59 € ≈ 0,17 = 17 %

c) 1. Lösungsweg: 14,80 € sind 95 % vom alten Preis.
Der alte Preis betrug (14,80 € · 100) : 95 ≈ 15,60 €
2. Lösungsweg: 14,80 € : 0,95 ≈ 15,58 € Alter Preis: ca. 15,60 €

2 Autofarben

a) Sonstige Farben: 228 – 76 – 57 = 95
Anteile:
silbergrau: $\frac{76}{228} = \frac{1}{3} \approx 33{,}3\,\%$
schwarz: $\frac{57}{228} = \frac{1}{4} = 25\,\%$
Sonstige: $\frac{95}{228} = \frac{5}{12} \approx 41{,}7\,\%$

Farbe	Anzahl	Anteil als Bruch	Anteil in %
silbergrau	76	$\frac{1}{3}$	33,3 %
schwarz	57	$\frac{1}{4}$	25 %
Sonstige	95	$\frac{5}{12}$	41,7 %

b) Wenn sich der Anteil der schwarzen Autos nicht ändern wird, kann er mit ungefähr 75 schwarzen Autos rechnen, das sind $\frac{1}{4}$ von 300.

c) Zunächst werden alle gegebenen Wahrscheinlichkeiten in das Baumdiagramm eingetragen.
Die Wahrscheinlichkeit für sonstige Farben beträgt $\frac{5}{12}$ (siehe a)).
Die gesuchten Wahrscheinlichkeiten berechnet man mit den Pfadregeln.

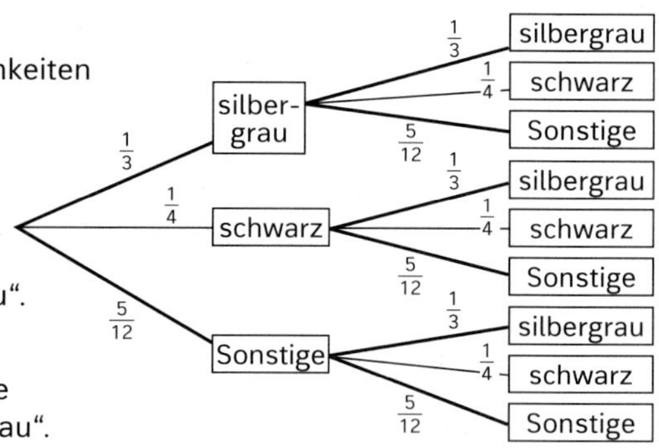

(1) Hierzu gehört der Pfad „silbergrau-silbergrau".
P (beide silbergrau) $= \frac{1}{3} \cdot \frac{1}{3} = \frac{1}{9}$

(2) Hierzu gehören zwei Pfade. Es sind die Pfade „silbergrau-schwarz" und „schwarz-silbergrau".
P (silbergrau; schwarz) $= \frac{1}{3} \cdot \frac{1}{4} + \frac{1}{4} \cdot \frac{1}{3} = \frac{2}{12} = \frac{1}{6}$

S. 81

3 Busfahrt

a) Während der Fahrt wird Benzin verbraucht, der Tankinhalt nimmt also ab. Ein Tankvorgang ist dagegen daran zu erkennen, dass die Benzinmenge im Tank sprunghaft ansteigt. Dies ist nach einer gefahrenen Strecke von 100 km und von 500 km der Fall.
Die richtige Antwort ist also: Es wurde 2-mal angehalten, um zu tanken.

b) Die Entfernung von Köln nach Paris lässt sich auf der x-Achse ablesen; 800 km.

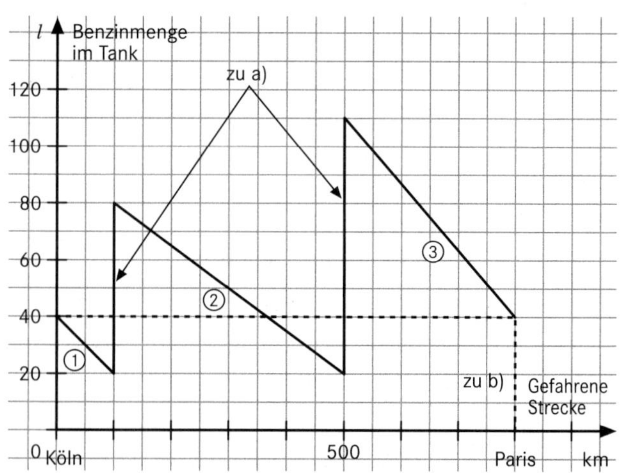

c) Je größer der Benzinverbrauch ist, desto rascher nimmt der Tankinhalt ab. Auf der Teilstrecke mit dem höchsten Benzinverbrauch fällt der Graph daher am steilsten ab. Dies trifft auf die Teilstrecke ③ zu.

d) Beim Start in Köln sind 40 l Benzin im Tank, bis zum ersten Tanken sind 20 l davon verbraucht. Die Teilstrecke ② beginnt der Bus mit einem Tankinhalt von 80 l, davon sind bis zum zweiten Tanken 60 l verbraucht. Die Teilstrecke ③ beginnt der Bus mit einem Tankinhalt von 110 l, bei seiner Ankunft in Paris sind noch 40 l im Tank. Der Bus hat also auf der letzten Etappe 70 l verbraucht.
Auf der gesamten Fahrt verbrauchte der Bus also 20 l + 60 l + 70 l = 150 l.

S. 81

4 Behälter mit Kugeln

Insgesamt sind zunächst 7 Kugeln (3 blaue, 4 rote) im Behälter. Also beträgt die Wahrscheinlichkeit, im ersten Zug eine blaue Kugel zu ziehen, $\frac{3}{7}$ und für eine rote Kugel $\frac{4}{7}$.
Beim zweiten Zug sind nur noch 6 Kugeln im Behälter. Die Wahrscheinlichkeiten hängen vom Ergebnis des ersten Zuges ab.

Baumdiagramm:

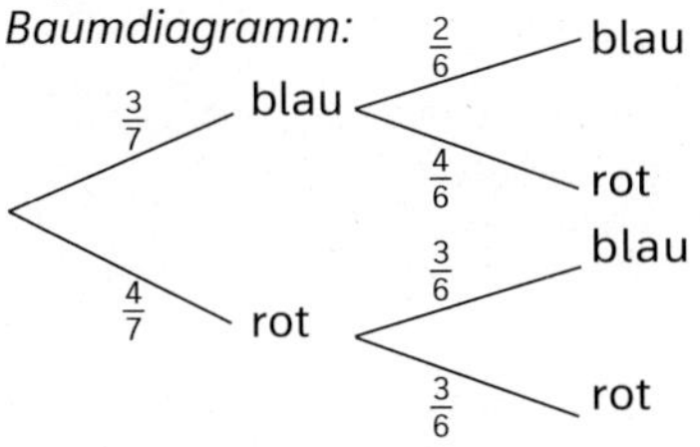

Björn gewinnt bei den Ergebnissen (blau; blau) und (rot; rot).

Mit den Pfadregeln berechnen wir die Wahrscheinlichkeiten.

P (Marc gewinnt) = P (blau; rot) + P (rot; blau)

$$= \frac{3}{7} \cdot \frac{4}{6} + \frac{4}{7} \cdot \frac{3}{6}$$
$$= \frac{12}{42} + \frac{12}{42}$$
$$= \frac{24}{42} = \frac{4}{7} \approx 57\,\%$$

P (Björn gewinnt) = P (blau; blau) + P (rot; rot)

$$= \frac{3}{7} \cdot \frac{2}{6} + \frac{4}{7} \cdot \frac{3}{6}$$
$$= \frac{6}{42} + \frac{12}{42}$$
$$= \frac{18}{42} = \frac{3}{7} \approx 43\,\%$$

Alternativer Lösungsweg: P (Marc gewinnt) = 1 – P (Björn gewinnt)

$$= 1 - \frac{3}{7} = \frac{4}{7} \approx 57\,\%$$

Gewinnwahrscheinlichkeit für Marc: $\frac{4}{7} \approx 57\,\%$ Gewinnwahrscheinlichkeit für Björn: $\frac{3}{7} \approx 43\,\%$

5 Lotterie

a) Bei 80 % Nieten beträgt der Anteil der Gewinne 20 %.

Es gilt: $20\,\% = \frac{20}{100} = \frac{1}{5}$. Die Aussage „Jedes fünfte Los ist ein Gewinn“ ist richtig.

b) Ein Los kostet 1,00 €. Insgesamt werden also 2 000 € eingenommen.
Folgende Gewinne werden ausgezahlt:

– 15 Hauptgewinne von je 50,00 €: $15 \cdot 50\text{ €} = 750\text{ €}$
– 4 % Preise von je 6,00 €: 4 % von $2\,000 = 2\,000 \cdot 0{,}04 = 80$
$80 \cdot 6\text{ €} = 480\text{ €}$
– Trostpreise von je 0,50 €: 80 % von 2 000 = 1 600 (Nieten), damit 400 Preise
$400 - 15 - 80 = 305$ (Trostpreise)
$305 \cdot 0{,}50\text{ €} = 152{,}50\text{ €}$

Gewinn: $2\,000\text{ €} - 750\text{ €} - 480\text{ €} - 152{,}50\text{ €} = 617{,}50\text{ €}$
Mit der Lotterie wurde ein Gewinn von 617,50 € erzielt.

S. 82

6 Flugzeug

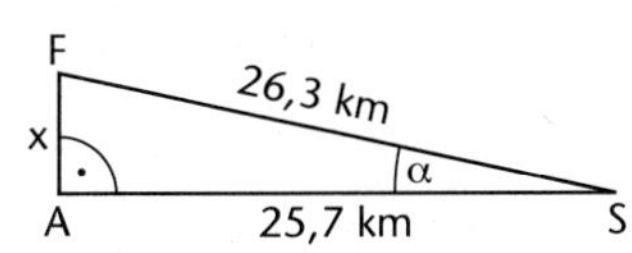

a) $x^2 + (25{,}7\text{ km})^2 = (26{,}3\text{ km})^2$ (Satz des Pythagoras)
$x^2 = (26{,}3\text{ km})^2 - (25{,}7\text{ km})^2$
$x \approx 5{,}5857\text{ km}$
Das Flugzeug überfliegt Alsburg in ca. 5,6 km Höhe.

b) $\cos\alpha = \frac{\text{Ankathete}}{\text{Hypotenuse}}$

$\cos\alpha = \frac{25{,}7\text{ km}}{26{,}3\text{ km}}$

$\alpha \approx 12{,}262°$

Gesucht ist die Steigung in Prozent, also ist $\frac{x}{27{,}5\text{ km}} = \tan\alpha$ zu bestimmen.
$\tan 12{,}262° \approx 0{,}2173 \approx 21{,}7\,\%$
Das Flugzeug ist durchschnittlich mit 21,7 % aufgestiegen.

S. 82

7 CD

a) Die beschreibbare Fläche A hat die Form eines Kreisrings mit $d_1 = 50$ mm (also $r_1 = 25$ mm) und $d_2 = 116$ mm (also $r_2 = 58$ mm).

$A = A_2 - A_1$
$= \pi \cdot r_2^{\,2} - \pi \cdot r_1^{\,2}$
$= \pi \cdot (58\text{ mm})^2 - \pi \cdot (25\text{ mm}^2)$
$\approx 8605\text{ mm}^2$

Die beschreibbare Fläche ist etwa 8 605 mm² groß.

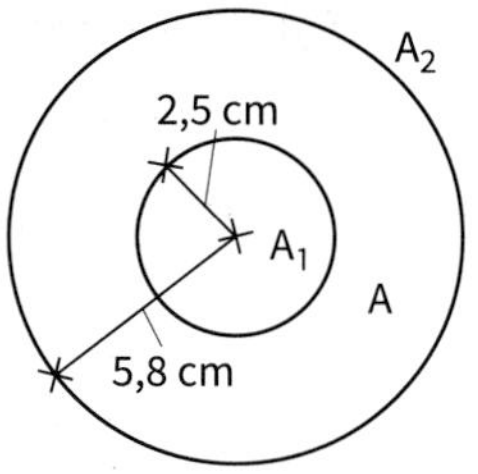

b) Die Hälfte des Flächeninhalts beträgt etwa 4 303 mm² (= 8 605 mm² : 2). Um den Radius zu berechnen, muss der nicht beschreibbare innere Ring (625π mm² ≈ 1 943 mm²) addiert werden: 4 303 mm² + 1 943 mm² = 6 246 mm².

Nun kann der Radius berechnet werden: $\pi \cdot r^2 = 6246\text{ mm}^2 \quad |:\pi$
$r^2 \approx 1988\text{ mm}^2 \quad |\sqrt{\ }$
$r \approx 45\text{ mm}$

Die CD ist „halb voll", wenn sie bis zu etwa 45 mm beschrieben ist.

8 Reisepreis

a) und b) Die Anzahlung kann mit dem Dreisatz berechnet werden:
10 % von 998 € sind 99,80 €
20 % von 998 € sind 199,60 € (2 · 99,80 €)

Oder: 20 % von 998 € = $\frac{998\text{ €} \cdot 20}{100}$ = 199,60 €

Diese Rechnung lässt sich als Formel für B4 verallgemeinern: =A4*20/100.

Um den Restbetrag zu bestimmen, wird die Anzahlung vom Reisepreis subtrahiert:
998,00 € – 199,60 € = 798,40 €.
Verallgemeinert lautet dies als Formel für C4: =A4–B4.

S. 83

9 Ferienplanung

a) Die pauschalen Nebenkosten betragen bei 4 Personen: 4 · 40 € = 160 €.
Pro Nacht kommen 70 € hinzu. Also lautet die Funktionsgleichung y = 70x + 160

b) Bezüglich des Kontexts sind jedoch nur die Punkte mit ganzzahligen x-Koordinaten sinnvoll zu interpretieren, da es z. B. 2,5 Übernachtungen nicht gibt.

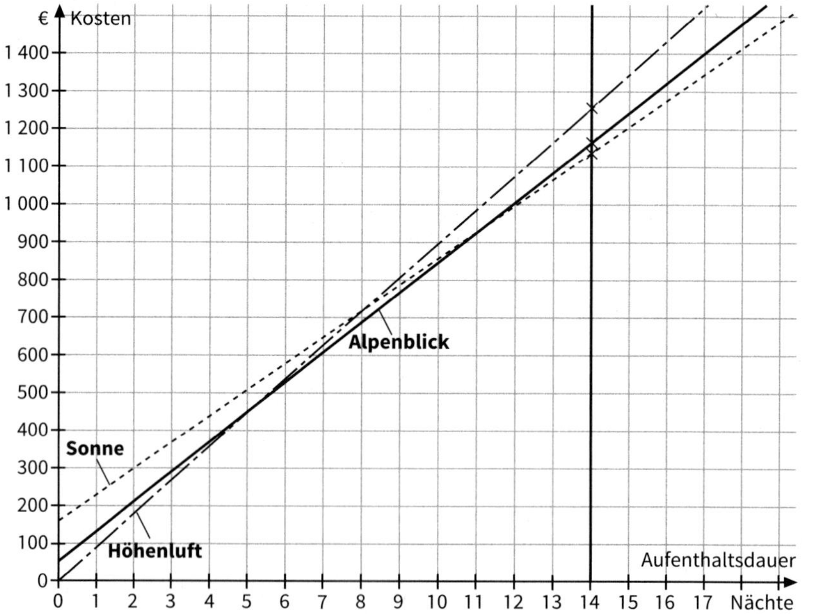

c) Familie Dogan will genau zwei Wochen (also 14 Tage) bleiben.
Aus dem Koordinatensystem ist abzulesen, dass die Kosten für diese Aufenthaltsdauer bei der Ferienwohnung Sonne am geringsten sind.
Man kann dies auch rechnerisch prüfen:

- Ferienwohnung Sonne: 14 · 70 € + 4 · 40 € = 1 140 €
- Ferienappartement Höhenluft: 14 · 90 € = 1 260 €
- Ferienwohnung Alpenblick: 14 · 80 € + 50 € = 1 170 €

S. 83

10 Sonnenfinsternis

Während der Sonnenfinsternis wird die Leistung der Solaranlagen ca. $\frac{1}{3}$ der normalen Leistung (6 Gigawatt : 18 Gigawatt) betragen. Dies entspricht aber $0{,}3\overline{3}$, also etwa 33 %.

11 Verein

a) Insgesamt spielen 50 Jugendliche (15 Mädchen und 35 Jungen) der 325 Befragten im Verein Fußball. Das entspricht $\frac{50}{325} \approx 15\,\%$.

b) Von den 50 Jugendlichen, die im Verein spielen, sind 15 Mädchen. Das entspricht $\frac{15}{50} = 30\,\%$. Also hat Helena recht.

c) Justus vergleicht nur die absoluten Häufigkeiten (35 Jungen und 15 Mädchen) und berücksichtigt nicht die Gesamtzahlen (250 Jungen und nur 75 Mädchen). Für einen besseren Vergleich muss man die relativen Häufigkeiten (Anteile) heranziehen.
Anteil der 15 im Verein spielenden Mädchen unter den 75 Mädchen: $\frac{15}{75} = 20\,\%$
Anteil der 35 im Verein spielenden Jungen unter den 250 Jungen: $\frac{35}{250} = 14\,\%$
Da der Anteil bei den Mädchen höher ist, stimmt die Aussage von Justus nicht.

S. 84

12 Zahlenrätsel

(1) A, (2) (F); (3) (H)
Lösungen der Gleichungen:

(A)
$$2(5x + 7) = -3x + 53$$
$$10x + 14 = -3x + 53 \quad |+3x$$
$$13x + 14 = 53 \quad |-14$$
$$13x = 39 \quad |:13$$
$$x = 3$$

(F)
$$x - (-8) = 5x + 64$$
$$x + 8 = 5x + 64 \quad |-5x$$
$$-4x + 8 = 64 \quad |-8$$
$$-4x = 56 \quad |:(-4)$$
$$x = -14$$

(H)
$$4x - 17 = 3(x - 2)$$
$$4x - 17 = 3x - 6 \quad |-3x$$
$$x - 17 = -6 \quad |+17$$
$$x = 11$$

13 Haus mit Pultdach

a) Der umbaute Raum entspricht dem Volumen des Baukörpers.
Berechnung des Volumens:
Das Haus kann als Prisma mit einem Trapez als Grundfläche betrachtet werden.
$$V = G \cdot h$$
$$V = \frac{9{,}6\text{ m} + 6{,}2\text{ m}}{2} \cdot 8{,}4\text{ m} \cdot 12{,}6\text{ m}$$
Beachte: Höhe des Trapezes: 8,4 m; Höhe des Prismas: 12,6 m
$V = 836{,}136\text{ m}^3$ $\quad V \approx 836\text{ m}^3$

b) Berechnung des Flächeninhalts der Seitenflächen:
Die Seitenflächen bestehen aus zwei gleichen Trapezen und zwei Rechtecken.
$$A = 2\left(\frac{9{,}6\text{ m} + 6{,}2\text{ m}}{2} \cdot 8{,}4\text{ m}\right) + 12{,}6\text{ m} \cdot 9{,}6\text{ m} + 12{,}6\text{ m} \cdot 6{,}2\text{ m}$$
$A = 331{,}8\text{ m}^2$ $\quad A \approx 332\text{ m}^2$

c) Berechnung des Neigungswinkels: $\tan\alpha = \frac{9{,}6\text{ m} - 6{,}2\text{ m}}{8{,}4\text{ m}} = \frac{3{,}4\text{ m}}{8{,}4\text{ m}}$ $\quad \alpha \approx 22°$

14 Taschengeld

Das geringste monatliche Taschengeld beträgt 10 €, das höchste 80 €. Daraus ergibt sich die Spannweite 80 € – 10 € = 70 €.
Der mittlere Betrag (Median) liegt bei 30 €. 50 % der Befragten erhalten Taschengeld zwischen 20 € (unteres Quartil) und 50 € (oberes Quartil). Es fällt auf, dass die Streuung oberhalb des Medians erheblich größer ist als darunter. Am größten ist sie im obersten Viertel. 25 % der befragten Jugendlichen erhalten monatlich 50 € bis 80 € Taschengeld.

S. 85

15 Aralsee

a) Es gibt sehr viele Möglichkeiten, die Fläche des Aralsees so durch berechenbare Flächen abzudecken, dass sich „Gewinne" und „Verluste" ungefähr ausgleichen. Eine mögliche Lösung ist hier dargestellt:
Die gemessenen Werte in cm muss man mit 62,5 multiplizieren, dann erhält man die tatsächliche Entfernung in km.
Größe des Sees im Jahre 1960:
$A_1 \approx 256{,}25\text{ km} \cdot 200\text{ km} = 51\,250\text{ km}^2$ (Parallelogramm)
$A_2 \approx \frac{237{,}5\text{ km} + 68{,}75\text{ km}}{2} \cdot 81{,}25\text{ km} \approx 12\,441\text{ km}^2$ (Trapez)
$A_3 \approx \frac{137{,}5\text{ km} \cdot 62{,}5\text{ km}}{2} = 4\,297\text{ km}^2$ (Dreieck)
$A_1 + A_2 + A_3 = 67\,988\text{ km}^2$
Im Jahr 1960 war der Aralsee etwa 68 000 km² groß.

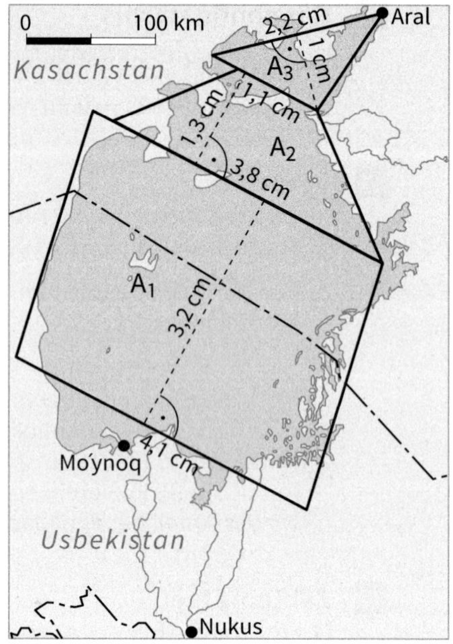

b) Größe des Sees im Jahre 2010:
$A_1 \approx 187{,}5\text{ km} \cdot 25\text{ km} = 4\,687{,}5\text{ km}^2$ (Parallelogramm)
$A_2 \approx 25\text{ km} \cdot 12{,}5\text{ km} = 312{,}5\text{ km}^2$ (Rechteck)
$A_3 \approx \frac{81{,}25\text{ km} + 125\text{ km}}{2} \cdot 31{,}25\text{ km} \approx 3\,222{,}7\text{ km}^2$ (Trapez)
$A_1 + A_2 + A_3 \approx 8\,222{,}7\text{ km}^2$
Im Jahr 2010 war der Aralsee etwa 8 220 km² groß.
Prozentsatz berechnen: $p\,\% = \frac{8\,220}{68\,000} \approx 0{,}12 = 12\,\%$
Im Jahr 2010 hatte der Aralsee etwa 88 % seiner Größe von 1960 verloren.

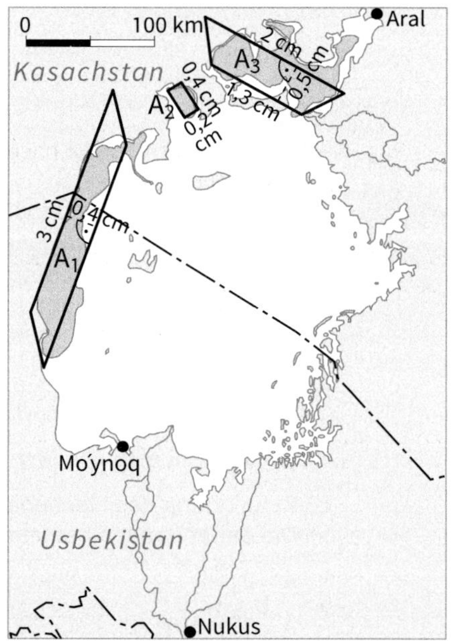

16 Ernährung

a) $4{,}9\text{ g} \mathrel{\hat{=}} 5{,}6\,\%$ $\qquad x = \frac{4{,}9\text{ g} \cdot 100\,\%}{5{,}6\,\%} = 87{,}5\text{ g}$
$x\text{ g} \mathrel{\hat{=}} 100\,\%$
Die empfohlene Tagesmenge beträgt 87,5 g.

b) Zuckergehalt im Frühstück:
3 Schreiben Vollkorntoast + 1x Butter + 1x Marmelade + 2x Schokoaufstrich + 1x Kakaomilch
$3 \cdot 0{,}5\text{ g} + 0{,}5\text{ g} + 15\text{ g} + 20\text{ g} + 20\text{ g} = 57\text{ g}$
Prozentualer Anteil: $p\,\% = \frac{57\text{ g}}{87{,}5\text{ g}} \approx 0{,}65 = 65\,\%$
Von der empfohlenen Tagesmenge sind etwa 65 % im Frühstück enthalten.

S. 86

17 **Gleichungen**

(1) $(x+3)\cdot(8-2x)$ ist ein Produkt, das genau dann null ist, wenn ein Faktor null ist.

$(x+3)\cdot(8-2x)=0$

$x+3=0 \quad |-3$ oder $8-2x=0 \quad |-8$

$x_1=-3$ oder $-2x=-8 \quad |:(-2)$

$x_2=4$

(2) $x^2+5x=0 \quad |$ x ausklammern

$x\cdot(x+5)=0$

$x_1=0$ oder $x+5=0 \quad |-5$

$x_2=-5$

(3) $3x^2-8=4 \quad |+8$

$3x^2=12 \quad |:3$

$x^2=4 \quad |\sqrt{\ }$

$x_1=2$ oder $x_2=-2$

(4) Hier können wir die Lösungsformel anwenden.

$2x^2-12x+4=18 \quad |-18$

$2x^2-12x-14=0 \quad |:2$

$x^2-6x-7=0 \quad |p=-6;\ q=-7$

$x=\frac{6}{2}+\sqrt{\left(\frac{6}{2}\right)^2+7}$ oder $x=\frac{6}{2}-\sqrt{\left(\frac{6}{2}\right)^2+7}$

$x=3+\sqrt{16}$ oder $x=3-\sqrt{16}$

$x_1=7$ oder $x_2=-1$

18 **Gebäude**

a) Da die Parabel achsensymmetrisch zur y-Achse ist, liegt der höchste Punkt auf der y-Achse, also bei $x=0$. Aus der Funktionsgleichung und aus dem Bild kann man ablesen, dass zu $x=0$ der y-Wert 18 gehört. Die Ausstellungshalle ist 18 m hoch.

b) Setze für die Höhe $y=9$ in die Parabelgleichung ein und bestimme die zugehörigen x-Werte:

$9=-\frac{1}{9}x^2+18 \quad |-18$

$-9=-\frac{1}{9}x^2 \quad |\cdot(-9)$

$x^2=81 \qquad x_1=-9;\ x_2=+9$

Der Abstand der beiden x-Werte ist 18, also ist in der Höhe 9 m die Halle 18 m breit und damit doppelt so breit wie hoch.

c) $0=-\frac{1}{9}x^2+18 \quad |-18$

$-18=-\frac{1}{9}x^2 \quad |\cdot(-9)$

$x^2=162 \qquad x_1\approx-12{,}73;\ x_2=+12{,}73$

Der Abstand von der y-Achse zu einer Nullstelle ist ca. zwei Drittel von 18 (der Höhe der Halle in m). Wenn man im Foto zwei Drittel der Höhe an der x-Achse abträgt, sieht man, dass die Halle am Boden etwas breiter ist. Die Beschreibung durch eine Parabel passt also nicht genau. Es sieht so aus, als könnte man den unteren Teil der Außenlinie besser durch eine Gerade beschreiben.

S. 87

19 Nerobergbahn

Die Länge der gesuchten Strecke ermittelt man mithilfe des Satzes des Pythagoras.
Der Höhenunterschied zwischen Tal- und Bergstation beträgt 83 m. Die Luftlinienentfernung l zwischen Tal- und Bergstation können wir mithilfe der Entfernungen der beiden Orte in der abgebildeten Karte und dem angegebenen Kartenmaßstab bestimmen.

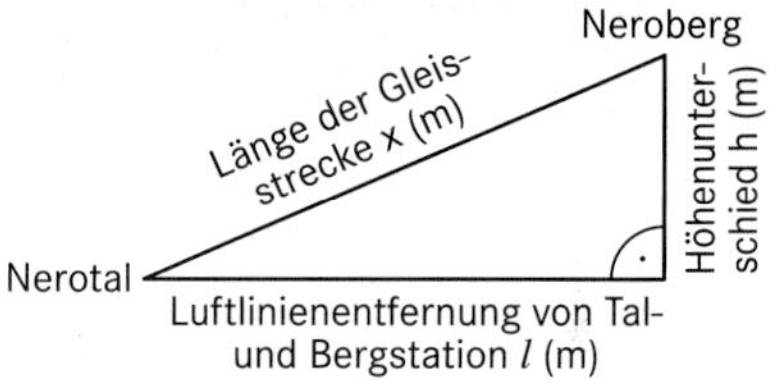

Der Abstand zwischen Tal- und Bergstation in der Karte beträgt ca. 4,3 cm.
Zu berechnen ist die Länge in der Wirklichkeit.
Der Maßstab 1 : 10 000 bedeutet: 1 cm auf einer Karte entsprechen 10 000 cm in der Wirklichkeit.
Man muss die gemessene Strecke also mit 10 000 multiplizieren: 4,3 cm · 10 000 = 43 000 cm.
Die Luftlinienentfernung l zwischen den beiden Orten beträgt in der Realität also etwa 430 m.
Jetzt lässt sich die gesuchte Strecke x mit dem Satz des Pythagoras ermitteln:

$x^2 = h^2 + l^2$

$x^2 = (83\text{ m})^2 + (430\text{ m})^2 = 191\,789\text{ m}^2$

$x \approx 437{,}9\text{ m}$

Die Länge der Gleisstrecke zwischen Nerotal und Neroberg beträgt also ungefähr 438 m.

20 Felswand

Da ∢ FBA = 45° und ∢ BAF = 90°, ist ∢ AFB = 45°. Das Dreieck ABF ist damit gleichschenklig.
Also ist die Höhe der Felswand h = AF = AB

Im Dreieck ACF gilt: $\tan 32° = \frac{\text{Gegenkathete}}{\text{Ankathete}}$

$\tan 32° = \frac{h}{(h + 30)}$ | $\cdot (h + 30)$

$\tan 32° \cdot (h + 30) = h$ | ausmultiplizieren

$\tan 32° \cdot h + 30 \cdot \tan 32° = h$

$0{,}6249\,h + 18{,}7461 \approx h$ | $-0{,}6249\,h$

$18{,}7461 \approx 0{,}3751\,h$ | $:0{,}3751$

$h \approx 49{,}98\text{ m}$

Die Felswand ist etwa 50 m hoch.

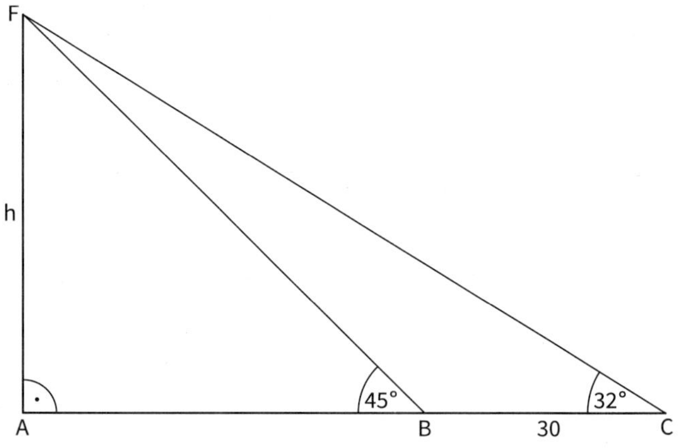

21 Maßänderungen

a) (1) Die Aussage ist richtig, denn
$u = 2\pi r$ Wird r durch 3r ersetzt, ergibt sich $u = 2\pi(3r) = 6\pi r = 3 \cdot 2\pi r$
(2) Die Aussage ist falsch. Der Flächeninhalt vervierfacht sich, denn
$A = \pi r^2$ Wird r durch 2r ersetzt, ergibt sich $A = \pi(2r)^2 = \pi \cdot 4r^2 = 4 \cdot \pi r^2$

b) Das Volumen verachtfacht sich, denn
$V = \frac{1}{3}\pi r^2 h$ Wird r durch 2r und h durch 2h ersetzt, ergibt sich
$V = \frac{1}{3}\pi(2r)^2 \cdot 2h = \frac{1}{3}\pi \cdot 4r^2 \cdot 2h = 8 \cdot \frac{1}{3}\pi r^2 h$

S. 88

22 Wucherzins

a)

Jahr	0	1	2	3	4	5	6
Schulden	5000 €	6000 €	7200 €	8600 €	10400 €	12400 €	14900 €

b) Nach einem Jahr sind die Schulden von 5000 € auf 6000 € gestiegen, also um 1 000 €.
Zinssatz p %: 1 000 € von 5000 € = $\frac{1000}{5000}$ = 0,2 = 20 %

c) Bei einem Zinssatz von 20 % erhöhen sich die Schulden jedes Jahr auf das 1,2-Fache. Der Wachstumsfaktor beträgt also 1,2.
Lösungsweg 1: Gesucht ist die Zahl n, für die gilt:
$5000 \cdot 1{,}2^n > 30000$ | systematisches Probieren
$5000 \cdot 1{,}2^{10} \approx 30959 > 30000$
Lösungsweg 2: Man könnte schrittweise mit dem Taschenrechner weiterrechnen:
$5000 \cdot 1{,}2 = 6000$ $6000 \cdot 1{,}2 = 7200$ $7200 \cdot 1{,}2 = 8640$ ...
Nach 10 Jahren übersteigen die Schulden 30000 €.

23 Sonderpreis

a) Methode (1) berücksichtigt nicht den Rabatt von 3 %. Die Methode ist falsch.
Methode (2) berechnet zuerst 85 % (100 % – 15 %) vom bisherigen Preis. Dann werden von 3 % vom reduzierten Preis subtrahiert. Die Methode ist richtig.
Methode (3) ist auch richtig.
Es gilt: 100 % – 15 % = 85 % = 0,85 und
100 % – 3 % = 97 % = 0,97
Deshalb kann der gesenkte Barzahlungspreis so berechnet werden:
(1 500 € · 0,85) · 0,97 = 1 236,75 €

b) Die Rechnung z. B. mit Methode (3) ergibt 1 236,75 €.

24 Werkstück

a) Für die Berechnung der Masse wird das Volumen benötigt.
$V = V_{Zylinder} - 2\,V_{Kegel}$
$V = \pi \cdot r_Z^2 \cdot h_Z - 2 \cdot \frac{1}{3} \cdot \pi \cdot r_K^2 \cdot h_K$
$= \pi \cdot 3^2\,cm^2 \cdot 18\,cm - 2 \cdot \frac{1}{3} \cdot \pi \cdot 1{,}5^2\,cm^2 \cdot 9\,cm$
$\approx 508{,}9\,cm^3 - 42{,}4\,cm^3 = 466{,}5\,cm^3$

Masse des Werkstücks: $8{,}73\,\frac{g}{cm^3} \cdot 466{,}5\,cm^3 = 4072{,}545\,g$
Die Masse beträgt rund 4073 g.

b) Der Oberflächeninhalt setzt sich aus dem Oberflächeninhalt des Zylinders und den Mantelflächen der Kegel zusammen. Davon müssen noch die Grundflächen der Kegel subtrahiert werden, da das Werkstück an beiden Enden offen ist.
$A_O = A_{OZ} + 2 \cdot A_{MK} - 2 \cdot A_{GK}$
$A_O = 2\pi r_Z\,(r_Z + h_Z) + 2\pi r_K s - 2\pi r_K^2$
Berechnung der Seitenlinie s: $s = \sqrt{1{,}5^2 + 9^2}\,cm \approx 9{,}12\,cm$
$A_O = 2\pi \cdot 3\,cm\,(3\,cm + 18\,cm) + 2\pi \cdot 1{,}5\,cm \cdot 9{,}12\,cm - 2\pi \cdot 1{,}5^2\,cm^2$
$A_O \approx 395{,}84\,cm^2 + 85{,}95\,cm^2 - 14{,}14\,cm^2$
$A_O \approx 467{,}65\,cm^2$
Der Oberflächeninhalt beträgt rund 468 cm².

S. 89

25 Lustige Abfallbehälter

a) Die folgenden Abschätzungen beziehen sich auf das Foto rechts neben dem Text. Dabei werden die gesuchten Längen mit den Maßen des Rucksacks, der davor steht, verglichen.
Der Rucksack ist vermutlich 50 cm hoch und 30 cm breit.
Höhe h der Behälter (ohne „Kopf"): 85 cm
Höhe k der Behälter (mit „Kopf"): 100 cm
oberer Durchmesser do: 50 cm
unterer Durchmesser du: 60 cm

b) Die Abschätzungen des Volumens durch den Zylinder (3) beschreiben am genauesten das tatsächliche Volumen des Abfallsammlers. Der Zylinder ist oben zwar ein wenig zu breit, dafür in der „bauchigen Mitte" des Abfallbehälters etwas zu klein.
Der Quader (2) wird einen etwas zu kleinen Wert liefern, da der obere Durchmesser gewählt wurde. Die Abschätzung durch den Kegel (1) wird zu einem deutlich zu kleinen Wert führen, denn trotz des gewählten größeren Durchmessers u für die Grundfläche und der Gesamthöhe k bleibt viel Rauminhalt unberücksichtigt.

26 Kreise

a)

Figur	1	2	3	4	5	6
			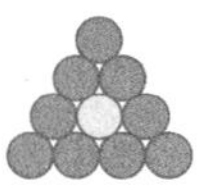	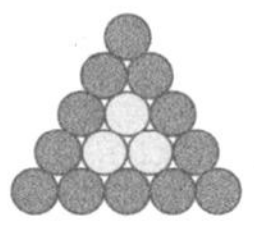		
Anzahl aller Kreise	3	6	10	15	21	28
Anzahl der blauen Kreise	3	6	9	12	15	18
Anzahl der weißen Kreise	0	0	1	3	6	10

b) Die Figur 4 hat an jeder der drei Seiten 5 blaue Kreise, die Figur 5 hat dreimal 6 blaue Kreise und die Figur n dreimal (n + 1) blaue Kreise. Dabei werden die 3 Kreise in den Ecken doppelt gezählt.
Somit sind in der Figur n genau $3 \cdot (n+1) - 3 = 3 \cdot n + 3 \cdot 1 - 3 = 3 \cdot n$ blaue Kreise.

c) Für n = 15 erhalten wir $\frac{1}{2} \cdot (15+2) \cdot (15+1) = 136$ Kreise.

d) Für n = 20 erhalten wir:

Anzahl aller Kreise: $\frac{1}{2} \cdot (20+2) \cdot (20+1) = 231$ Kreise

Anzahl der blauen Kreise: $3 \cdot 20 = 60$ Kreise
Anzahl der weißen Kreise: $231 - 60 = 171$ Kreise

Zusatz: Erklärung des Terms $\frac{1}{2} \cdot (n+2) \cdot (n+1)$

„Verdopplung" der Figur 5

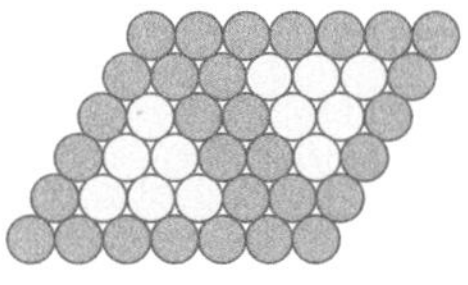

(5 + 1) Zeilen

(5 + 2) Spalten

Anzahl der Kreise insgesamt:

$\frac{1}{2} \cdot (5+2) \cdot (5+1) = 21$

„Verdopplung" der Figur n

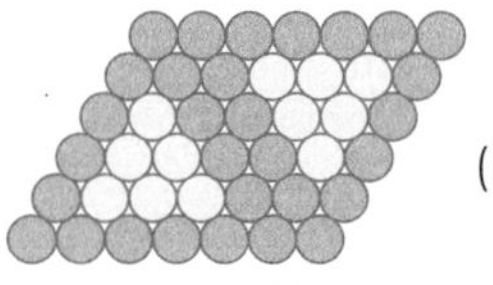

(n + 1) Zeilen

(n + 2) Spalten

Anzahl der Kreise insgesamt:

$\frac{1}{2} \cdot (n+2) \cdot (n+1)$

Teil C Zentrale Aufgaben

Alle Lösungen Teil C: nicht amtliche Lösungen

Mittlerer Schulabschluss und erweiterte Berufsbildungsreife 2022 Berlin/Brandenburg

S. 90

Aufgabe 1: Basisaufgaben

a) $20\,\% = \frac{20}{100} = \frac{1}{5} = \frac{3}{15}$

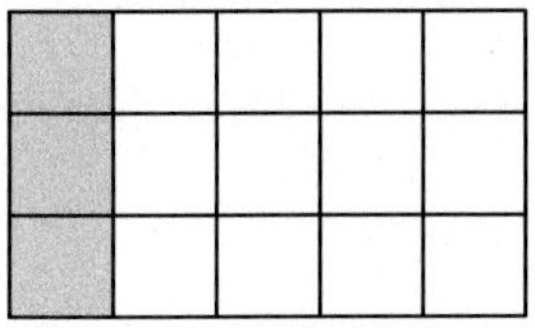

b)

Masse (in kg)	Preis (in €)
3	4,80
1	1,60
5	8,00

(links: $:3$, $\cdot 5$; rechts: $:3$, $\cdot 5$)

5 kg Äpfel kosten 8 €.

c) $5 - 2x = 3x - 25 \quad |+2x$
$5 = 5x - 25 \quad |+25$
$30 = 5x \quad |:5$
$6 = x$

Anzukreuzen ist: ☒ $x = 6$

d) $\frac{21+20+19+22+20+20+x}{7} = 20 \quad |$ Zusammenfassen
$\frac{122+x}{7} = 20 \quad |\cdot 7$
$122 + x = 140 \quad |-122$
$x = 18$

Montag	Dienstag	Mittwoch	Donnerstag	Freitag	Samstag	Sonntag
21 °C	20 °C	19 °C	22 °C	20 °C	**18 °C**	20 °C

e) Da das Dreieck rechtwinklig ist, ist sein Flächeninhalt halb so groß wie der Flächeninhalt des Rechtecks mit den Seitenlängen d und e. Die Gleichung lautet dann $A = \frac{d \cdot e}{2}$.

f) „Jeder fünfte“ bedeutet: 1 von 5 oder 2 von 10 oder 20 von 100.
Anzukreuzen ist: ☒ 20 %

S. 91

g) In einem rechtwinkligen Dreieck liegt dem rechten Winkel die Hypotenuse gegenüber.
Die Summe von zwei Seiten eines Dreiecks ist immer größer als die dritte Seite.
In jedem rechtwinkligen Dreieck gilt der Satz des Pythagoras.

Anzukreuzen ist daher:

☒ Die Summe der Flächeninhalte der Kathetenquadrate ist gleich dem Flächeninhalt des Hypotenusenquadrates.

h) 1,5 l = 1 500 ml   1 500 ml : 300 ml = 5
Max trinkt 5 volle Gläser.

S. 91

i) Ein gleichschenkliges Trapez hat nur eine Symmetrieachse.

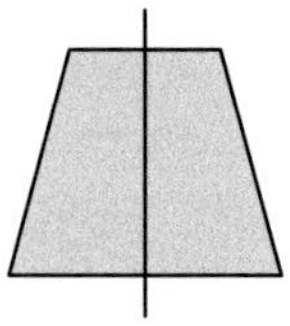

Anzukreuzen ist daher: ☒ 1

j) $2^{-5} = \frac{1}{25} = \frac{1}{32} \approx 0{,}03$ Richtig ist also: $2^{-5} < 0{,}25$

Aufgabe 2: Becher

a)

☒ 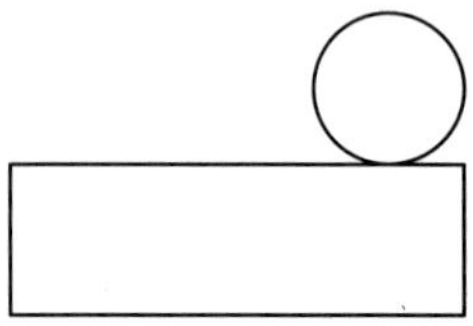

S. 92

Gesucht: Länge und Breite der Mantelfläche des zylinderförmigen Bechers
Gegeben: h = 7 cm und r = 3,2 cm
Rechnung:
Die Länge der Mantelfläche entspricht dem Umfang der Grundfläche, also
$2\pi r = 2\pi \cdot 3{,}2\text{ cm} \approx 20{,}1\text{ cm}$
Die Breite der Mantelfläche entspricht der Höhe h, also 7 cm.
Antwort: Die Mantelfläche ist ungefähr 20,1 cm lang und 7 cm breit.

b) Gesucht: Volumen des Bechers
Gegeben: h = 7 cm und r = 3,2 cm; $V_{Zylinder} = \pi \cdot r^2 \cdot h$
Rechnung:
$V_{Zylinder} = \pi \cdot (3{,}2\text{ cm})^2 \cdot 7\text{ cm} \approx 225{,}2\text{ cm}^3 = 225{,}2\text{ ml}$
Antwort: Aus 225,2 ml > 200 ml folgt, dass in den Becher 200 ml passen.

c) Gesucht: Länge des Stabes
Gegeben: h = 7 cm, r = 3,2 cm
Rechnung:
1. Schritt: Wir berechnen die Länge der Diagonalen d des Rechtecks mit den Seitenlängen 2r und h.
Nach dem Satz des Pythagoras gilt:
$d = \sqrt{(6{,}4\text{ cm})^2 + (7\text{ cm})^2} \approx 9{,}5\text{ cm}$
2. Schritt: Wir berechnen die Länge des Stabes.
9,5 cm + 2 cm = 11,5 cm
Antwort: Der Stab ist ungefähr 11,5 cm lang.

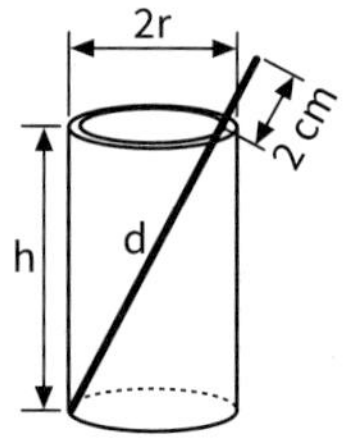

d) Gesucht: Grundfläche eines Zylinders mit gegebener Höhe und gegebenem Volumen
Gegeben: $V_{Zylinder} = 425\text{ ml} = 425\text{ cm}^3$; h = 7 cm
Rechnung:

$425 = \pi \cdot r^2 \cdot 7$

$425 = 3{,}14 \cdot r^2 \cdot 7 \quad | \text{Zusammenfassen}$

$425 = 21{,}98 \cdot r^2 \quad |: 21{,}98$

$\frac{425}{21{,}98} = r^2 \quad | \sqrt{}$

$r = \sqrt{\frac{425}{21{,}98}} \approx 4{,}4$

Antwort: Der Radius des Bechers beträgt ungefähr 4,4 cm.

S. 93

Aufgabe 3: Funktionen

a) Im Koordinatensystem ist der Graph f der linearen Funktion mit der Gleichung $f(x) = -2x + 3$ dargestellt.
Die Nullstelle ist 1,5.

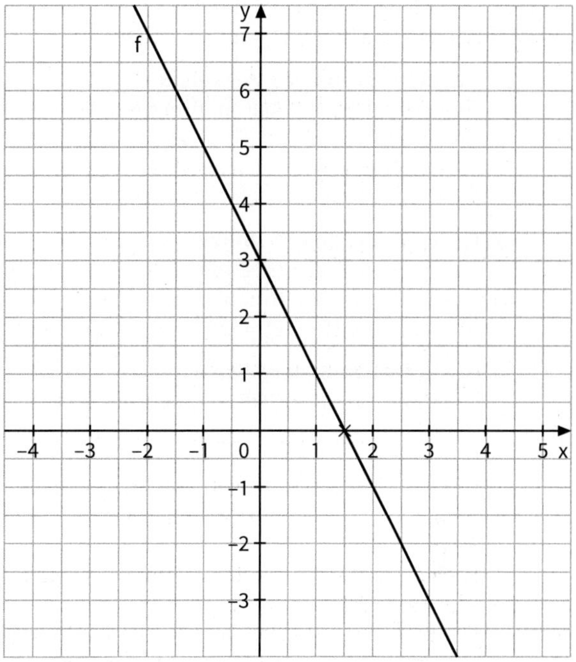

b) Gesucht: Koordinaten des Scheitelpunkts S der Parabel p
Gegeben: Funktionsgleichung einer verschobenen Normalparabel $p(x) = (x-2)^2 - 4$
Rechnung: Die Funktionsgleichung p(x) ist in der Scheitelpunktform $f(x) = a(x+d)^2 + e$ angegeben, aus ihr kann man den Scheitelpunkt $S(-d\,|\,e)$ der Parabel direkt ablesen.
Antwort: Der Scheitelpunkt der Parabel p hat die Koordinaten $S(2\,|\,-4)$.

S. 94

c) Gesucht: Koordinaten der Schnittpunkte der Geraden f mit der Parabel p
Gegeben: $p(x) = (x-2)^2 - 4$ und $f(x) = -2x + 3$
Rechnung:

$(x-2)^2 - 4 = -2x + 3$ | Klammer auflösen
$x^2 - 4x + 4 - 4 = -2x + 3$ | Zusammenfassen
$x^2 - 4x = -2x + 3$ | + 2x – 3
$x^2 - 2x - 3 = 0$ | pq-Formel
$x_{1/2} = 1 \pm \sqrt{1+3}$
$x_1 = 3 \quad x_2 = -1$

Bestimmung der y-Koordinaten der Schnittpunkte, hier mithilfe von f(x):
Für $x_1 = 3$ gilt: $y = -2 \cdot 3 + 3 = -3$; also $S_1(3\,|\,-3)$.
Für $x_2 = -1$ gilt: $y = -2 \cdot (-1) + 3 = 5$; also $S_2(-1\,|\,5)$.

Aufgabe 4: Bücher

a) Minimum: 400 Maximum: 485 arithmetisches Mittel: $\frac{468 + 432 + 485 + 470 + 400}{5} = \frac{2255}{5} = 451$

b) Gesucht: p % Gegeben: G = 470; W=400

Rechnung: $p\,\% = \frac{W}{G}$ $p\,\% = \frac{400}{470} \approx 0{,}851 = 85{,}1\,\%$

$100\,\% - 85{,}1\,\% = 14{,}9\,\%$
Antwort: Die Anzahl der Jugendlichen sank von 2020 bis 2021 um etwa 14,9 %.

S. 95

c) Paolos Aussage stimmt nicht, denn die Anzahl der Jugendlichen steigt und fällt über den Zeitraum. Zudem beginnt die y-Achse nicht bei 0, sondern bei 390. Dadurch entsteht der falsche Eindruck, dass sich die Anzahl der bücherlesenden Jugendlichen halbiert. Richtig ist, dass 432 Jugendliche im Jahr 2018 Bücher lesen, 2021 waren es 400.

d)

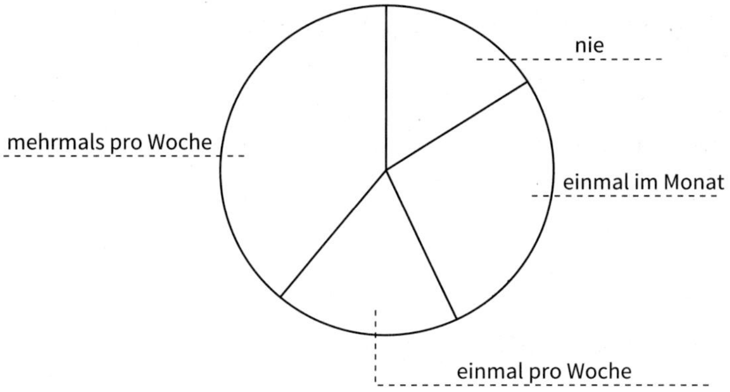

Im Kreisdiagramm entspricht ein Anteil von 1 % einem Teilstück mit dem Winkel von 3,6° $\left(= \frac{360°}{100}\right)$
Ein Anteil von 16 % entspricht dann einem Teilstück mit dem Winkel von $\frac{360° \cdot 16}{100} = 57{,}6°$.

S. 96

Aufgabe 5: Dreiecke

a) Gesucht: Länge der Strecke $\overline{AD}$.
Gegeben: Dreieck ADC mit rechtem Winkel bei D sowie die Längen von zwei Seiten des Dreiecks: $h_c = 7{,}4$ m und $b = 14{,}1$ m.
Rechnung: Nach dem Satz des Pythagoras gilt:
$\overline{AD} = \sqrt{(14{,}1\text{ m})^2 - (7{,}4\text{ m})^2} \approx 12{,}0\text{ m}$

b) Gesucht: Größe des Winkels α
Gegeben: Dreieck ADC mit rechtem Winkel, Länge der Gegenkathete h_c von α und der Hypotenuse b
Rechnung:
$$\sin\alpha = \frac{\text{Gegenkathete von }\alpha}{\text{Hypotenuse}} = \frac{7{,}4\text{ m}}{14{,}1\text{ m}} \approx 31{,}7°$$

c) Gesucht: Größe des Winkels γ_1
Gegeben: Dreieck CDB mit rechtem Winkel bei D und Größe des Winkels β bei B
Rechnung: Da die Innenwinkelsumme im Dreieck stets 180° beträgt, gilt:
$\gamma_1 = 180° - 90° - 52° = 38°$

d) Gesucht: Länge der Seite a
Gegeben: Dreieck CDB mit rechtem Winkel bei D, Größe des Winkels β bei B und Länge der Gegenkathete von β
Rechnung: $\sin 52° = \frac{7{,}4\text{ m}}{a}$
$$a \approx \frac{7{,}4\text{ m}}{0{,}79} \approx 9{,}4\text{ m}$$

e) Gesucht: Flächeninhalt A des Dreiecks ABC; Länge der Seite $\overline{BD}$
Gegeben: Höhe h_c des Dreiecks; Länge der Seite $\overline{AD}$; Größe des Winkels β bei B
Rechnung:
1. Schritt: Länge der Seite $\overline{BD}$ berechnen
$$\tan 52° = \frac{\text{Gegenkathete von }\beta}{\text{Ankathete von }\beta} = \frac{h_c}{\overline{BD}}$$
$$\overline{BD} = \frac{h_c}{\tan 52°} \approx \frac{7{,}4\text{ m}}{1{,}28} \approx 5{,}8\text{ m}$$
2. Schritt: Flächeninhalt A des Dreiecks ABC berechnen
Die Länge der Seite $\overline{AB}$ entspricht der Summe der Seitenlängen von $\overline{AD}$ und $\overline{BD}$, also
$\overline{AB} = 12{,}0\text{ m} + 5{,}8\text{ m} = 17{,}8\text{ m}$
Für den Flächeninhalt A des Dreiecks ABC folgt dann:
$$A = \frac{17{,}8\text{ m} \cdot 7{,}4\text{ m}}{2} \approx 65{,}9\text{ m}^2$$

S. 97

Aufgabe 6: Führerschein

a) Maxi spart monatlich 22 €, also in einem Jahr 12 · 22 € = 264 €.
Nach einem Jahr hat sie dann 1 472 € + 264 € = 1 736 € in der Spardose.

b) y: Gesamtguthaben in € x: Anzahl der Monate
$y = 990 + 55x$

Gesucht: Anzahl x der Monate, die Paula mindestens sparen muss, um 2 000 € in der Spardose zu haben.
Gegeben: $y = 990 + 55x$
Rechnung: $2\,000 = 990 + 55x \quad | -990$
$1\,010 = 55x \quad |:55$
$x \approx 18{,}4$
Antwort: Paula muss mindestens 19 Monate sparen.

S. 98

Aufgabe 7: Bäume

a) x: Preis für einen Apfelbaum y: Preis für einen Pflaumenbaum

b) Gesucht: Preis für einen Apfelbaum und Preis für einen Pflaumenbaum
Gegeben:
I $x + y = 63\ €$
II $9x + 3y = 352{,}20\ €$
Rechnung: Lösung des Gleichungssystems, z. B. mit dem Einsetzungsverfahren
I $y = 63\ € - x$
I in II $9x + 3\,(63\ € - x) = 352{,}20\ €$ | Klammer auflösen
$9x + 189\ € - 3x = 352{,}20\ €$ | Zusammenfassen
$6x + 189\ € = 352{,}20\ €$ | $- 189\ €$
$6x = 163{,}20\ €$ | $: 6$
$x = 27{,}20\ €$
x in I $27{,}20\ € + y = 63\ €$ | $- 27{,}20\ €$
$y = 35{,}80\ €$
Antwort: Ein Apfelbaum kostet 27,20 €, ein Pflaumenbaum kostet 35,80 €.

Mittlerer Schulabschluss und erweiterte Berufsbildungsreife 2021 Brandenburg

S. 98

Aufgabe 1: Basisaufgaben

a) Die Ankunftszeit des Zuges ist 14:13 Uhr.

b) Es müssen 3 der 8 Felder gefärbt werden, z. B. so:

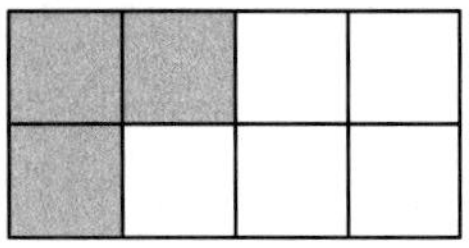

c) ☐ 100 € ☐ 440 € ☒ 110 € ☐ 660 €

S. 99

d) ☐ S (−1 | −2) ☐ S (−1 | 2) ☒ S (−2 | −1) ☐ S (2 | −1)

e) ☐ $5x = -4 + 36$ ☐ $5 - 4x = 36$ ☒ $5x - 4 = 36$ ☐ $36 - 4 = 5x$

f) $\frac{4{,}08\text{ m} + 3{,}88\text{ m} + 3{,}92\text{ m} + 4{,}12\text{ m}}{4} = 4{,}00\text{ m}$

g) $\frac{8 + (-1)}{-2} = -\frac{7}{2} = -3{,}5$

h) ☐ $z = \sqrt{x^2 - y^2}$ ☒ $z = \sqrt{x^2 + y^2}$ ☐ $z = \sqrt{y^2 - x^2}$ ☐ $z = \sqrt{y^2 + x^2}$

i) Die Winkelsumme im Viereck beträgt stets 360°.
$\alpha = 360° - (140° + 130° + 50°) = 40°$

j) ☐ 0 ☐ 1 ☐ 2 ☐ 3 ☒ 4 ☐ 5

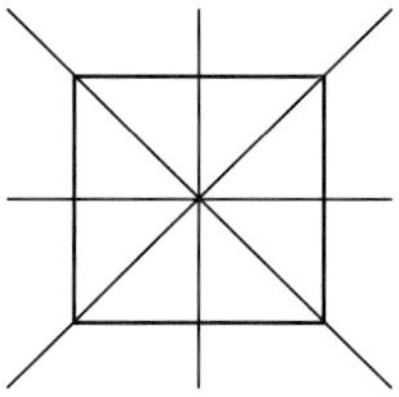

S. 100

Aufgabe 2: Funktionen

a)

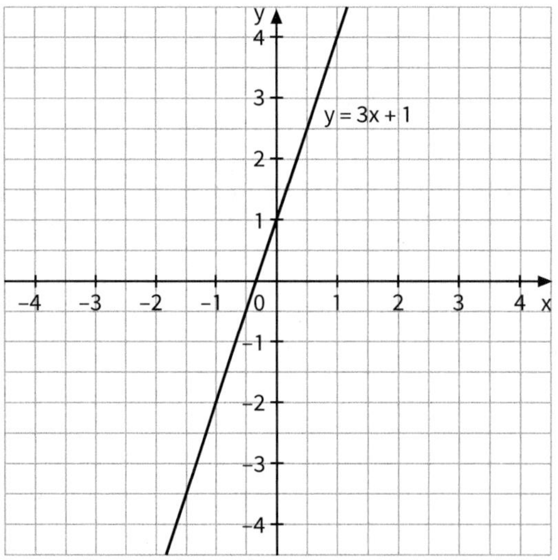

S. 100

b)

Aussagen	
Der Punkt Q (5 | 0) liegt auf dem Graphen der Funktion f.	☐
Der Graph der Funktion f ist monoton steigend.	☒
Der Graph der Funktion f schneidet die y-Achse im Punkt P (0 | 1).	☒
Der Graph der Funktion f verläuft durch den Koordinatenursprung.	☐

S. 101

c) Parabel: $y = x^2 + 2x - 1$
Gerade: $y = 3x + 1$
Berechnung der Schnittpunkte von Parabel und Gerade:
$x^2 + 2x - 1 = 3x + 1 \quad | -3x - 1$
$x^2 - x - 2 = 0$
$x_{1/2} = \frac{1}{2} \pm \sqrt{\left(\frac{1}{2}\right)^2 + 2}$
$x_1 = 2$ und $x_2 = -1$
Einsetzen der x-Werte in eine der beiden Funktionsgleichungen, hier $y = 3x + 1$
Für $x_1 = 2$ ist $y = 6 + 1 = 7$. Ein Schnittpunkt hat die Koordinaten $S_1\,(2|7)$.
Für $x_2 = -1$ ist $y = -3 + 1 = -2$. Ein weiterer Schnittpunkt hat die Koordinaten $S_2\,(-1|-2)$.

Aufgabe 3: Viereck

a) Das Dreieck ABD ist rechtwinklig. Dann gilt: $\sin 55° = \frac{\overline{AB}}{1500}$; $\overline{AB} \approx 1229$ m

b) Gegeben ist: $\overline{AD} \approx 1500$ m $\quad \overline{AB} \approx 1229$ m $\quad$ Gesucht: Länge von $\overline{AD}$
Das Dreieck ABD ist rechtwinklig.
Dann gilt nach dem Satz des Pythagoras: $\overline{AD} = \sqrt{1500^2 - 1229^2}$
$\overline{AD} \approx 860$ m

S. 102

c) Gegeben ist: $\overline{DC} \approx 2004$ m
Behauptung: $\overline{BC} = \overline{DC}$
Berechnen der Länge von $\overline{BC}$: $\sphericalangle DBC = 109° - (180° - 90° - 55°) = 74°$
$\overline{BC} = \frac{2004 \cdot \sin 60°}{\sin 74°} \approx 1805$
$\overline{BC} \approx 1805$ m
Die Aussage stimmt nicht, denn 1 805 m ≠ 2 004 m.

Aufgabe 4: Regentonne

a) Gegeben ist: $h = 95$ cm; $r = 29$ cm
$V_{Zylinder} = \pi r^2 \cdot h$
$V_{Zylinder} = \pi \cdot 29^2 \cdot 95$
$V_{Zylinder} \approx 250\,998\ \text{cm}^2 \approx 251\ \text{dm}^3 \approx 250\ \text{l}$

b) Ein Zylinder mit dem doppelten Radius hat das 4-fache Volumen, denn es gilt:
$V = \pi (2r)^2 \cdot h = \pi \cdot 4r^2 \cdot h$
Herr Gärtners Überlegung ist also falsch.

S. 103

c) Eine Möglichkeit für eine maßstabstabsgerechte Zeichnung als Draufsicht ist diese:

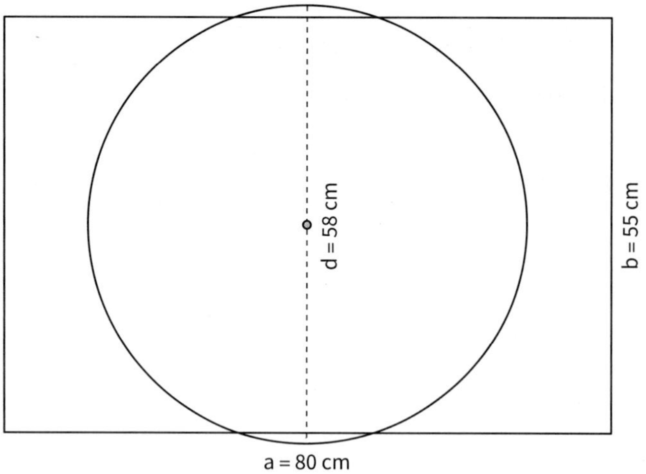

Maßstab 1:10
In der Zeichnung entsprechen die Maße a = 8,0 cm, b = 5,5 cm und d = 5,8 cm.

Die Platte ist zu klein, um die Regentonne vollständig zu bedecken.

S. 104

Aufgabe 5: Hamburger Hafen

a) Spannweite = Maximum – Minimum
Spannweite = 9,7 Mio. – 7,0 Mio. = 2,7 Mio.
Die Spannweite beträgt 2,7 Millionen Container.

$$\frac{7{,}0 + 7{,}9 + 9{,}0 + 8{,}9 + 9{,}3 + 9{,}7 + 8{,}8 + 8{,}9 + 8{,}8}{9} = 8{,}7$$

Das arithmetische Mittel (der Durchschnitt) beträgt 8,7 Millionen Container.
Gegeben: Containeranzahl (in Mio.) 2010: 7,9
Containeranzahl (in Mio.) 2011: 9,0

$$7{,}9 \cdot x = 9 \quad | : 7{,}9$$

$$x = \frac{9}{7{,}9} \approx 1{,}14$$

Der Prozentfaktor ist ungefähr 1,14. Dies entspricht einer Erhöhung um etwa 14 %.

b) 100 % – (17 % + 66 % + 6 % + 1 %) = 100 % – 90 % = 10 %

Güter	Schrott	Flüssigkeiten	Container	Getreide	Sonstiges	Gesamt
Angaben in %	17	10	66	6	1	100

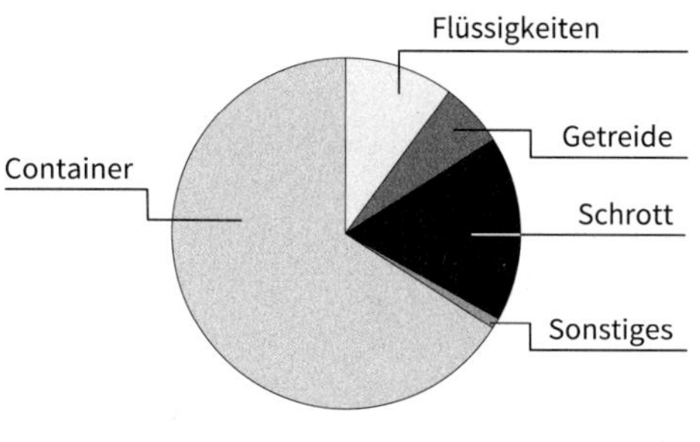

S. 105

Aufgabe 6: Kerzen

a)

Zeit in Minuten	0	10	20	30	40	...	80
Höhe der Kerze in cm	**40**	38	36	34	32	...	**24**

b) Die Kerze ist anfangs 40 cm hoch und verliert alle 10 Minuten 2 cm an Höhe.

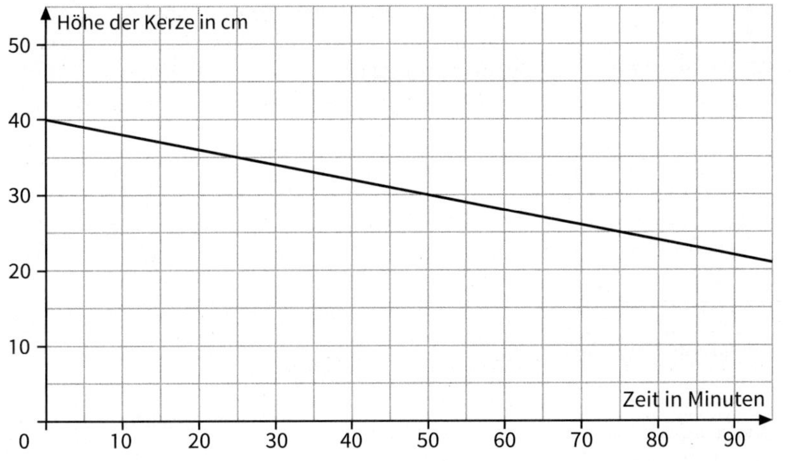

c)

y	Der y-Wert gibt die Höhe der Kerze nach x Minuten an.
−0,2	In einer Minute brennt die Kerze um 0,2 cm ab.
x	Der x-Wert ist die Zeit in Minuten.
40	Die Anfangshöhe der Kerze beträgt 40 (cm).

S. 106

d) Gesucht ist der x-Wert, für den der y-Wert 0 ergibt.

$$0 = -0{,}2x + 40 \quad | +0{,}2x$$
$$0{,}2x = 40 \quad | \cdot 5$$
$$x = 200$$

Nach 200 Minuten ist die Kerze abgebrannt.

Aufgabe 7: Gleichungen

a)

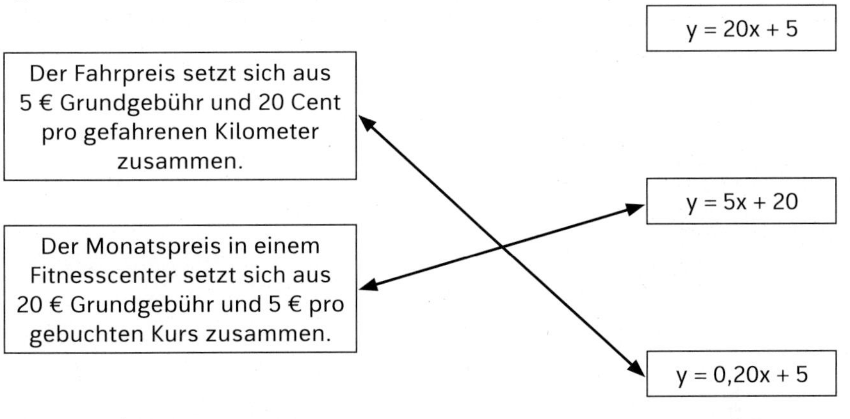

b)

	Anzahl Erwachsene	Anzahl Kinder	Preis Erwachsene	Preis Kinder	Eintrittspreis gesamt (in €)
(I) Fam. Beyer	2	2	x	y	77,80
(II) Fam. Gouvan	1	3	x	y	64,90

(I) $2x + 2y = 77{,}80$
(II) $x + 3y = 64{,}90$

S. 106

Die beiden Gleichungen bilden ein lineares Gleichungssystem, das man z. B. mit dem Einsetzungsverfahren lösen kann.

(I) $2x + 2y = 77{,}80$
(II) $x = 64{,}90 - 3y$

(II) in (I)

$2\,(64{,}90 - 3\,y) + 2\,y = 77{,}80$ |Klammer ausmultiplizieren
$129{,}80 - 6\,y + 2y = 77{,}80$ | − 129,80
$-6y + 2\,y = 77{,}80 - 129{,}80$ | Zusammenfassen
$-4\,y = -52$ | : (−4)
$y = 13$

Der Eintrittspreis für Kinder beträgt 13,00 €.

$2x + 2 \cdot 13 = 77{,}80$
$2x + 26 = 77{,}80$ | − 26
$2x = 51{,}80$ | : 2
$x = 25{,}90$

Der Eintrittspreis für Erwachsene beträgt 25,90 €.

S. 107

c)

Aussage		wahr	falsch
$(x + 7)^2 = 0$	Diese Gleichung hat genau eine Lösung.	☒	☐
$(x + 8)^2 = 16$	Die Zahlen 4 und 12 sind Lösungen dieser Gleichung.	☐	☒

Die erste Aussage ist wahr, denn ein Produkt aus zwei Summen ergibt dann 0, wenn eine oder beide Summen gleich 0 sind. Dies ist hier nur für $x = -7$ der Fall.

Die zweite Aussage ist falsch.
Eine mögliche Begründung ist, dass für $x = 2$ die Gleichung $(4 + 8)^2 = 12^2 = 144 \neq 16$ ist.

Eine quadratische Gleichung, die keine Lösung hat, ist z. B.
$(x + 4)^2 = -12$, denn $(x + 4)^2$ ist für jede reelle Zahl größer als 0.

Mittlerer Schulabschluss und erweiterte Berufsbildungsreife 2020 Brandenburg

Aufgabe 1: Basisaufgaben

a) Anzukreuzen ist:
☒ 4 von 100 Bäumen wachsen nicht an.

b) Anzukreuzen ist der Punkt D, dessen y-Koordinate 0 ist.

☐ A (3|2) ☐ B (0|2) ☐ C (−3|−2) ☒ D (3|0)

c) Richtig ist:

$\tan\alpha = \frac{\text{Gegenkathete}}{\text{Ankathete}} = \frac{r}{s}$

d) Die gesuchte Seitenlänge ist 6 cm, denn $(6\text{ cm})^2 = 36\text{ cm}^2$.

e) Die Lösung ist 7, denn $2 \cdot (7 - 4) = 2 \cdot 3 = 6$

f)

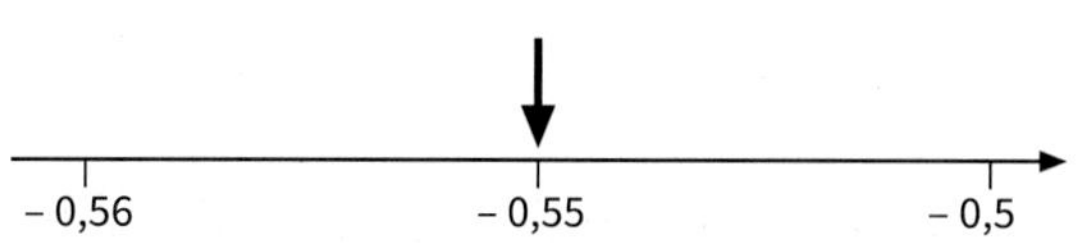

−0,55 ist die Zahl, die genau in der Mitte zwischen −0,6 und −0,5 liegt.

g) α ist der Wechselwinkel zu dem Winkel mit der Größe 74°.
Da Wechselwinkel gleich groß sind, gilt α = 74°.

h) $x = 4$, denn $2^4 = 16$

S. 108

i) Würde b + c = 10 cm gelten, dann läge der Punkt A auf der Seite a.
Würde b + c < 10 cm gelten, dann würden sich die Seiten b und c nicht schneiden.
In beiden Fällen ergibt sich kein Dreieck ABC.
Daher ist anzukreuzen:
☒ b + c > 10 cm

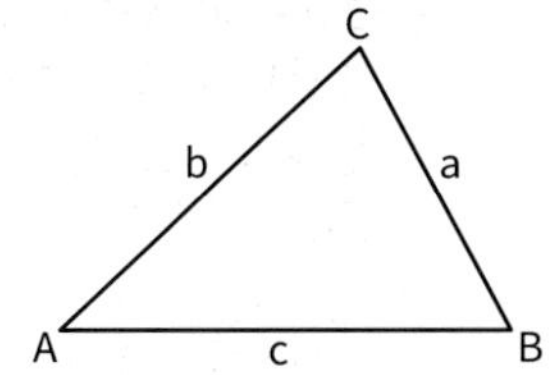

j) $x = 14$, denn $\frac{7}{14} = 0{,}5 = \sin 30°$

Aufgabe 2: Schwimmbad

a)

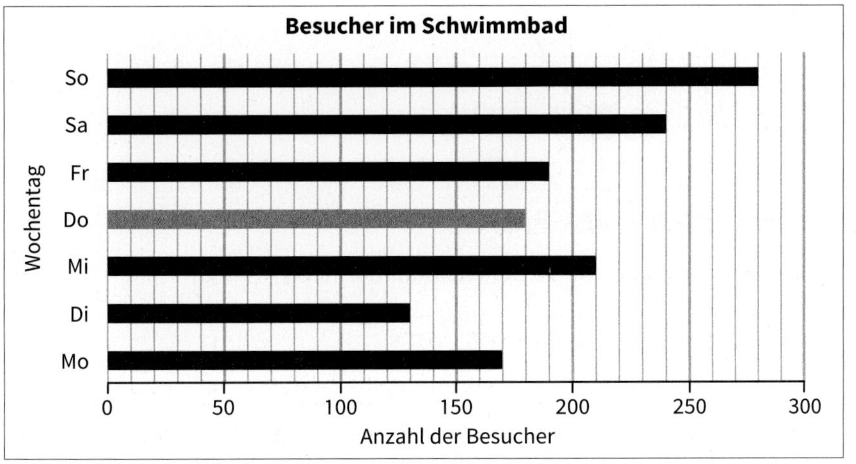

b) Aus dem Diagramm ist abzulesen:
Am Mittwoch, Samstag und Sonntag waren mehr als 190 Besucher im Schwimmbad.

c) $\frac{170 + 130 + 210 + 180 + 190 + 240 + 280}{7} = 200$

Die durchschnittliche Anzahl der Besucher in der ersten Ferienwoche ist 200.

S. 109

d)

Aussage	Nachweis
Die Spannweite der Besucherzahlen in der ersten Ferienwoche beträgt 150 Besucher.	$280 - 130 = 150$
Am Sonntag kamen ein Drittel mehr Besucher als am Mittwoch.	$\frac{70}{310} = \frac{1}{3}$

e) Die Gleichung lautet: $(520 + x) \cdot 12 = 7\,920$

$$\begin{aligned} (520 + x) \cdot 12 &= 7\,920 \quad &|:12 \\ 520 + x &= 660 \quad &|-520 \\ x &= 140 \end{aligned}$$

Wären am Wochenende 140 Besucher mehr gekommen, dann hätte der Betreiber am Wochenende 7 920 € Einnahmen erzielt.

S. 110

Aufgabe 3: Funktionen

a) S (−2 | −4)

b) Anzukreuzen ist
☒ D (−1,5 | −2,5)

c) Nach dem Einsetzen der x-Koordinate von A in die Funktionsgleichung lässt sich seine y-Koordinate bestimmen.

$y = (2 + 2)^2 - 4 = 16 - 4 = 12$

S. 110

d)

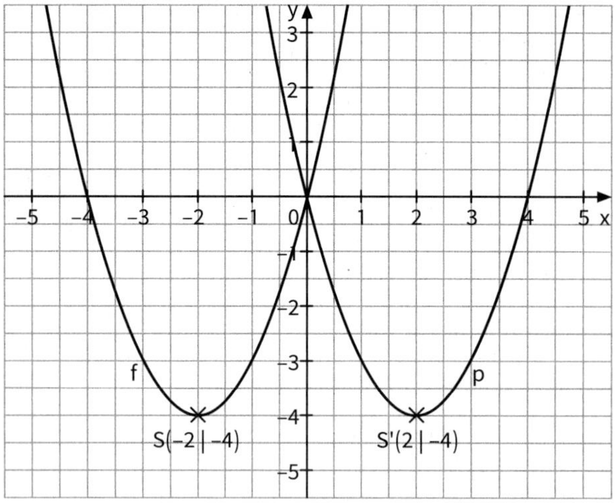

1. Schritt: Ablesen des Scheitelpunkts von p
S'(2 | −4)

2. Schritt: Einsetzen der Koordinaten in die Scheitelpunktform $f(x) = (x + d)^2 + e$ mit S (−d | e)
$f(x) = (x - 2)^2 - 4$

Die Gleichung für p lautet also: $f(x) = (x - 2)^2 - 4$

e) *1. Lösungsweg:* Rechnerische Lösung mit quadratischer Ergänzung $2x^2 + 8x + 6 = 0 \quad | : 2$

$x^2 + 4x + 3 = 0$ | quadratische Ergänzung (Zahl und Gegenzahl)

$x^2 + 4x + 4 - 4 + 3 = 0$ | Zusammenfassen (binomische Formel)

$(x + 2)^2 - 1 = 0$ | + 1

$(x + 2)^2 = 1$ | Bestimmen möglicher Lösungen

$x_1 + 2 = \sqrt{1}$ oder $x_2 + 2 = -\sqrt{1}$

$x_1 + 2 = 1$ oder $x_2 + 2 = -1$

$x_1 = -1$ oder $x_2 = -3$

2. Lösungsweg: Eine quadratische Gleichung der Form $x^2 + px + q = 0$ kann mit dieser Lösungsformel (pq-Formel) gelöst werden:

$x_{1/2} = -\frac{p}{2} \pm \sqrt{\left(\frac{p}{2}\right)^2 - q}$

$2x^2 + 8x + 6 = 0 \quad | : 2$

$x^2 + 4x + 3 = 0$

$p = 4 \qquad q = 3$

$x_{1/2} = -\frac{4}{2} \pm \sqrt{\left(\frac{4}{2}\right)^2 - 3}$

$x_{1/2} = -2 \pm \sqrt{4 - 3}$

$x_1 = -2 + \sqrt{1}$ oder $x_2 = -2 - \sqrt{1}$

$x_1 = -2 + \sqrt{1}$ oder $x_2 = -2 - \sqrt{1}$

$x_1 = -1$ oder $x_2 = -3$

Die Nullstellen der Funktion mit der Gleichung $y = 2x^2 + 8x + 6$ sind $x_1 = -1$ und $x_2 = -3$.

Aufgabe 4: Wasserverbrauch

a)

Jahr	2019	2020	2021	2022
Jährlicher Wasserverbrauch pro Person in Tausend Litern	**54**	55,6	57,3	**59,0**

Jährlicher Wasserverbrauch pro Person in Tausend Litern im Jahr 2021: 57,3

Jährlicher Wasserverbrauch pro Person in Tausend Litern im Jahr 2022: $57{,}3 \cdot 1{,}03 = 59{,}019 \approx 59{,}0$

S.111

b) Der doppelte Wert von 54 Tausend Litern beträgt 108 Tausend Liter. Also muss ich den zugehörigen x-Wert zu dem Punkt bestimmen, dessen y-Koordinate 108 ist.

Um diesen x-Wert möglichst genau an der x-Achse ablesen zu können, zeichne ich zunächst eine Parallele zur x-Achse durch den Punkt A.
Den Schnittpunkt der Parallelen mit dem Graphen nenne ich C. Dann zeichne ich eine Parallele zur y-Achse durch den Punkt C. Den Schnittpunkt der Parallelen mit der x-Achse nenne ich B.
Jetzt lese ich die Koordinaten von B ab.
Da die Punkte B und C dieselbe x-Koordinate haben, kann ich nun die Koordinaten von C bestimmen:
C (23,45 | 108).

Nach etwa 23,5 Jahren hat sich der Wasserverbrauch pro Person verdoppelt.

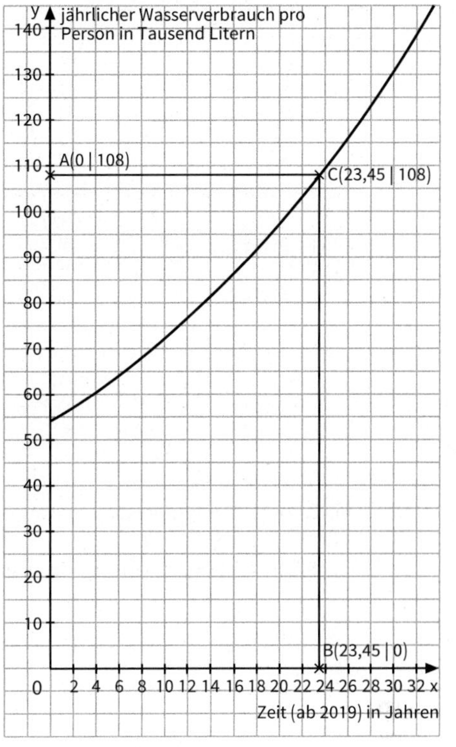

c) 1. Studie: $f(14) = 54 \cdot 1{,}03^{14} \approx 81{,}7$
2. Studie: $54 \cdot 1{,}4 \approx 75{,}6$

Die beiden Studien sagen nicht den gleichen Wasserverbrauch für das Jahr 2033 voraus.